全国高职高专院校机电类专业规划教材

实用电工电子技术基础

（第二版）

刘文革　主　编

杨　柳　副主编

蒋新革　主　审

中国铁道出版社有限公司

CHINA RAILWAY PUBLISHING HOUSE CO., LTD.

内 容 简 介

本书分为上下两篇。上篇为实用电工技术基础,共分为直流电路的分析与测试、交流电路的分析与测试、变压器的原理及应用、三相异步电动机的原理及应用四个模块;下篇为实用电子技术基础,共分为典型放大电路的分析及测试、集成运算放大电路及其他模拟集成电路的应用与测试、组合逻辑电路及其测试、时序逻辑电路及其测试、大规模集成电路简介五个模块。

本书体例新颖,内容简练实用,脉络分明,基本知识技能与基本测试技能相辅相成。

本书适合作为高职高专院校非电类专业、机电一体化及相关专业的教材,也可供从事电工电子技术的工程技术人员和电工电子爱好者学习参考。

图书在版编目(CIP)数据

实用电工电子技术基础/刘文革主编 . —2 版 . —北京:
中国铁道出版社,2016.9(2022.8 重印)
全国高职高专院校机电类专业规划教材
ISBN 978 − 7 − 113 − 22157 − 7

Ⅰ . ①实… Ⅱ . ①刘… Ⅲ . ①电工技术 − 高等职业教育 −
教材 ②电子技术 − 高等职业教育 − 教材 Ⅳ . ①TM ②TN

中国版本图书馆 CIP 数据核字(2016)第 217508 号

书 名:	实用电工电子技术基础		
作 者:	刘文革		

策 划:	何红艳	编辑部电话: (010) 63560043
责任编辑:	何红艳	
编辑助理:	绳 超	
封面设计:	付 巍	
封面制作:	白 雪	
责任校对:	王 杰	
责任印制:	樊启鹏	

出版发行:	中国铁道出版社有限公司 (100054,北京市西城区右安门西街 8 号)
网 址:	http://www.tdpress.com/51eds/
印 刷:	河北宝昌佳彩印刷有限公司
版 次:	2010 年 9 月第 1 版 2016 年 9 月第 2 版 2022 年 8 月第 7 次印刷
开 本:	787 mm × 1 092 mm 1/16 印张:20 字数:436 千
印 数:	7 501~9 000 册
书 号:	ISBN 978 − 7 − 113 − 22157 − 7
定 价:	45.00 元

本书自 2010 年 9 月出版以来,受到相关高职院校的教师和学生的欢迎。经过一轮的使用,根据教学中的实际使用情况,汲取广大教师与读者反馈的意见,此次再版修订在保持原有教材内容、特点的基础上,进行了不少修订。

一、主要特点

1. 融教法与学法于一体:本书以"知识迁移——导;问题聚焦——思;知识链接——学;应用举例——练;探究实践——做"五种主要的形式组织教学内容,便于教师的教与学生的学。

2. 融"教学做"于一体:本书作为非电类专业、机电一体化及相关专业的公共平台课的教材,本着为专业服务及就业服务的宗旨,在内容的选取与组织上,在适度基础知识与理论体系覆盖下,以基本操作技能为着眼点,将"理论、实验、应用"一体化设置,即将理论知识融入实际元器件特性测试、典型电路测试及应用电路测试之中,既体现内容的基础性,又突出教学使用中的实用性和可操作性,便于"边教边学边做"。

3. 融"知识技能培养与情感培养"于一体:本书每个模块的开篇都具体指出了知识目标、技能目标及情感目标,根据学生的知识能力结构、逻辑思维的特点,通过构建特有的内容结构体系,特别是"探究实践——做"环节,力求以教材为介质促进学生掌握知识技能的同时,能有助于他们形成良好的职业态度和职业道德。

二、修订说明

1. 勘误:对保留的内容进行了仔细审核,力求降低失误。

2. 文字调整:对架构不变的内容进行文字提炼,特别是对知识技能的要求,力求更精练、准确。上篇的修订重点就在于此。

3. 内容调整:保持编写体例不变,但从教学实际出发,对下篇大部分内容做了重大的调整,具体如下:

①在模块 5 中,考虑到非电类专业课时较少且学生在学习中所存在的理解的困难,将典型差分放大电路(长尾式)这部分内容删除了,对功率放大电路这部分内容加强了对零点漂移和交越失真概念的要求。

②在模块 6 中,对集成运算放大器的主要参数,删除了最大差模输入电压 U_{idmax},最大共模输入电压 U_{icmax},静态功耗 P_{co},最大输出电压幅度 U_{opp} 等内容。

③在模块 7 与模块 8 中,从标题到内容编写都做了大量的调整。模块 7 与模块 8 大标题分别由组合逻辑电路分析与测试改为组合逻辑电路及其测试,时序逻辑电路分析与测试改为时序逻辑电路及其测试,下属三个课题变为两个,大部分内容都经过重新编写,新修订后的内容,在有限的篇幅下,逻辑性更强,条理更加清晰,特别是在对器件描述时,按概念、器件、应用、测试这一条线重新编写,增加了可读性及参考性。

书中带"＊"的内容为拓展内容。

本书由广州铁路职业技术学院刘文革任主编,并负责全书的统稿,由具有多年企业工作经历的杨柳任副主编，并协助统稿。全书由广州铁路职业技术学院教学副院长蒋新茸主审。

尽管我们为本书的再次出版竭尽全力，凝聚了编者丰富的教学经验，但书中仍会存在不妥和疏漏之处，欢迎使用本书的师生提出宝贵的意见。

编 者
2016 年 6 月

　　随着高职教育的改革与深化、高职精品课程建设的推进与规范,许多院校相应启动了具有职教特色的配套教材建设。正是将高职教材的建设与高职教学理念、课程教学模式、课程教学内容等一系列相关课题的研究及实践活动相结合,将编者多年的实践教学经验与企业专兼人员、企业调研相结合,将教师知识、技能水平与教学管理能力、教学设计能力相结合编写了本教材。

　　本教材的主要特点如下:

　　(1)融教法与学法一体:教材编写体例以"知识迁移—导、问题聚焦—思、知识链接—学、应用举例—练、探究实践—做"五个主要的形式组织教学内容,便于教师的教与学生的学。

　　(2)融"教学做"一体:本书作为非电类专业、机电一体化及相关专业的公共平台课的教材,本着为专业服务及就业服务的宗旨,在内容的选取与组织上,在适度基础知识与理论体系覆盖下,以基本操作技能为着眼点将"理论、实验、应用"一体化设置,即将理论知识融入到实际元器件特性测试、典型电路测试及应用电路测试之中,既体现教材的基础性,又突出实用性和可操作性,便于"边教边学边做"。

　　(3)融"知识技能培养与情感培养"一体:本教材每个模块的开篇都具体指出了知识目标、技能目标及情感目标,根据学生的知识能力结构,逻辑思维的特点,通过构建的特有的内容结构体系,特别是"探究实践—做"环节,力求以教材为介质促进学生掌握知识技能的同能能有助于他们形成良好的职业态度和职业道德。

　　本书共分九个模块,各模块主要内容及建议学时如表所示(仅供参考)。书中带*的章节为选修内容。

模　块	主　要　内　容	建议课内学时
模块一　直流电路的分析与测试	电路基本概念、基本定律、基本元件、基本分析方法及测试	12 ~ 16
模块二　交流电路的分析与测试	正弦交流电及三相对称交流电表示、典型电路分析与测试	12 ~ 16
模块三　变压器的原理及应用	磁路及铁芯线圈的认识 变压器的工作原理及应用	2 ~ 4
模块四　三相异步电动机的原理及应用	三相异步电动机的原理及特性 三相异步电动机的使用及综合测试	2 ~ 4
模块五　典型放大电路分析及测试	半导体器件识别与测试 典型放大电路的分析与测试	10 ~ 14
模块六　集成运算放大电路及其他模拟集成电路的应用与测试	集成运算放大器与集成运放电路应用 其他常用模拟集成电路认识与测试	6 ~ 8

模　块	主　要　内　容	建议课内学时
模块七　组合逻辑电路分析与测试	逻辑代数基础及基本逻辑门电路测试 组合逻辑电路的分析、设计与测试 常见中规模组合逻辑电路芯片功能、测试及应用	8～10
模块八　时序逻辑电路分析与测试	触发器的认识及功能测试 寄存器、计数器及测试 常用中规模时序逻辑电路功能、测试及应用	8～10
模块九　大规模集成电路简介	数/模及模/数转换简介 存储器简介	2～4

　　本教材由广州铁路职业技术学院刘文革担任主编,并负责全书的统稿,由具有多年企业工作经历的杨柳副教授任副主编,并协助统稿,本教材参编人员还有北京电子科技职业学院张红和广州铁路职业技术学院刘锦龙。全书由广州铁路职业技术学院教务处长蒋新革教授主审。

　　尽管我们为本书的出版竭尽全力,但因编者水平有限,仍有不妥之处,欢迎使用本教材的师生提出宝贵的意见。

编　者

2010 年 6 月

上篇 实用电工技术基础

模块 1 直流电路的分析与测试 ……………………………………… 1

课题 1.1 电路基本概念、基本定律及直流电压、电流的测试 ………… 2
1.1.1 电路及电路图 ……………………………………………… 2
1.1.2 电路的基本物理量、电路的功率及其测试 ………………… 4
1.1.3 基尔霍夫定律及其验证 …………………………………… 10
课题 1.2 电路基本元件及其检测 …………………………………… 13
1.2.1 电阻元件及其检测 ………………………………………… 13
1.2.2 电感元件及其检测 ………………………………………… 20
1.2.3 电容元件及其检测 ………………………………………… 23
1.2.4 电源元件、实际电源两种组合模型的等效变换及测试 …… 27
课题 1.3 电路分析方法及其运用 …………………………………… 33
1.3.1 支路电流法及其运用 ……………………………………… 33
1.3.2 节点电压法及其运用 ……………………………………… 35
课题 1.4 电路定理及其运用 ………………………………………… 37
1.4.1 叠加定理及其运用 ………………………………………… 37
1.4.2 戴维南定理及其运用 ……………………………………… 39
小结 ……………………………………………………………………… 44
检测题 …………………………………………………………………… 45

模块 2 交流电路的分析与测试 ……………………………………… 50

课题 2.1 正弦交流电的表示与测试 ………………………………… 50
2.1.1 正弦交流电的瞬时值表示及典型交流信号的测试 ……… 51
2.1.2 正弦交流电的相量表示、相量形式的基尔霍夫定律及测试 … 56
课题 2.2 典型单相正弦交流电路分析与测试 ……………………… 59
2.2.1 单一参数的正弦交流电路的分析与测试 ………………… 59
2.2.2 多参数组合简单正弦交流电路的分析与测试 …………… 63
2.2.3 单相正弦交流电路的功率及测试 ………………………… 68
课题 2.3 三相交流电路的分析与测试 ……………………………… 73
2.3.1 三相电源的连接及测试 …………………………………… 73
2.3.2 三相负载的连接及三相电路分析与测试 ………………… 78
2.3.3 三相电路的功率与测量 …………………………………… 84

*课题2.4　阅读材料：安全用电常识 …………………………………………… 88

小结 …………………………………………………………………………………… 91

检测题 ………………………………………………………………………………… 92

模块3　变压器的原理及应用 ………………………………………………… 97

课题3.1　磁路及铁芯线圈的认识 ……………………………………………… 97

课题3.2　变压器的工作原理及应用 …………………………………………… 104

小结 …………………………………………………………………………………… 110

检测题 ………………………………………………………………………………… 111

模块4　三相异步电动机的原理及应用 …………………………………… 114

课题4.1　三相异步电动机的原理及特性 …………………………………… 114

课题4.2　三相异步电动机的使用及综合测试 …………………………… 123

小结 …………………………………………………………………………………… 129

检测题 ………………………………………………………………………………… 130

下篇　实用电子技术基础

模块5　典型放大电路的分析及测试 …………………………………… 132

课题5.1　半导体器件及其测试 ………………………………………………… 133

5.1.1　半导体二极管及其测试 …………………………………………… 133

5.1.2　半导体三极管及其测试 …………………………………………… 139

课题5.2　典型放大电路的分析与测试 ……………………………………… 144

5.2.1　基本放大电路的分析与测试 …………………………………… 144

5.2.2　放大电路中的负反馈 ……………………………………………… 154

5.2.3　多级放大电路与功率放大电路分析与测试 …………………… 159

*课题5.3　阅读材料：场效应晶体管及其放大电路简介 ……………… 166

小结 …………………………………………………………………………………… 172

检测题 ………………………………………………………………………………… 173

模块6　集成运算放大电路及其他模拟集成电路的应用与测试 …… 179

课题6.1　集成运算放大器与集成运算放大电路应用 …………………… 180

6.1.1　集成运算放大器简介与测试 …………………………………… 180

6.1.2　集成运放的线性应用及测试 …………………………………… 185

6.1.3　集成运放的非线性应用及测试 ………………………………… 193

课题6.2　其他常用模拟集成电路的认识与测试 ………………………… 197

6.2.1　单相整流、滤波、稳压电路及测试 …………………………… 197

*6.2.2　三端集成稳压器及其应用电路简介 ………………………… 204

小结 …………………………………………………………………………………… 207

检测题 ……………………………………………………………… 208

模块7 **组合逻辑电路及其测试** …………………………………… 212

课题7.1 逻辑代数基础及逻辑门电路测试 …………………… 212
7.1.1 数字电路基础和计数体制概论 ……………………… 213
7.1.2 基本逻辑关系及运算和逻辑函数的化简 ……………… 219
7.1.3 集成门电路认识及其使用 ……………………………… 230
课题7.2 组合逻辑电路的分析、设计及测试 ………………… 233
7.2.1 小规模集成电路组成的组合逻辑电路的分析、设计及
电路功能的测试 …………………………………………… 234
7.2.2 常见中规模集成组合逻辑器件及其应用 ……………… 237
小结 …………………………………………………………… 249
检测题 …………………………………………………………… 250

模块8 **时序逻辑电路及其测试** …………………………………… 256

课题8.1 触发器及其测试 ……………………………………… 256
8.1.1 触发器及其功能测试 ………………………………… 257
8.1.2 触发器典型应用——555 定时器 ……………………… 267
课题8.2 计数器、寄存器及测试 ……………………………… 270
8.2.1 时序逻辑电路的分析及典型电路功能的测试 ………… 270
8.2.2 计数器及其测试 ……………………………………… 273
8.2.3 寄存器及其测试 ……………………………………… 280
小结 …………………………………………………………… 285
检测题 …………………………………………………………… 285

模块9 **大规模集成电路简介** …………………………………… 292

课题9.1 数/模和模/数转换简介 …………………………… 292
9.1.1 数/模转换器(DAC)概述及典型 DAC 功能测试 …… 292
9.1.2 模/数转换器(ADC)概述及典型 ADC 功能测试 …… 296
课题9.2 存储器简介 …………………………………………… 299
9.2.1 存储器概述 …………………………………………… 300
9.2.2 随机存储器概述 ……………………………………… 302
9.2.3 可编程逻辑器件概述 ………………………………… 304
小结 …………………………………………………………… 307
检测题 …………………………………………………………… 307

参考文献 …………………………………………………………… 310

上篇　实用电工技术基础

模块①

直流电路的分析与测试

知识目标

1. 了解电路的组成与作用。
2. 正确理解电压、电流参考方向的概念及电位的概念。
3. 熟练掌握理想独立电源、电阻、电感、电容元件的伏安关系，了解受控源的概念。
4. 熟练掌握欧姆定律和基尔霍夫定律。
5. 熟练掌握支路电流法求解电路；初步理解并会应用电源等效变换法、电阻的"丫－△"等效变换法、节点电压法、叠加定理、戴维南定理求解复杂直流电路。

技能目标

1. 具有初步的电气识读能力及按电路原理图接线的能力。
2. 会使用直流电压表、电流表及万用表进行直流电压、电流测量。
3. 会识别与测试电阻、电感、电容等元件。
4. 会用万用表进行直流电路故障的检测。

情感目标

1. 熟悉实验室规则及安全操作知识，加强学生思想品德教育，逐步培养学生良好习惯与职业道德，树立正确的价值观。
2. 加强学生逻辑思维能力的培养，加强学生理论联系实际的意识，逐步培养学生分析问题的能力及主动动手的学习习惯。
3. 锻炼学生搜集、查找信息和资料的能力。

课题 1.1　电路基本概念、基本定律及直流电压、电流的测试

知识与技能要点

- 直流照明电路的安装；
- 电路模型的概念及电路工作状态；
- 电压、电流等电路基本物理量的概念及功率的概念；
- 基尔霍夫定律及运用；
- 直流电压表、电流表和万用表的使用。

1.1.1　电路及电路图

知识迁移——导

观察手电筒电路的连接及组成，如图 1-1-1 所示。

 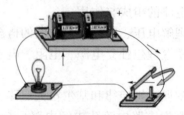

图 1-1-1　手电筒实物及实物电路图

问题聚焦——思

- 电路的组成及各部分作用；
- 电路模型。

知识链接——学

1. 电路

（1）电路的基本概念

电路是由一些电气设备或器件按一定方式组合起来，以实现某一特定功能的电流的通路。实际电路的主要功能如下：

①进行能量的传输、分配与转换。如将其他形式的能量转换成电能（如热能、水能、光能、原子能等的发电装置）；通过变压器和输电线将电能送至各类用电设备。

②实现信息的传递与处理。如电话、收音机、电视机等。

（2）电路组成及作用

实际电路一般由电源、负载、导线及控制电器几个部分组成，如图 1-1-2 所示，标出了以手电筒为例的实际电路的组成及各部分的作用。

2. 电路模型

（1）理想元件

实际电路中的元件虽然种类繁多，但在电磁现象方面却有共同之处，为了便于对电路进行分析和计算，可将实际的电路元件加以近似化、理想化，在一定的条件下忽略其次要特性，用足以表征其主要特性的"模型"来表示，即用理想元件来表示。如理想电阻元件只消耗电能；理想电容元件只储存电能，不消耗电能；理想电感元件只储存磁能，不消耗电能。

（2）电路模型简介

有些实际器件，需要由多个元件来组合构成它的模型。元件或元件的组合，就构成了实际器件和实际电路模型。元件都用规定的图形符号表示，再用连线表示元件之间的电的连接，这样画出的图形称为电路图，也是实际电路的模型，简称电路模型。电路理论中所研究的电路实际是电路模型的简称。图 1-1-3 所示为图 1-1-2 的电路模型。表 1-1-1 列出了电路图中常用的元、器件及仪表的图形符号。

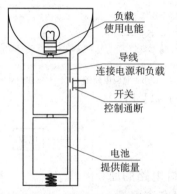

图 1-1-2　手电筒电路的组成及各部分作用示意图

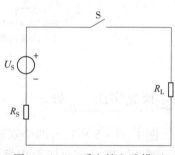

图 1-1-3　手电筒电路模型

表 1-1-1　常用的元、器件及仪表的图形符号

名　　称	图　形　符　号	名　　称	图　形　符　号
直流电压源、电池	———⊣⊢—	可调电容元件	
理想电压源	—+○−—	理想导线	————
理想电流源	—⊕—	互相连接的导线	
电阻元件	—▭—	交叉但不相连的导线	
电位器		开关	
可调电阻元件		熔断器	—▭—
照明灯	—⊗—	电流表	—Ⓐ—
电感元件	—⌒⌒⌒—	电压表	—Ⓥ—

名　称	图形符号	名　称	图形符号
铁芯电感元件	～～～	功率表	＊W＊
电容元件	┤├	接地	⏚

应用举例——练

【例1-1-1】　图1-1-4（a）所示为开关控制灯泡与电铃的实物连线图，请画出对应电路图。

解　对应电路图如图1-1-4（b）所示。

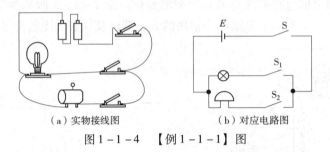

（a）实物接线图　　　　　　　（b）对应电路图

图1-1-4　【例1-1-1】图

探究实践——做

图1-1-5所示为两个双联开关控制一盏灯电路的原理示意图，请在面包板上根据图示原理，利用直流电源、连接导线及小灯泡模拟实现两地控制一盏灯电路。

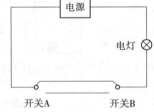

图1-1-5　两地控制一盏灯原理示意图

1.1.2　电路的基本物理量、电路的功率及其测试

知识迁移——导

图1-1-6所示为用万用表直流电流挡及电压挡测量手电筒电路电流、电压的示意图，并观察测试图1-1-7所示复杂直流电路流过各元件的电流及各元件两端的电压，特别注意量程、量限的选择，万用表的连接及指针的偏转方向。

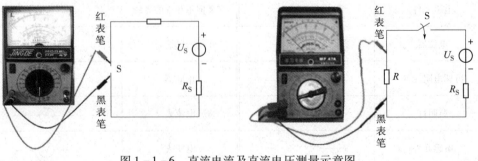

图1-1-6　直流电流及直流电压测量示意图

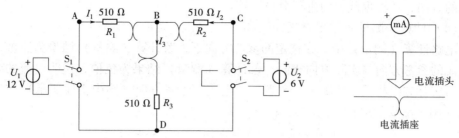

电流插头

电流插座

图 1 - 1 - 7　复杂直流电路电流、电压测量示意图

问题聚焦——思

- 电流、电压及其参考方向;
- 电路的功率及电路一部分(元件)在电路中作用的判断;
- 电路的工作状态。

知识链接——学

1. 电流及参考方向

(1) 电流的定义

带电粒子的定向移动形成电流。如金属导体中的自由电子受到电场力的作用,逆着电场方向做定向移动,从而形成了电流。

(2) 电流的大小及实际方向

电流的大小等于单位时间内通过导体横截面的电荷量。电流的实际方向习惯上是指正电荷定向移动的方向。如手电筒电路中,在外电路,电流由正极流向负极;在电源内部,电流由负极流向正极。

电流按大小和方向是否随时间变化可分为两类;大小和方向均不随时间变化的电流,称为直流电流,简称直流,用 I 表示;大小和方向均随时间变化的电流,称为交变电流,简称交流,用 i 表示。

对于直流电流,单位时间内通过导体截面的电荷量是恒定不变的,其大小为

$$I = \frac{Q}{t} \tag{1 - 1 - 1}$$

对于交流电流,若在一个无限小的时间间隔 dt 内,通过导体横截面的电荷量为 dq,则该瞬间的电流为

$$i = \frac{dq}{dt} \tag{1 - 1 - 2}$$

在国际单位制(SI)中,电流的单位是安[培](A)。

(3) 电流参考方向

在图 1 - 1 - 6 所示的简单电路中,电流的实际方向可根据电源的极性直接确定;而在图 1 - 1 - 7 所示的复杂电路中,电流的实际方向有时难以确定。为了便于分析计算,便引入电流参考方向的概念。

所谓电流参考方向,就是在分析计算电路时,先任意选定某一方向,作为待求

电流的方向，并根据此方向进行分析计算。

（4）计算（测量）结果意义

电路计算（测量）中，在选定的参考方向下，若计算（测量）结果为正值，说明电流的参考方向与实际方向相同；若计算（测量）结果为负值，说明电流的参考方向与实际方向相反。图 1-1-8 表示了电流的参考方向（图中实线所示）与实际方向（图中虚线所示）之间的关系。

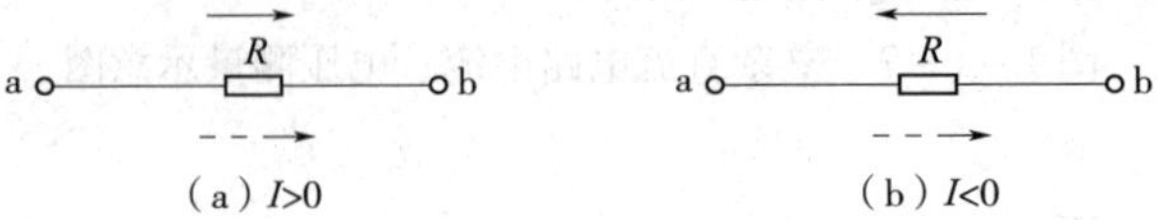

图 1-1-8　电流参考方向与实际方向

2. 电压

（1）电压的定义

在电路中，电场力把单位正电荷从 a 点移到 b 点所做的功称为 a、b 两点间的电压，记作

$$u_{ab} = \frac{dw}{dq} \tag{1-1-3}$$

对于直流电压，则为

$$U_{ab} = \frac{W}{Q} \tag{1-1-4}$$

在国际单位制（SI）中，电压的单位为伏［特］（V）。

（2）电压的实际方向

电压的实际方向规定为电场力移动正电荷定向运动的方向。

（3）电压的参考方向与计算（测量）结果意义

如电流的参考方向一样，在电路分析与测量时，也需要设定电压的参考方向，其方向可用箭头表示，或用"+"、"－"极性表示，也可用双下标表示，如图 1-1-9 所示。若用双下标表示，则 U_{ab} 表示 a 指向 b。显然 $U_{ab} = -U_{ba}$。

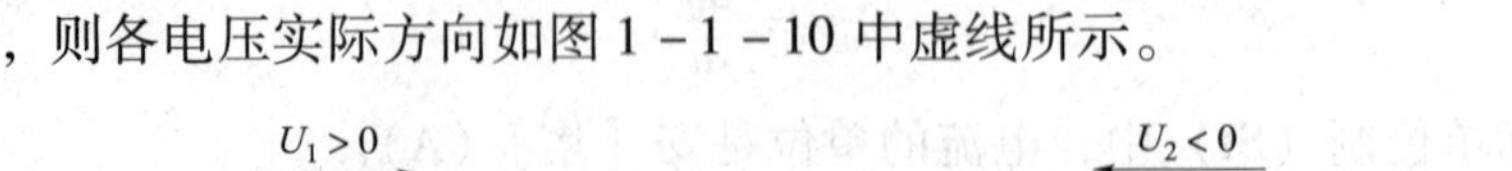

图 1-1-9　电压参考方向及表示

电压的参考方向也是任意选定的，在选定的电压参考方向下，当计算（测量）电压值为正，说明电压的参考方向与实际方向相同；反之，说明电压的参考方向与实际方向相反。如图 1-1-10 所示，电压的参考方向已标出，若计算出 $U_1 = 1$ V，$U_2 = -1$ V，则各电压实际方向如图 1-1-10 中虚线所示。

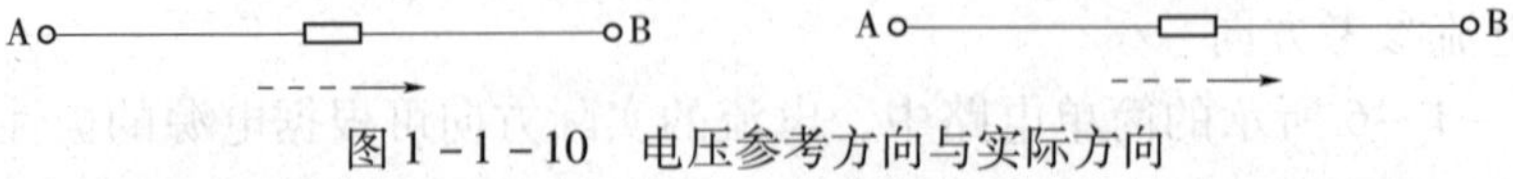

图 1-1-10　电压参考方向与实际方向

还要特别指出，电流与电压的参考方向原本可以任意选择，彼此无关。但为了分析方便，对于负载，一般把两者的参考方向选为一致，称为关联参考方向；对于

电源，一般把两者的参考方向选为相反，称为非关联参考方向。

3. 电位

在电工技术中，常使用电压的概念，例如荧光灯的电压为 220 V，干电池的电压为 1.5 V 等；而在电子技术中，常用电位的概念。

在电路中任选一点作为参考点，当电路中有接地点时，以地为参考点；若没有接地点时，则选择较多导线的汇集点为参考点。在电子电路中，通常以设备外壳为参考点。参考点用符号"⊥"表示。

定义电路中某一点（P）与参考点之间的电压为该点的电位。一般规定参考点的电位为零，因此参考点也称零电位点。电位用符号 V 或 φ 表示。例如 A 点的电位记为 V_A 或 φ_A。显然有

$$\varphi_A = U_{AP} \tag{1-1-5}$$

电路中各点电位、电压与参考点的关系：

①电位与参考点的关系：各点的电位随参考点的变化而变，在同一电路中，只能选择一个参考点，参考点一旦选定，各点的电位是唯一确定的。和电压一样，电位也是一个代数量，比参考点电位高的各点为正电位，比参考点电位低的各点为负电位。

②电压与参考点的关系：电路中任意两点的电压与参考点的选择无关。即电路参考点不同，但电路中任意两点的电压不变。

③电压与电位的关系：电路中任意两点的电压等于这两点的电位差，即

$$U_{ab} = \varphi_a - \varphi_b \tag{1-1-6}$$

4. 电功率

（1）概念及计算公式

单位时间内电场力或电源力所做的功，称为电功率，用 p 表示，即

$$p = \frac{dw}{dt} \tag{1-1-7}$$

如图 1-1-11（a）所示，u、i 为关联参考方向，N 为电路的任一部分或任意元件。根据电压、电流及电功率的定义，可得电路吸收的功率为

$$p = ui \tag{1-1-8}$$

如图 1-1-11（b）所示，u、i 为非关联参考方向，则 $u_{ab} = -u_{ba}$，电路吸收的功率为

$$p = -ui \tag{1-1-9}$$

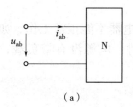
（a）

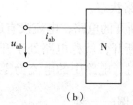
（b）

图 1-1-11　电功率计算示意用图

在直流电路中，电压、电流都是恒定值，电路吸收的功率也是恒定的，常用大写字母表示，式（1-1-8）及式（1-1-9）可写成

$$P = \pm UI \tag{1-1-10}$$

（2）正确理解和使用电功率公式

当需要求解某部分电路（或某元件）的功率，并判断其在电路中的作用时，可按以下几步计算：

①标方向：选定电压、电流的参考方向（关联或非关联）；

②选用正确公式：关联参考方向 $p = ui$，$P = UI$（直流）；非关联参考方向 $p = -ui$，$P = -UI$（直流）。

③计算：将 u、i（U、I）的数值连同符号一起代入所选公式，计算出 p（P）。

④结论：计算结果 p（P）> 0，吸收功率，起负载作用；p（P）< 0，产生功率，起电源作用；p（P）$= 0$，既不吸收也不产生功率。

（3）测量直流电路的功率并判断待测电路在电路中的作用

在手电筒电路中，通过灯泡的电压、电流实际方向一致，灯泡是负载；通过电池的电压、电流实际方向相反，电池是电源。也就是说，当电压、电流实际方向一致时，待测电路在电路中起负载作用；当电压、电流实际方向相反时，待测电路在电路中起电源作用，功率数值 $P = |UI|$。

5. 电气设备的额定值与电路的工作状态

电气设备的额定值是指电气设备在正常运行时的规定使用值，通常指额定电压、额定功率。电气设备工作在通路时，应在额定值条件下工作，否则会影响电气设备的使用寿命，甚至不能正常工作。

一般电路的工作状态可分为通路、短路与开路三种状态。

（1）通路（或有载）工作状态

通路：处处连通的电路，有电流通过电气设备，电气设备处于工作状态。如图 1 - 1 - 12 所示，当 S_1 闭合，S_2 断开时，此时的电路就是一个典型的有载工作状态，电流的大小由电源与负载决定。

（2）短路状态

短路：电流没有通过用电器，直接与电源构成通路。如图 1 - 1 - 12 所示，当 S_1、S_2 都闭合时，电源就处于短路状态（负载 R 被短路）。短路时，电路中的电流比正常工作状态要大，若电源内阻很小，一旦发生电源短路，将由于电流过大而烧毁电源，所以，电路一般严禁电源短路。

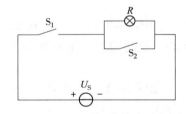

图 1 - 1 - 12　电路工作状态示意图

（3）开路状态

开路：断开的电路，电流没有通过用电器，用电器不能正常工作。如图 1 - 1 - 12 所示，当 S_1 断开，就称电路处于开路状态。开路时，电源没有带负载，又称电源空载状态。此时，电路中的电流为零。

📚 **应用举例——练**

【例 1 - 1 - 2】　图 1 - 1 - 13 所示为某一直流电路的一部分，经过计算得出在图 1 - 1 - 13 所示参考方向下，图 1 - 1 - 13（a）中，流过该部分电路的电流值为 -5 A；图 1 - 1 - 13（b）中，该部分电路两端的电压为 10 V，试说明其物理意义，并画出电流表及电压表测试电路图。

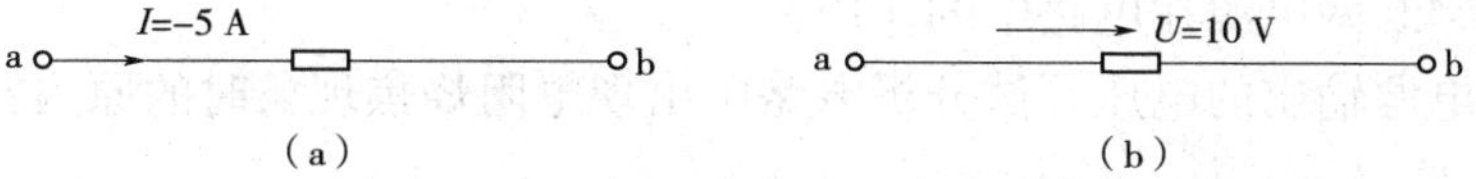

$I=-5$ A $U=10$ V

a o——————▭————o b   a o————▭————o b
        （a）   （b）

图 1-1-13 【例 1-1-2】图

解 图 1-1-13（a）中，在图示参考方向下，$I=-5$ A，说明通过这部分电路的电流大小为 5 A，实际方向与参考方向相反。该电流实际方向（虚线所示）及电流表测试电路图如图 1-1-14（a）所示。

图 1-1-13（b）中，在图示参考方向下，$U=10$ V，说明该部分两端电压的大小为 10 V，实际方向与参考方向一致。该电压实际方向（虚线所示）及电压表测试电路图如图 1-1-14（b）所示。

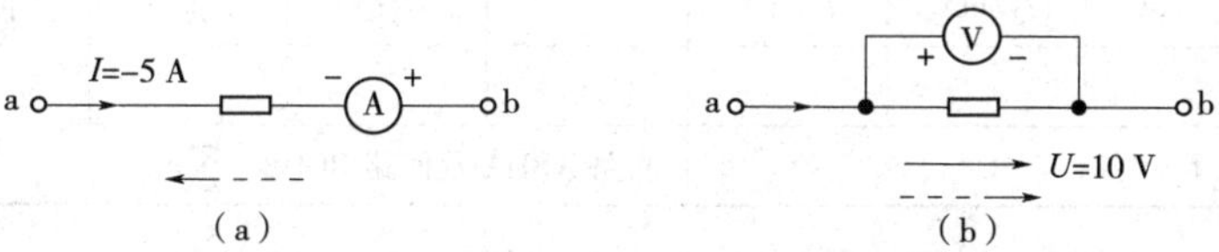

$I=-5$ A   - Ⓐ +   Ⓥ
a o————▭——————o b   + ▭ +
    ← - - - -   a o—▸—●—▭—●—o b
        （a）   ——▸ $U=10$ V
                                         - - - -
                                            （b）

图 1-1-14 【例 1-1-2】解答图

【例 1-1-3】 图 1-1-15 所示为某一直流电路的一部分，其电压、电流大小及参考方向如图 1-1-15 所示，求各图中电路的功率，并说明该部分电路在电路中的作用。

3 A   3 A
+ o—▸—▭——o -   - o—▸—▭——o +
        5 V   5 V
        （a）   （b）

3 A   3 A
+ o—▸—▭——o -   - o—▸—▭——o +
        -5 V   -5 V
        （c）   （d）

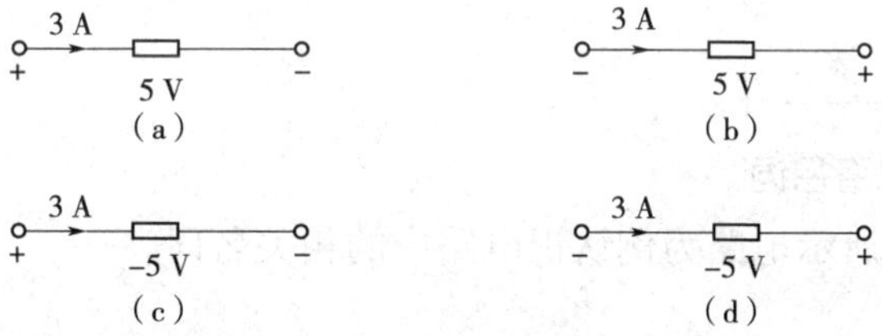

图 1-1-15 【例 1-1-3】图

解 图 1-1-15（a）U、I 为关联参考方向，$P=UI=5\times3$ W$=15$ W>0，因为吸收功率，所以起负载作用。

图 1-1-15（b）U、I 为非关联参考方向，$P=-UI=-(5\times3)$ W$=-15$ W<0，因为产生功率，所以起电源作用。

图 1-1-15（c）U、I 为关联参考方向，$P=UI=(-5)\times3$ W$=-15$ W<0，因为产生功率，所以起电源作用。

图 1-1-15（d）U、I 为非关联参考方向，$P=-UI=-(-5)\times3$ W$=15$ W>0，因为吸收功率，所以起负载作用。

若用电压与电流的实际方向判断该部分电路在电路中的作用，可以得到同样的结论。

🛠️ **探究实践——做**

在面包板上按图 1-1-7 所示连接电路，用万用表测量各元件的电流及电压，请思考下列问题：

①如何通过测量结果求出各元件的功率及电路总的功率？

模块 ① 直流电路的分析与测试

②如何判断两电源在电路中的作用？

③调节电源输出的电压，试分析电路中出现电阻烧焦现象时的原因？

1.1.3 基尔霍夫定律及其验证

知识迁移——导

按图1-1-7所示连接电路并用电流专用插头及万用表，按表1-1-2进行测试。

表1-1-2 测试数据表

被测量	I_1/mA	I_2/mA	I_3/mA	U_1/V	U_2/V	U_{AB}/V	U_{BD}/V	U_{BC}/V
测量值								
结　论	$\sum I =$			回路ABDA及回路BCDB，$\sum U =$				

问题聚焦——思

- 电路中电流的约束关系；
- 电路中电压的约束关系。

知识链接——学

1. 几个相关的电路名词

以图1-1-16所示电路为例认识电路中的相关名词。

（1）支路

电路中的每一个分支称为支路。如图1-1-16中有三条支路，分别是BAF、BCD和BE。支路BAF、BCD中含有电源，称为含源支路；支路BE中不含电源，称为无源支路。

（2）节点

电路中三条或三条以上支路的连接点称为节点。如图1-1-16中B、E为两个节点。

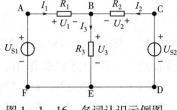

图1-1-16 名词认识示例图

（3）回路

电路中的任一闭合路径称为回路。如图1-1-16中有三个回路，分别是ABEFA、BCDEB、ABCDEFA。

（4）网孔

内部不含支路的回路称为网孔。如图1-1-16中ABEFA和BCDEB都是网孔。

2. 基尔霍夫电流定律（KCL）

（1）内容

基尔霍夫电流定律指出：在任何时刻，流入电路中任一节点电流的代数和恒等于零。基尔霍夫电流定律简称KCL，它反映了节点处各支路电流之间的约束关系。

（2）数学表达式

KCL 一般表达式为

$$\sum i = 0 \qquad\qquad (1-1-11)$$

在直流电路中，表达式为

$$\sum I = 0 \qquad\qquad (1-1-12)$$

（3）符号法则

在应用 KCL 列电流方程时，如果规定参考方向指向节点的电流取正号，则背离节点的电流取负号，则在图 1-1-16 所示电路中，对于节点 B 可以写出 $I_1 + I_2 - I_3 = 0$。

请填写表 1-1-2 的结论。

（4）KCL 推广

KCL 不仅适用于节点，也可推广应用于包围几个节点的闭合面（又称广义节点）。图 1-1-17 所示的电路中，可以把三角形 ABC 看作广义的节点，用 KCL 可列出

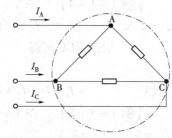

图 1-1-17　KCL 定律的
推广示意图

$$I_A + I_B + I_C = 0 \quad 即 \quad \sum I = 0$$

可见，在任何时刻，流过任一闭合面电流的代数和恒等于零。

3. 基尔霍夫电压定律（KVL）

（1）内容

基尔霍夫电压定律指出：在任何时刻，沿电路中任一闭合回路，各段电压的代数和恒等于零。基尔霍夫电压定律简称 KVL，它反映了回路中各支路电压之间的约束关系。

（2）数学表达式

KVL 一般表达式为

$$\sum u = 0 \qquad\qquad (1-1-13)$$

在直流电路中，表达式为

$$\sum U = 0 \qquad\qquad (1-1-14)$$

（3）符号法则

应用 KVL 列电压方程时，首先假定回路的电压绕行方向，然后选择各段电压的参考方向，凡参考方向与绕行方向一致者，该电压取正号；凡参考方向与绕行方向相反者，该电压取负号。在图 1-1-16 中，对于回路 ABCDEFA，若电压绕行方向选择顺时针方向，根据 KVL 可得

$$U_1 - U_2 + U_{S2} - U_{S1} = 0$$

请填写表 1-1-2 的结论。

（4）KVL 推广

KVL 不仅适用于回路，也可推广应用于一段不闭合的电路。如图 1-1-18 所示电路中，A、B 两端未闭合，若设 A、B 两点之间的电压为 U_{AB}，按逆时针绕行方向可得

$$U_{AB} - U_R - U_{S2} = 0 \quad 或 \quad U_{AB} = U_{S2} + U_R$$

由此可得出求电路中任意 a、b 两点电压的公式为

$$u_{ab} = \sum_{a \to b} u \quad 或 \quad U_{ab} = \sum_{a \to b} U \,(直流)\,(1-1-15)$$

即电路中任意两点电压,等于从 a 到 b 所经过电路路径上所有
支路电压的代数和,与绕行方向一致的支路电压为正;反之,
支路电压为负。

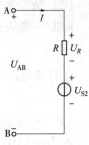

图 1-1-18　KVL 的
推广示意图

　应用举例——练

【例 1-1-4】　图 1-1-19 所示的电路中,电流的参考方向已标明。若已知
$I_1 = 2$ A, $I_2 = -4$ A, $I_3 = -8$ A, 试求 I_4。

解　根据 KCL 可得

$$I_1 - I_2 + I_3 - I_4 = 0$$

所以　　　　　　$I_4 = I_1 - I_2 + I_3 = [2 - (-4) + (-8)]$ A $= -2$ A

【例 1-1-5】　图 1-1-20 所示的电路中,已知各元件的电压为 $U_1 = 10$ V,
$U_2 = 5$ V, $U_3 = 8$ V, 求 U_4。若分别选 B 点与 C 点为参考点,试求电路中各点的
电位。

解　应用 KVL 进行电路分析时一般要注意:

①标回路绕行方向及电压参考方向:对所选定的回路(绕行方向一般选顺时
针),标出所有支路的电压的参考方向。

②列 KVL 方程:由符号法则列出 $\sum u = 0$(直流:$\sum U = 0$)方程。

③求解:把已知的电压值(连同符号)代入方程(组),求出未知电压。

此例中,选取顺时针方向为电压绕行方向,由 KVL 定律得

$$-U_1 - U_2 - U_3 - U_4 = 0$$

所以 $U_4 = -U_1 - U_2 - U_3 = (-10 - 5 - 8)$ V $= -23$ V

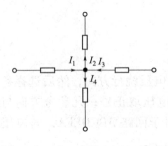　　　　　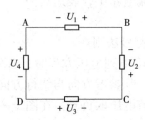

图 1-1-19　【例 1-1-4】图　　　　　图 1-1-20　【例 1-1-5】图

探究实践——做

在面包板上按图 1-1-7 所示连接电路,验证基尔霍夫定律。

课题 1.2　电路基本元件及其检测

- 电阻、电感、电容三种基本元件的参数定义、伏安关系及其功率；
- 欧姆定律及其运用；
- 电阻元件的连接；
- 电阻、电感与电容元件的检测；
- 独立源的特性；
- 实际电源的两种组合模型及其等效变换。

1.2.1　电阻元件及其检测

知识迁移——导

图 1 – 2 – 1 为部分电阻器及电位器的实物图。

膜式电阻器　　线绕电阻器（RX型）　热敏电阻器　压敏电阻器　旋转式电位器　微调式电位器

图 1 – 2 – 1　部分电阻器及电位器实物图

问题聚焦——思

- 电阻元件、伏安关系（欧姆定律）及功率；
- 电阻参数的识别与检测；
- 电阻的连接及应用。

知识链接——学

1. 电阻

（1）电阻元件

电阻是表示导体对电流起阻碍作用的物理量。任何导体对于电流都具有阻碍作用，因此都有电阻。电工实际中经常用到电灯、电炉、电烙铁及变器等电气设备，这些电气设备在直流电路中的作用就是一个电阻，在电路中消耗电能，转换成热能或其他形式能量的不可逆过程。所以，电阻元件是表示电路中消耗电能这一物理现象的理想二端元件，图形符号如图 1 – 2 – 2 所示。

$$a \circ\!\!-\!\!\boxed{}^{R}\!\!-\!\!\circ b$$

图 1 – 2 – 2　电阻元件图形符号

在国际单位制（SI）中，电阻的单位是欧［姆］，用符号 Ω 表示。对较大的电阻值常用千欧（kΩ）及兆欧（MΩ）作单位，它们的关系为

$$1 \text{ kΩ} = 10^3 \text{ Ω} \qquad 1 \text{ MΩ} = 10^6 \text{ Ω}$$

电阻的倒数称为电导，用 G 表示，即

$$G = \frac{1}{R}$$

电导的国际单位为西［门子］（S），$1 \text{ S} = 1 \text{ Ω}^{-1}$。电导也是表征电阻元件特性的参数，它反映的是元件的导电能力。

（2）电阻参数识别与电阻器的检测

大多数电阻器都标有电阻的数值，这就是电阻的标称阻值。电阻的标称阻值往往和它的实际阻值不完全相等，电阻的实际阻值和标称阻值的偏差，除以标称阻值所得的百分数，称为电阻的误差。电阻的标称阻值与误差作为电阻的主要参数一般标注在电阻器上，以供识别。

电阻参数表示方法有直标法、文字符号法及色环法，分别如图 1 - 2 - 3、图 1 - 2 - 4 及表 1 - 2 - 1 所示。图 1 - 2 - 5 为四色环电阻器的识别示意图。五色环电阻器的识别与四色环电阻器的识别方法一样，只是第一、二、三位表示数字，第四位表示倍率，第五位表示误差。

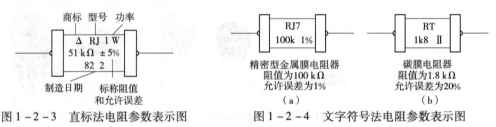

图 1 - 2 - 3　直标法电阻参数表示图　　图 1 - 2 - 4　文字符号法电阻参数表示图

表 1 - 2 - 1　四色环电阻器色环颜色所代表的意义

颜　色	黑	棕	红	橙	黄	绿	蓝	紫	灰	白	金	银
第一、二位数字	0	1	2	3	4	5	6	7	8	9	—	—
倍率	10^0	10^1	10^2	10^3	10^4	10^5	10^6	10^7	10^8	10^9	0.1	0.01
允许误差	±20%	±1%	±2%	—	—	—	—	—	—	—	±5%	±10%

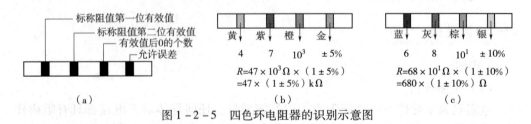

图 1 - 2 - 5　四色环电阻器的识别示意图

通常用万用表的电阻挡进行电阻的测量，在使用万用表欧姆挡测量电阻时应注意：

①严禁带电测量电阻。测量时首先应断开被测电阻的电源及连接导线；否则，将损坏仪表或者影响测量结果。

②量程选择。用万用表测量电阻时，应尽量使指针在中心刻度值附近。如果测

量前无法估计出被测量的大致范围，则应先把转换开关旋至量程最大的位置进行估测，然后再选择适当的量程进行测量。

③欧姆调零。用万用表测量电阻前应进行欧姆调零，即将挡位开关置于欧姆挡，两只表笔短接，调整零欧姆调整器旋钮，如图1-2-6所示。如果指针不能调到零位，说明电池电压不足或仪表内部有问题。而且每换一次倍率挡，都要进行欧姆调零，以保证测量准确。

④测量电阻。图1-2-7为测量电阻示意图。测量过程中，测试表笔应与被测电阻接触良好，以减少接触电阻的影响；手不得触及表笔的金属部分，以防止将人体电阻与被测电阻并联，引起不必要的测量误差。

图1-2-6 欧姆调零示意图　　　　图1-2-7 测量电阻示意图

2. 电阻元件的伏安关系——欧姆定律

当电阻元件两端施加电压 u，通过电阻元件的电流为 i，而且当电压和电流的正方向为关联参考方向时（见图1-2-8），则电阻元件的电阻 R 为

$$R = \frac{u}{i} \tag{1-2-1}$$

由式（1-2-1）可得

$$u = iR \tag{1-2-2}$$

在直流电路中为

$$U = IR \tag{1-2-3}$$

式（1-2-2）、式（1-2-3）所示的电阻元件的电压与电流的关系称为电阻元件的伏安关系。

如果式中的电阻为常数，也就是电阻值不随电路中的电压或电流的改变而改变，这样的电阻元件称为线性电阻元件，对于线性电阻元件，式（1-2-2）即为通常所说的欧姆定律。

图1-2-9所示 a、b 分别为线性电阻元件及非线性电阻元件的伏安特性。

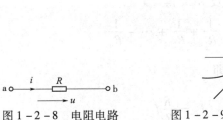

图1-2-8 电阻电路　　　　图1-2-9 电阻元件的伏安特性

若选择电压与电流的参考方向为非关联参考方向，则式（1 - 2 - 2）及式（1 - 2 - 3）分别为 $u = -iR$ 及 $U = -IR$。

3. 电阻元件的功率

如图 1 - 2 - 10 所示，在直流电路中，U、I 关联，由式（1 - 1 - 10）及式（1 - 2 - 3）得

$$P = UI = I^2 R = \frac{U^2}{R} \qquad (1 - 2 - 4)$$

若 U、I 非关联，同样可得

$$P = -UI = -(-IR)I = I^2 R = \frac{U^2}{R}$$

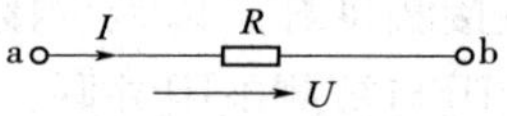

图 1 - 2 - 10　直流电阻电路

由此可知，对于电阻元件，无论 U、I 的参考方向如何选择，在电路中都是消耗功率，所以电阻元件又称耗能元件。

4. 电阻器的连接

（1）电阻器的串联

图 1 - 2 - 11 所示是多个电阻器串联的电路，具有如下特点：

①电流相等：由 KCL 得

$$I = I_1 = I_2 = \cdots = I_n$$

②等效电阻：由等效电阻定义及 KVL 得

$$R = \frac{U}{I} = \frac{U_1 + U_2 + \cdots + U_n}{I} = \frac{IR_1 + IR_2 + \cdots + IR_n}{I}$$

即

$$R = R_1 + R_2 + \cdots + R_n \qquad (1 - 2 - 5)$$

③分压公式：图 1 - 2 - 11 中所标各分电压及总电压的参考方向一致，由欧姆定律得

$$U_n = IR_n = \frac{U}{R}R_n$$

即

$$U_n = \frac{R_n}{R}U \qquad (1 - 2 - 6)$$

④功率：由电阻器的功率公式得

$$P_1 : P_2 : \cdots : P_n = I^2 R_1 : I^2 R_2 : \cdots : I^2 R_n = R_1 : R_2 : \cdots : R_n$$

（2）电阻器的并联

图 1 - 2 - 12 所示是多个电阻器并联的电路，具有如下特点：

①电压相等：由 KVL 得

$$U_1 = U_2 = \cdots = U_n$$

②等效电阻：由等效电阻定义及 KCL 得

$$\frac{1}{R} = \frac{1}{R_1} + \frac{1}{R_2} + \cdots + \frac{1}{R_n} \qquad (1 - 2 - 7)$$

③分流公式：$I_n = \dfrac{U}{R_n} = \dfrac{IR}{R_n}$，即

$$I_n = \frac{R}{R_n}I \qquad (1 - 2 - 8)$$

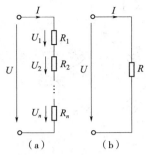

图 1-2-11　电阻器的串联

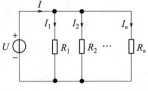

图 1-2-12　电阻器的并联

注意使用式（1-2-8）时 I，I_n 为关联参考方向，否则式中多一负号。

④功率：由电阻器的功率公式可知，并联时电阻器消耗的功率与电阻值成反比，如两个电阻器并联，则

$$P_1:P_2=R_2:R_1$$

（3）电阻器的混联

①简单电路：电路中的电阻器连接可以用电阻器的串并联进行化简的电路称为简单电路，如图 1-2-13 所示。求解电阻器混联简单电路时，首先应从电路结构入手，根据电阻器串并联的特征，分清哪些电阻器是串联的，哪些电阻器是并联的，然后应用欧姆定律、分压和分流的关系求解。

由图 1-2-13 可知，R_3 与 R_4 串联，然后与 R_2 并联，再与 R_1 串联，即等效电阻 $R=R_1+R_2//（R_3+R_4）$，符号"//"表示并联。则

$$I=I_1=\frac{U}{R}$$

$$I_2=\frac{R_3+R_4}{R_2+R_3+R_4}I$$

$$I_3=\frac{R_2}{R_2+R_3+R_4}I$$

各电阻器两端电压的计算请读者自行完成。

②复杂电路：电阻的星形联结与三角形联结。如图 1-2-14（a）所示，R_a、R_b、R_c 三个电阻器组成一个星形，称为星形网络或丫网络；如图 1-2-14（b）所示，R_{ab}、R_{bc}、R_{ca} 三个电阻器组成一个三角形，称为三角形网络或△网络。

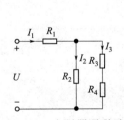

图 1-2-13　电阻器混联示意图

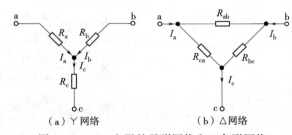

（a）丫网络　　　　（b）△网络

图 1-2-14　电阻的星形网络和三角形网络

在电路分析中，将星形网络与三角形网络进行等效变换，往往可以使电路得到化简，如求图 1-2-15（a）所示等效电阻 R_{ac}，图 1-2-15（b）是将 R_1、R_3、R_5 三个△联结电阻器变为丫联结，这时便可以用电阻器的串并联化简求解了。下面简

要介绍等效电路的概念及"Y－△"等效电阻变换的关系。

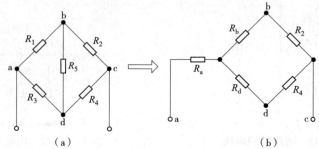

图 1－2－15　电阻器的"Y－△"等效变换化简示意图

a. 等效网络的定义：如果电路的某一部分只有两端与其余部分相连，则这部分电路称为二端网络，又称单口网络。其两端间的电压称为端口电压，从某端流入或流出的电流称为端口电流。一个二端元件就是一个最简单的二端网络。二端网络可用图 1－2－16（a）所示的方框符号表示，方框内的字母"N"代表"网络（network）"；内部含有电源的二端网络称为含源（active）二端网络，如图 1－2－16（b）所示；内部不含电源的二端网络称为无源（passive）二端网络，如图 1－2－16（c）所示。

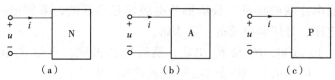

图 1－2－16　二端网络的符号

二端网络的端口电压与端口电流之间的关系，称为二端网络的伏安关系，或伏安特性。如果一个二端网络的伏安关系与另一个二端网络的伏安关系完全一致，则当它们的端口电压相等时，端口电流也必定相等，这样的两个二端网络即互为等效网络。两个等效网络对任一外电路的作用相同，因此，用一个结构简单的等效网络代替原来较复杂的网络，可以简化对电路的分析。

此外，还有三端、四端……n 端网络。两个 n 端网络，如果它们各对端钮的伏安关系都分别对应相同，则它们对外电路彼此等效。

b. "Y－△"等效变换电阻的关系：由等效条件可得，△联结变换为Y联结的电阻公式为

$$R_a = \frac{R_{ab}R_{ca}}{R_{ab} + R_{bc} + R_{ca}}$$

$$R_b = \frac{R_{bc}R_{ab}}{R_{ab} + R_{bc} + R_{ca}} \qquad (1-2-9)$$

$$R_c = \frac{R_{ca}R_{bc}}{R_{ab} + R_{bc} + R_{ca}}$$

即

$$星形联结电阻（R_Y） = \frac{三角形电路中相邻两电阻之积}{三角形电路中各电阻之和}$$

若 $R_{ab} = R_{ca} = R_{bc} = R_\triangle$，则 $R_Y = \dfrac{1}{3}R_\triangle$。

如果已知丫联结电路各电阻，则等效△联结电路各电阻为

$$R_{ab} = R_a + R_b + \frac{R_a R_b}{R_c} = \frac{R_a R_c + R_b R_c + R_a R_b}{R_c}$$

$$R_{bc} = R_b + R_c + \frac{R_b R_c}{R_a} = \frac{R_a R_b + R_a R_c + R_b R_c}{R_a} \qquad (1-2-10)$$

$$R_{ca} = R_c + R_a + \frac{R_c R_a}{R_b} = \frac{R_a R_b + R_b R_c + R_c R_a}{R_b}$$

即

$$三角形联结电阻（R_\triangle）= \frac{星形电路中各电阻两两乘积之和}{星形电路中对面的一个电阻}$$

若 $R_a = R_b = R_c = R_丫$，则 $R_\triangle = 3R_丫$。

应用举例——练

【例 1-2-1】 图 1-2-17 所示为 500 型万用表的直流电流表部分。其中表头满度电流 $I_g = 40\ \mu A$，表头内阻 $R_g = 3.75\ k\Omega$。各挡量程为 $I_1 = 500\ mA$，$I_2 = 100\ mA$，$I_3 = 10\ mA$，$I_4 = 1\ mA$，$I_5 = 250\ \mu A$，$I_6 = 50\ \mu A$。求各分流电阻。

解 从图 1-2-17 中可以看出，当使用最小量程 $I_6 = 50\ \mu A$ 挡时，全部分流电阻串联起来与表头并联，可首先算出串联支路的总电阻 $R = R_1 + R_2 + R_3 + R_4 + R_5 + R_6$ 之值为

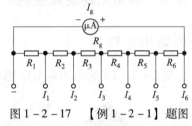

图 1-2-17 【例 1-2-1】题图

$$R = \frac{R_g I_g}{I_6 - I_g} = \frac{3.75 \times 40}{50 - 40}\ k\Omega = 15\ k\Omega$$

当使用量程 $I_1 = 500\ mA$ 挡时，除 R_1 以外的分流电阻与表头串联之后，再与 R_1 并联，由分流公式

$$I_g = \frac{R_1}{[(R - R_1) + R_g] + R_1} I_1 = I_1 \frac{R_1}{R + R_g}$$

可得

$$R_1 = \frac{I_g(R + R_g)}{I_1} = \frac{40 \times (15 + 3.75)}{500}\ \Omega = 1.5\ \Omega$$

当使用量程 $I_2 = 100\ mA$ 挡时，除 $(R_1 + R_2)$ 以外的分流电阻与表头串联之后，再与 $(R_1 + R_2)$ 并联，可得

$$R_2 = \frac{I_g(R + R_g)}{I_2} - R_1 = \left[\frac{40(15 + 3.75)}{100} - 1.5\right]\Omega = 6\ \Omega$$

同理可求出

$$R_3 = \frac{I_g(R + R_g)}{I_3} - (R_1 + R_2) = \left[\frac{40(15 + 3.75)}{10} - 7.5\right]\Omega = 67.5\ \Omega$$

$$R_4 = \frac{I_g(R + R_g)}{I_4} - (R_1 + R_2 + R_3) = \left[\frac{40(15 + 3.75)}{1} - 75\right]\Omega = 675\ \Omega$$

$$R_5 = \frac{I_g(R + R_g)}{I_5} - (R_1 + R_2 + R_3 + R_4) = \left[\frac{40(15 + 3.75)}{0.25} - 750\right]\Omega = 2\ 250\ \Omega$$

最后得出　　　$R_6 = R - (R_1 + R_2 + R_3 + R_4 + R_5) = 12\ \text{k}\Omega$

探究实践——做

用万用表的电阻挡，测量 10 只电阻器的阻值，并记录于自拟表中。注意：电阻器阻值的实际测量值与标称值存在误差。

试用直流稳压电源、万用表、可调电阻器等仪器测量线性电阻元件伏安特性。

将稳压电源的输出端与可调电阻器按图 1-2-18 所示连接，可调电阻器的阻值调至 1 kΩ，接通电源，将电源电压从 0 V 开始逐渐增加，每增加 2 V 记录一次电流值，画出该电阻的伏安特性曲线。

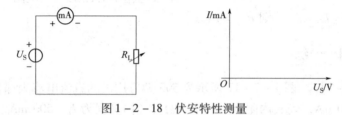

图 1-2-18　伏安特性测量

1.2.2　电感元件及其检测

知识迁移——导

图 1-2-19 所示为部分电感器的实物图。

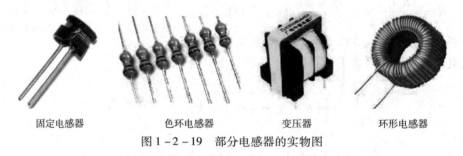

固定电感器　　　　色环电感器　　　　变压器　　　　环形电感器

图 1-2-19　部分电感器的实物图

问题聚焦——思

● 电感元件、伏安关系及储存的能量；
● 电感参数的识别与检测。

知识链接——学

1. 电感简介

（1）电感元件

电感线圈是用导线在某种材料做成的芯子上绕制成的螺线管，若只考虑电感线圈的磁场效应且认为导线的电阻为零，则此种电感线圈可视为理想电感元件，简称电感元件，图形符号如图 1-2-20 所示。

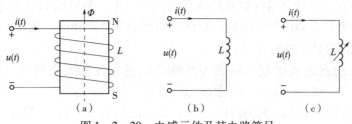

图 1 - 2 - 20　电感元件及其电路符号

（2）电感

在图 1 - 2 - 20（a）所示电路中，当电流 i 通过线圈时，根据右手螺旋定则，在通电导体内部产生磁场（磁通量 Φ_L 称为自感磁通），设线圈匝数为 N，通过每匝线圈的磁通为 Φ，则线圈的匝数与穿过线圈的磁通量之积为 $N\Phi_L$，称为自感磁链 Ψ_L。定义单位电流产生的磁链为自感，又称电感，用 L 表示，即

$$L = \frac{\psi_L}{i} = \frac{N\Phi_L}{i} \qquad (1 - 2 - 11)$$

L 表征了电感元件产生磁链的能力，其大小由电感线圈的匝数 N、直径 D、长度 L，磁介质的磁导率 μ 来决定。

L 为常数的电感元件称为线性电感元件。图 1 - 2 - 20（b）、（c）分别为线性电感元件与非线性电感元件的图形符号。

（3）电感参数的识别与电感线圈的检测

电感线圈一般简称电感，电感线圈的主要参数是电感量和额定电流。电感的基本单位是亨［利］（H），一般情况下，电路中的电感值很小，可用 mH（毫亨）、μH（微亨）表示，其换算关系为

$$1 \text{ H} = 10^3 \text{ mH} = 10^6 \text{ μH}$$

电感线圈参数表示方法有直标法（见图 1 - 2 - 21）、色标法（通常用四色环表示，紧靠电感体一端的色环为第一色环，露着电感体本色较多的一端的色环为末环）、数码标示法（与电阻器类似）。

电感线圈性能好坏的检测在非专业条件下是无法进行的，即电感量大小的检测、Q 值（即品质固数）多少的检测均需用专门的仪器，对于一般使用者可从下面三个方面进行检测：

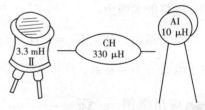

图 1 - 2 - 21　电感线圈参数表示图

①外观检查：从电感线圈外观查看是否有破裂、线圈是否有松动或变位的现象，引脚是否牢靠，并查看电感线圈的外表是否有电感量的标称值，还可进一步检查磁芯旋转是否灵活，有无滑扣等。

②通断检测：电感线圈的好坏可以用万用表进行初步检测，即检测电感线圈是否有断路与短路等情况。检测时，万用表置于 R×1 挡，将两表笔分别碰接电感线圈的引脚，当被测的电感线圈电阻值为 0 Ω 时，说明电感线圈内部短路，不能使用；如果测得电感线圈有一定的阻值，说明电感线圈正常；如果测得电感线圈的电阻值为 ∞ 时，说明电感线圈或引脚与线圈接点处发生了断路，此时不能使用。

③绝缘检测：将万用表置于 R×10 k 挡，检测电感线圈的绝缘情况。这项检测

主要是针对具有铁芯或金属屏蔽罩的电感线圈进行的。测得线圈引线与铁芯或金属屏蔽罩之间的电阻,均应为无穷大,否则说明该电感线圈绝缘不良。

2. 电感元件的伏安关系

电感元件的磁通和电流之间的关系称为电感元件的韦安特性。图 1 - 2 - 22 (a)、(b) 分别是线性电感元件与非线性电感元件的韦安特性。

设线性电感元件两端的电压为 $u(t)$,其中的电流为 $i(t)$,当 $u(t)$ 与 $i(t)$ 为关联参考方向时,根据电磁感应定律,可得电感元件的伏安关系为

$$u_L = \frac{d\psi_L}{dt} = \frac{d(Li_L)}{dt} = L\frac{di_L}{dt}$$

即
$$u_L = L\frac{di_L}{dt} \tag{1 - 2 - 12}$$

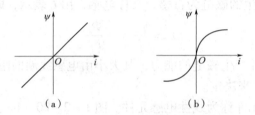

图 1 - 2 - 22 线性电感元件与非线性电感元件的韦安特性

3. 电感元件储存的磁场能

当电流通过导体时在导体周围建立磁场,将电能转化为磁场能,储存在电感元件内部。可以证明:电感线圈的磁场能与线圈所通过的电流的二次方及线圈电感的乘积成正比,即

$$W_L = \frac{1}{2}Li_L^2 \tag{1 - 2 - 13}$$

式 (1 - 2 - 13) 表明:当线圈中有电流时,线圈中就要储存磁场能,通过线圈的电流越大,线圈中储存的磁场能越多。从能量的角度看,线圈的电感 L 表征了它储存磁场能的能力。

应当指出,公式 $W_L = \frac{1}{2}Li_L^2$ 只适用于计算空芯线圈的磁场能;对于铁芯线圈,由于电感 L 不是常数,所以并不适用。

 应用举例——练

【例 1 - 2 - 2】 在图 1 - 2 - 23 所示电路中,已知电压 $U_{S1} = 10$ V,$U_{S2} = 5$ V,电阻 $R_1 = 5$ Ω,$R_2 = 10$ Ω,电感 $L = 0.1$ H,求电压 U_1、U_2 及电感元件储存的磁场能。

解 在直流电路中,电感元件相当于短路,$U_1 = 0$ V,根据 KVL 得

$$U_2 = - U_{S2} = - 5 \text{ V}$$

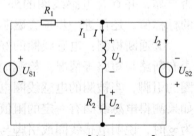

图 1 - 2 - 23 **【例 1 - 2 - 2】**图

由欧姆定律可得通过电感元件的电流为

$$I = \frac{U_2}{R_2} = \frac{-5}{10} \text{ A} = -0.5 \text{ A}$$

电感元件储存的磁场能为

$$W_L = \frac{1}{2} L i_L^2 = \frac{1}{2} \times 0.1 \times 0.5^2 \text{ J} = 1.25 \times 10^{-2} \text{ J}。$$

探究实践——做

观察电感元件的"延时"效应。

如图 1-2-24 所示，解释图 1-2-24（a）合上开关、图 1-2-24（b）接通电路灯泡 D 正常发光后，再断开开关所发生的现象。

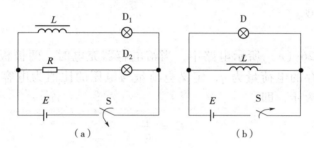

图 1-2-24　自感现象示意图

1.2.3　电容元件及其检测

知识迁移——导

图 1-2-25 所示为部分电容器的实物图。

电解电容器　　　　独石电容器　　　　涤纶电容器　　　　瓷片电容器

图 1-2-25　部分电容器的实物图

问题聚焦——思

- 电容元件、伏安关系及储存的能量；
- 电容参数的识别与检测。

模块 1 直流电路的分析与测试

1. 电容简介

（1）电容元件

电容器的种类繁多，结构也有所不同，但电容器的基本结构是一样的。电容器的最简单结构可由两个相互靠近的金属板中间夹一层绝缘介质组成。当电容器两端接上电源后，电容器就会出现充电过程，即电容器的两块金属极板上各自聚集等量的异性电荷，极板间建立起电场并储存电场能；当切断电源时，电容器极板上聚集的电荷仍然存在。如果忽略电容器的其他次要性质（介质损耗和漏电流），可用一个代表储存电荷基本性能的理想二端元件作为模型，这就是电容元件。实际电路中使用的大多数电容器的漏电流很小，在工作电压较低的情况下，可以用一个电容元件作为其电路模型。

（2）电容

在图 1-2-26（a）所示电路中，当给电容器充电时，两极板间产生电压 u，电容器极板上储存的电荷量为 q，定义电荷量与电压的比值为电容元件的电容量，简称电容，用 C 表示，即

$$C = \frac{q}{u} \qquad\qquad (1-2-14)$$

C 表征了电容元件容纳电荷的能力，其大小由电容器极板的形状、尺寸、相对位置及介质的种类来决定。例如，平板电容器的电容为 $C = \varepsilon S/d$，式中，S 表示两极板的正对面积，d 表示两极板间的距离，ε 是与介质有关的系数，称为介电常数。

某种介质的介电常数 ε 与真空的介电常数 ε_0 之比，即 $\varepsilon_r = \varepsilon/\varepsilon_0$，称为这种介质的相对介电常数，相对介电常数是一个纯数。

C 为常数的电容元件，称为线性电容元件。图 1-2-26（b）、（c）分别为线性电容元件与非线性电容元件的图形符号。

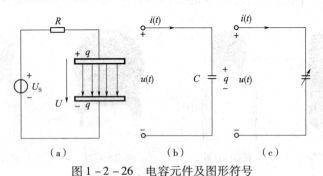

图 1-2-26　电容元件及图形符号

（3）电容参数的识别与电容器的检测

电容器一般简称电容，电容器的主要参数是电容量和额定电压。电容量的基本单位是法［拉］（F），微法（μF）、纳法（nF）和皮法（pF）是电容量较小时的单位，其换算关系为

$$1\ \text{F} = 10^6\ \mu\text{F} = 10^9\ \text{nF} = 10^{12}\ \text{pF}$$

电容器的识别方法与电阻器的识别方法基本相同，有直标法、色标法和数标法。

许多电容器受体积的限制，其表面经常不标注单位，但都遵循一定的识别规则，即当数值小于 1 时，默认单位为微法，如某电容器标注为 0.47 表示此电容器标称容量为 0.47 μF；当数值大于或等于 1 时，默认单位为皮法，如某电容器标注为 100 表示此电容器标称容量为 100 pF；有一种特殊情况，即当数字为 3 位数字，且末位数不为零时，这时前两位数字为有效数字，末位数为 10 的幂次，单位为皮法，类似于色环电阻器的表示法。如某电容器标注为 103 表示此电容器标称容量为 10×10^3 pF $= 10\ 000$ pF $= 0.01$ μF。

电容器的耐压是一个非常重要的指标，加在电容器两端电压必须小于额定耐压值，有些电容器参数标注在塑封外壳上。例如"1 μF50 V"代表电容器标称容量为 1 μF，耐压值为 50 V。

电容器作为电子电路中常用的电子元件之一，其故障发生率要比电阻器高，而且检测要比电阻器麻烦。在没有专用仪器的情况下，一般可采用万用表欧姆挡检测法来估计电容器的容量、判断电容器的好坏及电容器的极性。

①电容器好坏的判断。电容器常见故障是开路失效、短路击穿、漏电或电容量发生变化等，判断方法见表 1 - 2 - 2。

表 1 - 2 - 2　电容器好坏的判断

量程选择	正　常	断路损坏	短路损坏	漏电现象	备　注
×10 k（<1 μF） ×1 k（1~100 μF） ×100（>100 μF） 红　黑	先向右偏转再缓慢向左回归 红　黑	指针不动 红　黑	指针不动 红　黑	指针不回归 红　黑	重复检测某一电容器时，每次都要将被测电容器短路一次（放电）

②电解电容器的极性的判断。电解电容器的极性可以从外形（见图 1 - 2 - 27）及测量漏电电阻两方面来判断。

当电解电容器极性标注不明确时，可通过测量其漏电电阻来判断其极性。

a. 放电：先将电解电容器短路放电。

b. 选量程：选用合适的测量挡位（R×1 k 挡）。

c. 测量与结论：用万用表测量电解电容器的漏电电阻，并记下这个阻值的大小，然后将红、黑表笔对调再次测量电容器的漏电电阻，将两次所测得的阻值对比，漏电电阻大的一次，黑表笔所接的是正极［即两次测量中，指针最后停留的位置靠左（阻值大）的那次，黑表笔所接的就是电解电容器的正极］。

2. 电容元件的伏安关系

电容元件的电荷和电压之间关系称为电容元件的库伏特性。图 1 - 2 - 28（a）、（b）所示分别为线性电容元件和非线性电容元件的库伏特性。

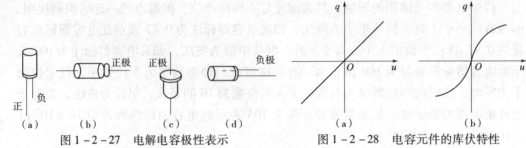

图1-2-27　电解电容极性表示　　　图1-2-28　电容元件的库伏特性

设线性电容元件两端的电压为 $u(t)$，其中的电流为 $i(t)$，在 $u(t)$ 与 $i(t)$ 为关联参考方向时，根据电流的定义 $i = \mathrm{d}q/\mathrm{d}t$，将 $q = Cu_C$ 代入，可得线性电容元件的伏安关系为

$$i = C\frac{\mathrm{d}u_C}{\mathrm{d}t} \tag{1-2-15}$$

3. 电容元件储存的电场能

当电容器极板上存有电荷时，就会在极板间建立电场，将电能转化为电场能，储存在电容元件内部。可以证明：电容元件储存的电场能与电容元件两端电压的二次方及电容的乘积成正比，即

$$W_C = \frac{1}{2}Cu_C^2 \tag{1-2-16}$$

式（1-2-16）表明：当电容元件两端有电压时，电容元件中就要储存电场能，电容元件两端电压越大，电容元件储存的电场能越大。从能量的角度看，电容元件的电容 C 表征了它储存电场能量的能力。

应当指出，公式 $W_C = \dfrac{1}{2}Cu_C^2$ 只适用于计算线性电容元件的电场能；对于非线性电容元件，由于电容 C 不是常数，所以并不适用。

应用举例——练

【例1-2-3】　在图1-2-29所示电路中，直流电流源的电流 $I_s = 2\ \text{A}$ 不变，$R_1 = 1\ \Omega$，$R_2 = 0.8\ \Omega$，$R_3 = 3\ \Omega$，$C = 0.2\ \text{F}$，电路已经稳定，试求电容器的电压和电场储能。

解　在直流稳态电路中，电容器相当于开路，则

$$U_C = U_{R3} = I_s R_3 = 2 \times 3\ \text{V} = 6\ \text{V}$$

$$W_C = \frac{1}{2}Cu_C^2 = \frac{1}{2} \times 0.2 \times 6^2\ \text{J} = 3.6\ \text{J}$$

探究实践——做

设计与制作电容器充放电电路，观察电容器的充放电过程。

参考方案：

参考电路图如图1-2-30所示。实验仪器与设备：4.5 V电池（或用直流稳压电源）、单刀双掷开关、电解电容器（220 μF，25 V）、检流计、碳膜电阻器（$R_1 = 300\ \Omega$，$R_2 = 5\ \text{k}\Omega$）。

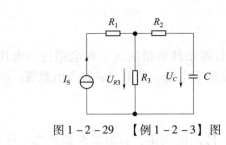

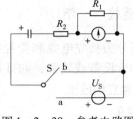

图 1-2-29 【例 1-2-3】图　　　　　图 1-2-30　参考电路图

1.2.4　电源元件、实际电源两种组合模型的等效变换及测试

知识迁移——导

如图 1-2-31 所示，对独立源进行如下测试：

①用直流稳压源作电源，如图 1-2-31（a）所示，使其输出电压为 6 V，R_1 取 200 Ω 的固定电阻器，R_2 取 470 Ω 的电位器。调节电位器 R_2，令其阻值由大至小变化，记录电流表、电压表的读数。

②图 1-2-31（b）中 I_S 为恒流源，调节其输出为 5 mA（用毫安表测量），R 取 470 Ω 的电位器，调节电位器，令其阻值由大至小变化，记录电流表、电压表的读数。

③用一节 1 号干电池作为电源，用直流电压表测电池的空载电压 U_S，电位器调为 50 Ω，如图 1-2-31（c）所示。调整电位器的阻值，使电流分别为表 1-2-3 中所列值，测出 R_L 两端相应的端电压 U_1，记于表 1-2-3 中。

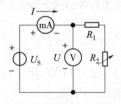
（a）恒压源外特性测试图

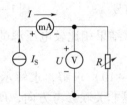
（b）恒流源外特性测试图

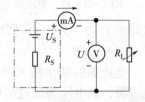
（c）实际电源的外特性测试图

图 1-2-31　独立源外特性测试图

表 1-2-3　实际电源外特性测试记录

I/mA	0	20	40	60	100	120	140	160
U_1/mV								

问题聚焦——思

- 理想电压源与理想电流源的概念及外特性；
- 实际电源的外特性及其组合模型；
- 电源的等效变换。

模块 1 直流电路的分析与测试

27

知识链接——学

电源可分为独立电源和受控电源。独立电源元件是指能独立向电路提供电压、电流的器件、设备或装置，如日常生活中常见的干电池、蓄电池、稳压电源等。

1. 理想独立电压源

（1）定义

通常所说的电压源是指理想独立电压源，即内阻为零，且电源两端的端电压值恒定不变（直流电压），或者其端电压值按某一特定规律随时间而变化（如正弦电压），图形符号如图1-2-32所示。若实际使用的恒压源在规定的电流范围内，具有很小的内阻，可以将它视为一个电压源。

（2）特点

理想独立电压源的特点是输出电压的大小取决于电压源本身的特性，与流过的电流无关。流过电压源的电流大小取决于电压源外部电路，由外部负载决定。

（3）伏安特性

电压为 U_s 的直流电压源的伏安特性曲线是一条平行于横坐标轴的直线，如图1-2-33所示，特性方程为

$$U = U_s \quad (U \text{ 与 } U_s \text{ 参考方向一致}) \tag{1-2-17}$$

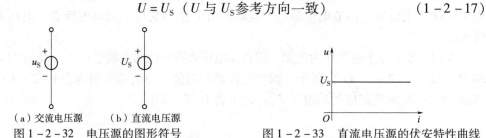

（a）交流电压源　　（b）直流电压源

图1-2-32　电压源的图形符号　　　　图1-2-33　直流电压源的伏安特性曲线

可与图1-2-31（a）所得测试结果相比较电压源的伏安特性。

（4）功率

电压源的功率按式（1-1-10）求解，求解示意图如图1-2-34所示。对于电压源，端电压与流过的电流是非关联参考方向，所以 $P = -UI = -U_sI$。

2. 理想独立电流源

（1）定义

通常所说的电流源是指理想独立电流源，即内阻为无限大、输出为恒定电流 I_s 的电源（直流电流），或者其输出电流值按某一特定规律随时间而变化（如正弦电流），图形符号如图1-2-35所示。若实际使用的恒流源在规定的电流范围内，具有很大的内阻，可以将它视为一个电流源。

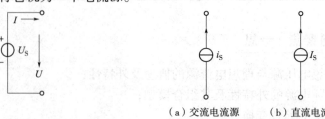

（a）交流电流源　　（b）直流电流源

图1-2-34　电压源功率求解示意图　　图1-2-35　电流源的图形符号

（2）特点

理想独立电流源的特点是输出电流的大小取决于电流源本身的特性，与端电压无关。电流源的端电压大小取决于电流源外部电路，由外部负载决定。

（3）伏安特性

电流为 I_s 的直流电流源的伏安特性曲线是一条垂直于横坐标轴的直线，如图 1-2-36 所示，特性方程为

$$I = I_S \quad (I \text{ 与 } I_S \text{ 参考方向一致}) \qquad (1-2-18)$$

可与图 1-2-31（b）所得测试结果相比较电流源的伏安特性。

（4）功率

电流源的功率按式（1-1-10）求解，求解示意图如图 1-2-37 所示。对于电流源，端电压与流过的电流是非关联参考方向，所以 $P = -UI = -UI_S$。

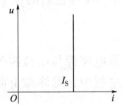

图 1-2-36　直流电流源的伏安特性曲线

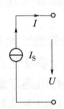

图 1-2-37　电流源功率求解示意图

3. 实际电源的两种组合模型及其等效变换

实际运用时，电源并不是前面分析的理想的模型，所有的电源都有有限内阻。

（1）实际电源的电压源串联组合模型

实际电源可用一个理想电压源 U_S 与一个理想电阻元件 R_S 串联组合来表示，如图 1-2-38（a）所示。特性方程为

$$U = U_S - IR_S \qquad (1-2-19)$$

可与图 1-2-31（c）所得测试结果相比较实际电源的伏安特性。

（2）实际电源的电流源并联组合模型

实际电源也可用一个理想电流源 I_s 与一个理想电阻元件 R'_S 并联组合来表示，如图 1-2-38（b）所示。特性方程为

$$I = I_s - U/R'_S \qquad (1-2-20)$$

实际电源的伏安特性曲线如图 1-2-38（c）所示，可见电源输出的电压（电流）随负载电流（电压）的增加而下降。

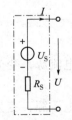

（a）电压源串联组合模型

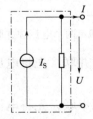

（b）电流源并联组合模型

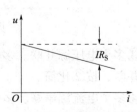

（c）伏安特性曲线

图 1-2-38　实际电源的组合模型及伏安特性曲线

（3）实际电源两种组合模型的等效变换

一个实际电源，就其外部特性而言，既可以看成是一个电压源，又可以看成是一个电流源。根据等效电路的定义，由式（1-2-19）及式（1-2-20），得到等效条件为

$$U_S = I_S R'_S \quad 或 \quad I_S = \frac{U_S}{R_S} \tag{1-2-21}$$

且

$$R_S = R'_S \tag{1-2-22}$$

应用电源的等效变换条件时应注意以下几点：

①电压源和电流源的参考方向要一致；

②所谓"等效"是指对外电路等效，对内电路不等效；

③理想电压源与理想电流源之间不能等效变换，因为它们的伏安特性是不一样的。

（4）电源等效变换法解题

电源等效变换法是根据电源的等效变换条件，将电压源与电流源等效变换，使电路化简并进行电路求解的一种解题方法。在化简过程中，除注意上面提到的三点之外往往会碰到以下几种情况的化简：

①多个电压源的串联。多个电压源串联的等效电路为一新的电压源。以两个电压源串联为例，如图1-2-39所示，等效电压源的参数为（设 $U_{S1} > U_{S2}$）：$U_S = U_{S1} - U_{S2}$ 及 $R_S = R_{S1} + R_{S2}$。

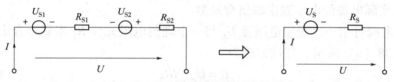

图1-2-39　两个电压源串联化简

②多个电流源并联。多个电流源并联的等效电路是一新的电流源。以两个电流源并联为例，如图1-2-40所示，等效电流源的参数为（设 $I_{S1} > I_{S2}$）：$I_S = I_{S1} - I_{S2}$ 及 $R_S = R_{S1} // R_{S2}$。

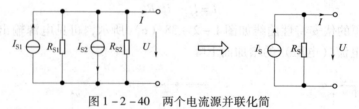

图1-2-40　两个电流源并联化简

③多个电压源并联。多个电压源并联，先将电压源等效为电流源，变为多个电流源并联，按②化简。

④多个电流源串联。多个电流源串联，先将电流源等效为电压源，变为多个电压源串联，按①化简。

综上所述，在实际化简电路时，当要化简的电路部分具有串联结构，一般往电压源化简；若具有并联结构，则往电流源化简。

4. 受控源

（1）定义

实际电路中有这样的情况：一个支路的电流（或电压）是受另一个支路的电流（或电压）控制的。例如晶体管，它有三个电极：基极 B、发射极 E 和集电极 C，如图 1 - 2 - 41（a）所示。集电极电流 i_C 受基极电流 i_B 控制，在一定范围内，集电极电流与基极电流成正比，即 $i_C = \beta i_B$。类似这样的情况是不能由电压源、电流源、电阻元件来模拟的，人们引入受控源这种理想电路元件，用来构成电子器件的电路模型，分析电子电路。

受控源指的是在电路中起电源作用，但其输出电压或输出电流受电路其他部分控制的电源。一个受控源由两个支路组成，一个支路是短路（或是开路）；另一个支路如同电流源（或电压源），而其电流（或电压）受短路支路的电流（或开路支路的电压）控制。

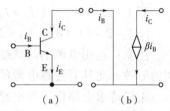

图 1 - 2 - 41　晶体管的电流

（2）分类

按照定义，有四种受控源，其图形符号如图 1 - 2 - 42 所示。图 1 - 2 - 42（a）控制支路是短路支路，控制量为电流 i_1，受控量为电流 βi_1，这类受控源称为电流控电流源（CCCS）；图 1 - 2 - 42（b）所示是电压控电流源（VCCS）；图 1 - 2 - 42（c）所示为电压控电压源（VCVS）；图 1 - 2 - 42（d）所示为电流控电压源（CCVS），相应定义四种转移函数为

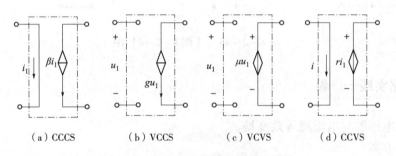

（a）CCCS　　　（b）VCCS　　　（c）VCVS　　　（d）CCVS

图 1 - 2 - 42　四种受控源的图形符号

①电压控制电压源（VCVS）：$U_2 = f(U_1)$，其中 $\mu = U_2/U_1$，称为转移电压比（或电压增益）；

②电压控制电流源（VCCS）：$I_2 = f(U_1)$，其中 $g = I_2/U_1$，称为转移电导；

③电流控制电压源（CCVS）：$U_2 = f(I_1)$，其中 $r = U_2/I_1$，称为转移电阻；

④电流控制电流源（CCCS）：$I_2 = f(I_1)$，其中 $\beta = I_2/I_1$，称为转移电流比（或电流增益）。

受控量与控制量成正比（即 β、g、μ、r 为常数）的受控源称为线性受控源，简称受控源。如图 1 - 2 - 42 所示。

这样，图 1 - 2 - 41（a）所示晶体管便可用电流控制电流源构成其电路模型，如图 1 - 2 - 41（b）所示。

📚 **应用举例——练**

【例1-2-4】 把图1-2-43（a）所示的电路变换成电压源的等效电路。

分析 并联结构［图1-2-43（a）］ $\xrightarrow[\text{换成电流源}]{\text{电压源变}}$ 两个电流源并联［图1-2-43（b）］ $\longrightarrow$ 新的电流源［图1-2-43（c）］ $\longrightarrow$ 电压源［图1-2-43（d）］。

解 图1-2-43（b）：$I_{S2} = \dfrac{U_{S2}}{R_2} = \dfrac{4}{2}$ A = 2 A。

图1-2-43（c）：$I_S = I_{S1} - I_{S2} = (3-2)$ A = 1 A。

图1-2-43（d）：$U_S = I_S R_2 = 1 \times 2$ V = 2 V，内阻 $R_2 = 2\ \Omega$。

注意：运用电源的等效变换化简分析电路，关键要注意等效电路图中电源模型间的等效，尤其要注意电源的方向以及参数的计算。一般步骤如下：

①将待求电路作为外电路，其余电路作为内电路；

②保留外电路不变，将内电路利用电源等效变换，尽量化简，直至最简；

③对最简电路进行求解。

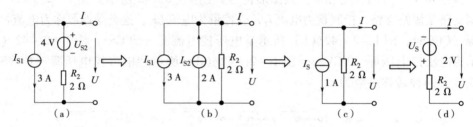

图1-2-43 【例1-2-4】图

🖨 **探究实践——做**

验证电压源与电流源等效变换。

参考方案：

参考图1-2-44所示电路接线，其中的内阻 R_S 均为51 Ω，负载电阻 R 均为200 Ω。

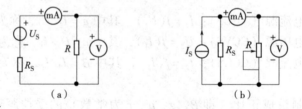

图1-2-44 电路接线图

在图1-2-44（a）所示电路中，U_S 用恒压源中的 +6 V 输出端，记录电压表、电流表的读数。然后调节图1-2-44（b）所示电路中恒流源 I_s，令两表的读数与图1-2-44（a）的数值相等，记录 I_s 的值，验证等效变换条件的正确性。

课题 1.3 电路分析方法及其运用

- 支路电流法求解复杂直流线性电路；
- 节点电压法求解只有两个节点的电路；
- 复杂直流电路的连接与测试。

1.3.1 支路电流法及其运用

📖 **知识迁移——导**

如图 $1-3-1$ 所示电桥电路中，当 $R_1R_4 = R_2R_3$ 时，电桥处于平衡状态，此时通过 R_5 所在的支路的电流为零；当电桥不平衡时，将有电流通过该条支路，如何求解它的电流？下面介绍复杂电路求解的一般方法——支路电流法。

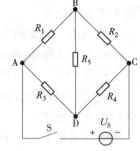

图 $1-3-1$ 电桥电路示意图

✏️ **问题聚焦——思**

- 支路电流法的概念；
- 支路电流法的应用。

📖 **知识链接——学**

1. 支路电流法的概念

在计算复杂电路（不能用电阻元件的串并联进行化简的电路）的各种方法中，支路电流法是最基本的分析方法。它是以支路电流为求解对象，应用基尔霍夫电流定律和基尔霍夫电压定律分别对节点和回路列出所需要的方程组，然后再解出各未知的支路电流。

2. 支路电流法的应用

如何列所需独立的 KCL、KVL 方程？现以图 $1-3-2$ 所示电路为例，来说明支路电流法的应用。

该电路中有节点 $n=2$ 个，支路数 $b=3$ 条，假设电路中各元件的参数已知，求支路电流 I_1、I_2、I_3，三个未知量只列三个方程就可求解。各电流正方向如图 $1-3-2$ 所示。

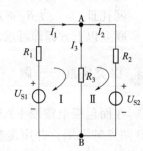

图 $1-3-2$ 支路电流法用图

首先，应用 KCL 对节点 A 和节点 B 列电流方程：

对节点 A：　　　　　　　$I_1 + I_2 - I_3 = 0$

对节点 B：　　　　　　　$I_3 - I_1 - I_2 = 0$

可以看出，这两个方程实为同一个方程。一般说来，对具有 n 个节点的电路应用 KCL 只能列出 $(n-1)$ 个独立方程。

在确定了一个方程后，另外两个方程可应用 KVL 列出。通常应用 KVL 可列出其余 $b-(n-1)$ 个方程。如图 $1-3-2$ 所示回路 Ⅰ、Ⅱ，选顺时针方向为绕行方向列方程

$$U_{S1} = I_1 R_1 + I_3 R_3$$
$$-I_2 R_2 - I_3 R_3 = -U_{S2}$$

显然，本电路还有支路 U_{S1} 和支路 U_{S2} 组成的回路Ⅲ，但该回路列出的回路方程可从前两个方程求得，故不是独立方程。通常列回路方程时选用独立回路（一般选网孔），这样应用 KVL 列出的方程，就是独立方程。网孔的数目恰好等于 $b-(n-1)$ 个。应用 KCL 和 KVL 一共可列出 $(n-1)+[b-(n-1)]=b$ 个独立方程，所以能解出 b 个支路电流。

综上所述，用支路电流法求解电路的步骤如下：

① 标出各支路电流的参考方向；

② 根据 KCL，列出任意 $n-1$ 个独立节点的电流方程；

③ 设定各网孔绕行方向（一般选顺时针方向），根据 KVL 列出 $b-(n-1)$ 个独立回路的电压方程；

④ 联立求解上述 b 个方程；

⑤ 验算与分析计算结果。

应用举例——练

【例 $1-3-1$】 试用支路电流法列出求解图 $1-3-1$ 所示各支路电流的方程组。

解 各支路电流参考方向及回路（网孔）电压绕行方向如图 $1-3-3$ 所示，列节点 A、节点 B、节点 C 电流方程及三个网孔的电压方程。

节点 A： $I = I_1 + I_3$

节点 B： $I_1 = I_2 + I_5$

节点 C： $I = I_2 + I_4$

网孔 Ⅰ： $I_1 R_1 + I_5 R_5 - I_3 R_3 = 0$

网孔 Ⅱ： $I_2 R_2 - I_5 R_5 - I_4 R_4 = 0$

网孔 Ⅲ： $I_3 R_3 + I_4 R_4 = U_S$

联立以上方程即可求出各支路电流。

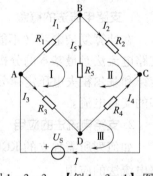

图 $1-3-3$ 【例 $1-3-1$】图

探究实践——做

在面包板上按图 $1-3-1$ 连好电路，调节电阻元件 R_4 的大小，用万用表测量 BD 两点的电压，并用毫安表测通过 R_5 的电流，观察 I_5 的大小、方向如何随 R_4 改变。

1.3.2 节点电压法及其运用

📻 **知识迁移——导**

如图 1-3-4 所示，用支路电流法求解各支路的电流需要列三个方程，但是如果能计算出 AD 两点的电压，就可以计算出各支路的电流。请用万用表测 AD 两点的电压及各支路的电流。

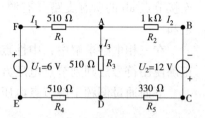

图 1-3-4 节点电压与各支路
电流关系测量图

✍ **问题聚焦——思**

- 节点电压法的概念；
- 节点电压法的应用。

📖 **知识链接——学**

1. 节点电压法的概念

对于有多条支路但只有两个节点的电路如图 1-3-5 所示。

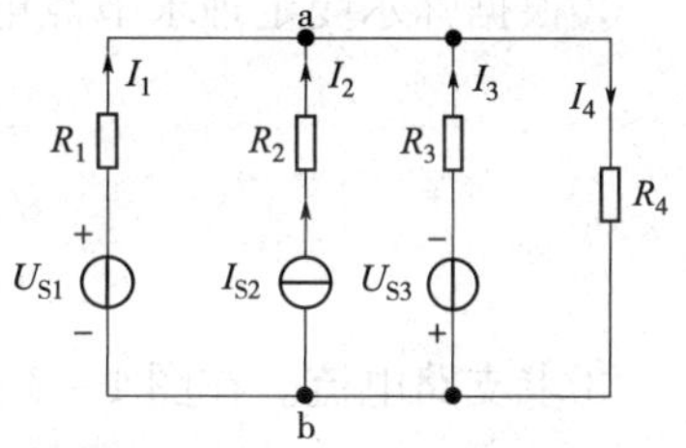

若令 $\varphi_b = 0$，则 $U_{ab} = \varphi_a - \varphi_b = \varphi_a$，各支路电流参考方向如图 1-3-5 所示，各支路电流与节点电压的关系为

$$I_1 = \frac{-U_{ab} + U_{S1}}{R_1}$$

图 1-3-5 节点电压法用图

$$I_3 = \frac{-U_{ab} - U_{S3}}{R_3}$$

$$I_4 = \frac{U_{ab}}{R_4}$$

$$I_2 = I_{S2}$$

显然各支路的电流都只与节点 a 的电位也即 U_{ab} 有关，代入节点 a 的 KCL 方程 $I_1 + I_2 + I_3 = I_4$ 便可以直接求出两个节点间的电压，此即为节点电压法。

对于图 1-3-5 所示电路，化简整理得到节点电压方程为

$$U_{ab} = \frac{\dfrac{U_{S1}}{R_1} - \dfrac{U_{S3}}{R_3} + I_{S2}}{\dfrac{1}{R_1} + \dfrac{1}{R_3} + \dfrac{1}{R_4}}$$

求出 U_{ab} 即可求出各支路电流。

2. 节点电压法的应用

通常节点电压法所求得的电压可写成下面的一般式

$$U_{ab} = \frac{\sum \dfrac{U_S}{R} + \sum I_S}{\sum \dfrac{1}{R}} = \frac{\sum I_{Sa}}{\sum G} \qquad (1-3-1)$$

式（1-3-1）又称弥尔曼定理。应用时，应注意如下符号法则：

$\sum I_{Sa}$ 表示连接节点 a 的所有有源支路的电源电流代数和，指向节点 a 为正，背离为负（指向与背离看电源参考方向，与该支路电流参考方向无关）；$\sum G$ 表示连接节点 ab 的所有支路（有源支路的电压源短路；电流源开路，保留内阻）电导之和。

在三相电路求解中，中性点电压法实际上就是节点电压法。在使用中，关键是正确使用符号法则列节点电压方程。

下面通过例题了解节点电压法解题步骤。

应用举例——练

【例1-3-2】　在图1-3-6所示电路中，电压源、电阻均为已知，求各支路电流。

解　①标定各支路电流参考方向：各支路电流参考方向如图1-3-6所示。

②根据弥尔曼定理求节点电压：

$$U_{ab} = \frac{\dfrac{U_1}{R_1} + \dfrac{U_2}{R_2} - \dfrac{U_3}{R_3}}{\dfrac{1}{R_1} + \dfrac{1}{R_2} + \dfrac{1}{R_3} + \dfrac{1}{R_4}}$$

③求支路电流。在图1-3-6所示各支路电流参考方向下，可得各支路电流为

$$I_1 = \frac{U_1 - U_{ab}}{R_1}, \quad I_2 = \frac{U_2 - U_{ab}}{R_2}, \quad I_3 = \frac{U_3 + U_{ab}}{R_3}, \quad I_4 = \frac{U_{ab}}{R_4}$$

图1-3-7是图1-3-6的另一种画法，电压源在图中不再画出，而用标出其电位极性及数值的方法来表示。图1-3-7中 R_1 的一端标出 $+U_{S1}$，表示此端口上接的是数值为 U_{S1} 的电压源的正极，而负极则接在参考点上（通常用 P 表示），这是电子电路中常见的习惯画法。

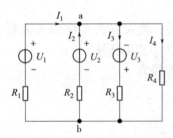

图1-3-6　【例1-3-2】图

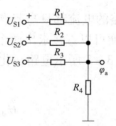

图1-3-7　【例1-3-2】图在电子电路中的习惯画法

探究实践——做

节点电压与电路参数关系图如图1-3-8所示，改变 U_2 的极性，用数字直流电压表测量电流 U_{AD}，当 $U_1 = 6$ V 时，调节 U_2 从 0 V 逐渐增大，U_{AD} 的大小会随之改变，当 U_2 达到某一值时，U_{AD} 的方向会发生改变，请从理论上说明原因。

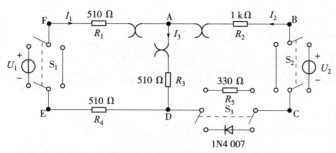

图 1 - 3 - 8　节点电压与电路参数关系图

课题 1.4　电路定理及其运用

知识与技能要点

- 叠加定理及其运用；
- 戴维南定理及其运用；
- 等效电源参数的测量。

1.4.1　叠加定理及其运用

知识迁移——导

如图 1 - 3 - 8 所示，进行如下测试：

①将两路稳压源的输出分别调节为 6 V 和 12 V，接入 $U_1 = 6$ V 和 $U_2 = 12$ V 处。

②分别令 U_1 电源单独作用（将开关 S_1 扳向 U_1 侧，开关 S_2 扳向短路侧），U_2 电源单独作用（将 S_1 扳向短路侧，S_2 扳向 U_2 侧），用直流数字电压表和毫安表（接电流插头）测量各支路电流及各电阻元件两端的电压，将测量数据记入表 1 - 4 - 1 中。

表 1 - 4 - 1　线性电阻电路的叠加定理测量数据（电压单位 V，电流单位 mA）

测量内容	U_1	U_2	I_1	I_2	I_3	U_{AB}	U_{CD}	U_{AD}	U_{DE}	U_{FA}
U_1 单独作用										
U_2 单独作用										
U_1、U_2 共同作用										

③令 U_1 和 U_2 共同作用（S_1 和 S_2 分别扳向 U_1 和 U_2 侧），重复上述的测量和记录，将测量数据记入表 1 - 4 - 1 中。

④将 R_5（330 Ω）换成二极管 IN4007（即将开关 S_3 扳向二极管 IN4007 侧），重复上面的测量过程，并记录相应的数据。

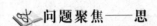

问题聚焦——思

- 叠加定理；
- 叠加定理的运用。

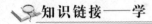

知识链接——学

1. 叠加定理

（1）叠加定理的内容

当线性电路中有多个电源共同作用时，任一支路的电流（或电压）等于各个电源单独作用时在该支路产生的电流（或电压）的代数和。

（2）应用叠加定理时应注意的几个问题

①适用范围：只适用于线性电路。

②叠加量：只适用于电路中的电压和电流，功率不能叠加。因为功率是电流和电压的二次函数，它们之间不存在线性关系。

③分解电路时电源的处理：分解电路时，不作用的电源"零"处理，即电压源短路，电流源开路，保留内阻不变。

④叠加的含义：某一待求支路的电压、电流叠加合成时，应注意各个电源对该支路作用时的分量的正方向，当电路分量的正方向与原支路电压、电流的正方向相同时取正，反之取负。

⑤叠加定理用于含有受控源的电路：叠加定理中，所谓电源的单独作用只是对独立源而言的。所有的受控源都不可能单独存在，当某个独立源单独作用时，只将其他的独立源视为零值，而所有的受控源则必须全部保留在各自的支路中。

2. 叠加定理的运用

运用叠加定理解题和分析电路的基本步骤如下：

①分解电路：将多个独立源共同作用的电路分解成每一个（或几个）独立源作用的分电路，每一个分电路中，不作用的电源"零"处理，并将待求的电压、电流的正方向在原、分电路中标出。

②单独求解每一分电路：分电路往往是比较简单的电路，有时可由电阻元件的连接及基本定律直接进行求解。

③叠加：原电路中待求的电压、电流等于分电路中对应求出的量的代数和。

应用举例——练

【例 1 – 4 – 1】　如图 1 – 4 – 1 所示，应用叠加定理求通过各支路的电流及 U_{ab}。已知：$U_{S1} = 3\ \text{V}$，$I_S = 1\ \text{A}$，$R_1 = R_2 = 1\ \Omega$。

解　①将图 1 – 4 – 1（a）分解在图 1 – 4 – 1（b）和图 1 – 4 – 1（c）两个分电路中，各支路电流参考方向如图 1 – 4 – 1 所示。

②求分电路作用结果。

图 1 – 4 – 1（b）作用结果：

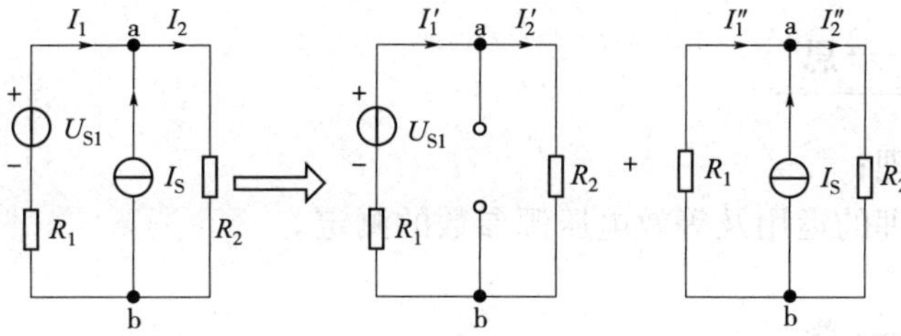

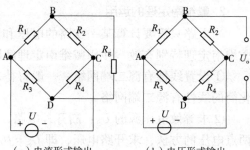

图 1-4-1　【例 1-4-1】图

$$I'_1 = I'_2 = \frac{U_{S1}}{R_1 + R_2} = \frac{3}{2} \text{ A} = 1.5 \text{ A}$$

$$U'_{ab} = I'_2 R_2 = 1.5 \times 1 \text{ V} = 1.5 \text{ V}$$

图 1-4-1（c）作用结果：

$$I''_1 = -\frac{R_2}{R_1 + R_2} I_S = -\frac{1}{1+1} \times 1 \text{ A} = -0.5 \text{ A}$$

$$I''_2 = \frac{R_1}{R_1 + R_2} I_S = \frac{1}{1+1} \times 1 \text{ A} = 0.5 \text{ A}$$

$$U''_{ab} = I''_2 R_2 = 0.5 \times 1 \text{ V} = 0.5 \text{ V}$$

③叠加。

$$I_1 = I'_1 + I''_1 = (1.5 - 0.5) \text{A} = 1 \text{ A}$$

$$I_2 = I'_2 + I''_2 = (1.5 + 0.5) \text{A} = 2 \text{ A}$$

$$U_{ab} = U'_{ab} + U''_{ab} = (1.5 + 0.5) \text{V} = 2 \text{ V}$$

探究实践——做

利用天煌实验电路板或在面包板上自行设计连接电路验证叠加定理。

1.4.2　戴维南定理及其运用

知识迁移——导

直流测量电桥的输出方式有电流型和电压型两种，主要根据负载情况而定。当电桥的输出信号较大，而输出端接入电阻值较小的负载如检流计进行测量时，电桥将以电流形式输出，如图 1-4-2（a）所示；当电桥输出端接有放大器时，由于放大器的输入阻抗很高，所以可以认为电桥的负载电阻为无穷大，这时电桥以电压形式输出，如图 1-4-2（b）所示。不管以哪种方式输出，对外电路来说，BD 二端网络都相当于电源的作用。

（a）电流形式输出　　（b）电压形式输出

图 1-4-2　直流电桥电流、电压输出形式

- 戴维南定理；
- 戴维南定理的运用及等效电压源参数的测定。

📖 知识链接——学

1. 戴维南定理

（1）戴维南定理的内容

根据法国科学家戴维南的研究，任何只包含电阻元件和电源的线性有源二端网络对外都可用一个电压源与电阻元件串联的等效电路来代替。其电压源 U_S 等于该网络的开路电压 U_{OC}，串联电阻 R_S 等于该网络中所有电源为零时的等效电阻，这个结论称为戴维南定理。戴维南定理的内容可以用图 1-4-3 表示。

（2）对戴维南定理的正确理解

①适用范围：要求化简的有源二端网络是线性的，而有源二端网络以外的电路可以是线性的，也可以是非线性的。

②等效电路：任何一个线性有源二端网络对其外部而言都可以用一个等效电压源来表示，如图 1-4-3（b）所示。

③等效参数：等效电压源的电源电压 U_S 等于该线性有源二端网络的开路电压，如图 1-4-3（c）所示。等效电压源内阻 R_S 等于线性有源二端网络中所有独立源为零（即电压源短路，电流源开路，保留内阻不变）时所得的无源二端网络的等效电阻，如图 1-4-3（d）所示。

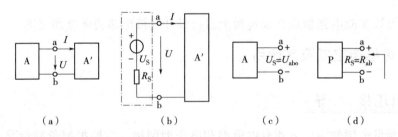

（a）　　　　　　（b）　　　　　　（c）　　　　　　（d）

图 1-4-3　戴维南定理示意图

2. 戴维南定理的运用

当电路只需要计算某一支路的电压和电流、分析某一参数变动的影响时，使用戴维南定理特别有效。使用戴维南定理解题时，可按如下步骤进行：

①设置线性有源二端网络：一般将待求支路划出作为外电路，其余电路即为待化简的线性有源二端网络。

②求等效电压源的 U_S：断开外电路，画出断开外电路后的电路，用求解电路中两点电压的方法，求开路电压，即 $U_S = U_{OC} = U_{abo}$，a、b 是断开电路的两端。

③求等效电压源的 R_S：画出断开外电路后的有源二端网络变为无源二端网络的电路，并求该电路的等效电阻，即 $R_S = R_{ab}$。

求 R_S 的方法如下：

①用电阻元件串并联的方法（或经Y－△等效变换成电阻元件串并联形式）化简后计算（只含独立源）。

②外施电源法：将有源二端网络内的独立源均视为零值（即电压源短路、电流源开路）后，在无源二端网络的端口上施加一个电压源 U，求出端电流 I，则戴维南等效电压源内阻 $R_S = R_{ab} = U/I$（特别是当 N 内含有受控源时只能用②与③所述方法）。

③短路电流法：将线性有源二端网络外电路短路，求短路电流 I_{SC}，则 $R_S = U_{OC}/I_{SC}$。此法称为开路电压、短路电流法。

📖 应用举例——练

【例1－4－2】 如图1－4－4（a）所示电路，试用戴维南定理求图中的电流 I。

解 ①把待求 I 所在的支路作为外电路并断开，如图1－4－4（b）所示。

②求 U_S：图1－4－4（b）所示电路有两个节点，可用节点电压法求开路电压。

$$U_S = U_{abo} = \frac{\frac{30}{5} + 2}{\frac{1}{5} + \frac{1}{5}} \text{ V} = 20 \text{ V}$$

③求 R_S：将图1－4－4（b）中的独立源视为零值（即电压源短路、电流源开路），如图1－4－4（c）。因此得

$$R_S = R_{ab} = \frac{5 \times 5}{5 + 5} \Omega = 2.5 \ \Omega$$

④求 I：连上待求支路，如图1－4－4（d）所示。可得

$$I = \frac{20 - 8}{2.5 + 0.5} \text{ A} = 4 \text{ A}$$

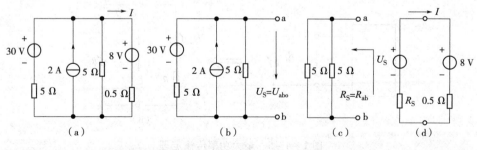

图1－4－4 【例1－4－2】图

【例1－4－3】 在电子、通信、自动控制系统中，总希望能从电源获得最大功率。给定线性有源二端网络，输出端接不同负载，负载获得的功率也不同，那么负载应满足什么条件才能获得最大功率呢？

解 对于待求负载，其以外的线性电路可以看成一个有源二端网络，如

图 1 - 4 - 5（a）所示。由戴维南定理可得图 1 - 4 - 5（b）所示等效电路，负载获得的功率为

$$P = I^2R = \left(\frac{U_S}{R_S + R}\right)^2 R$$

容易证明，当 $R = R_S$ 时

$$P = P_{max} = \frac{U_S^2}{4R_S} \qquad\qquad (1 - 4 - 1)$$

式（1 - 4 - 1）称为最大功率传输定理，该定理的形式表述：由线性二端网络传递给可变负载 R_L 的功率为最大的条件是，负载 R_L 应与戴维南等效电阻相等，且满足 $R_L = R_S$ 时，称为最大功率匹配，此时负载所得的最大功率为

$$P_{max} = \frac{U_S^2}{4R_S}$$

说明：

①当 $R_L = R_S$ 时，负载可获得最大功率的结论是在 R_S 固定、R_L 可变的条件下得出的，若 R_S 可变而 R_L 固定时，则 R_S 越小，R_L 获得的功率就越大，当 $R_S = 0$ 时，R_L 可获得最大功率。

②如果负载功率是一个由内阻为 R_S 的实际电源提供的，负载 R_L 得到最大功率时，功率传输效率为

$$\eta = \frac{P_{max}}{U_S I} \times 100\% = \frac{\dfrac{U_S^2}{4R_S}}{\dfrac{U_S^2}{2R_S}} \times 100\% = 50\%$$

可见负载获得最大功率时传输效率最低，只有 50%，对于电力系统来说，由于输送的功率很大，必须把减少功率损耗、提高效率作为主要问题来考虑，故电力系统从来不允许在负载匹配的情况下运行。负载匹配运行在自动控制和通信技术的电子电路中应用得很广泛，因为电子电路的主要功能是处理微电信号，本身功率较小，电路传输的能量不大，因此总希望负载获得较强的信号。

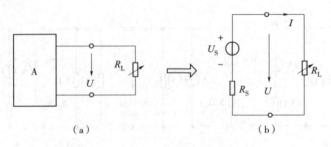

（a）　　　　　　　　　　（b）

图 1 - 4 - 5　最大功率传输定理

探究实践——做

参考图 1 - 4 - 6 在面包板上连接电路图，验证戴维南定理。图 1 - 4 - 6 中点画线框是被测有源二端网络，电压源 $U_S = 12$ V，电流源 $I_S = 10$ mA。

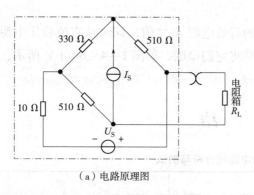

（a）电路原理图

（b）等效电路

图 1-4-6 有源二端网络

1. 测定有源二端网络的等效参数

（1）用开路电压、短路电流法

测量戴维宁等效电路的 U_{OC}、R_S。按图 1-4-6（a）接入稳压电源 $U_S = 12$ V 和电流源 $I_S = 10$ mA，不接入 R_L。测量开路电压 U_{OC}（注意测量开路电压 U_{OC} 时，不接入毫安表）；然后再短接 R_L，测量短路电流 I_{SC}，根据公式计算出 R_S，将所测数据填入表 1-4-2 中。

表 1-4-2 开路电压、短路电流法的实验数据

参　　数	U_{OC}/V	I_{SC}/mA	R_S/Ω
理　论　值			
实　测　值			

（2）半电压法

按图 1-4-6（a）接入负载电阻 R_L（即电阻箱）。改变电阻箱 R_L 阻值，使其两端电压等于 U_{OC} 的一半，将电阻箱 R_L 的阻值填入表 1-4-3 中。

表 1-4-3 有源二端网络的等效电阻、开路电压的实验数据

U_{OC}/V	R_S/Ω

2. 负载实验

按图 1-4-6（a）接入负载电阻 R_L（即电阻箱）。按表 1-4-4 改变电阻箱 R_L 的阻值，测量有源二端网络的外特性曲线，将数据填入表 1-4-4 中。

表 1-4-4 有源二端网络的外特性实验数据

R_L/kΩ	1	2	3	4	5	6	7	8	9
U/V									
I/mA									

3. 验证戴维南定理

从电阻箱上取得所测有源二端网络的等效电阻 R_S 之值，同时从直流稳压电源调出该有源二端网络所测出的开路电压，并将它们串联，如图 1 - 4 - 6（b）所示，再次测其外特性，对戴维南定理进行验证。

小　结

模块 1　直流电路的分析与测试

知识与技能	重　点	难　点
电路的基本物理量（电压、电流）及电功率	1. 电流、电压的基本概念，特别是计算结果的物理意义； 2. 电压、电流及电位的测量； 3. 电功率的计算及待求部分电路在电路中作用的判断	1. 电压、电流参考方向的理解； 2. 电位的概念及电位的测量
电路的基本元件（ R、L、C 及独立源）	1. 元件参数的物理意义及定义式，影响因素； 2. 元件的伏安关系； 3. 欧姆定律； 4. 电阻元件的功率及电感、电容元件的储能； 5. 电阻元件连接的化简及电源连接的化简	1. 元件参数物理意义的理解； 2. 电阻元件混联电路的化简； 3. 电源的等效变换法应用，特别是等效电路图及等效参数的求解； 4. 电阻、电感、电容元件的识别与检测
电路的基本定律（基尔霍夫定律）	1. 列一般形式的 KCL、KVL 方程； 2. 列推广形式的 KCL、KVL 方程	符号法则，特别是 KVL 方程的符号法则
电路的基本分析方法（支路电流法及节点电压法）	1. 支路电流法求解电路的基本步骤； 2. 节点电压法求解电路的基本步骤	1. 正确列出足够的独立 KCL 与 KVL 方程； 2. 运用符号法则正确列节点电压方程； 3. 直流电路故障的排除
电路的基本定理（叠加定理及戴维南定理）	1. 叠加定理及戴维南定理的内容、应注意的问题； 2. 运用叠加定理及戴维南定理求解电路基本步骤	1. 应用叠加定理解题，分解电路时不作用电源的处理； 2. 线性有源二端网络等效电压源参数的计算与测量

检 测 题

一、填空题

1. 电路主要由_____、_____、_____、_____四个基本部分组成。

2. _____的定向移动形成了电流。电流的实际方向规定为_____运动的方向。电流的大小用_____来衡量。

3. 电压的实际方向是由_____电位指向_____电位。选定电压参考方向后，如果计算出的电压值为正，说明电压实际方向与参考方向_____；如果电压值为负，则电压实际方向与参考方向_____。

4. 电路中任意两点之间电位的差值等于这两点间_____。电路中某点到参考点间的_____称为该点的电位，电位具有_____性。

5. 运用功率公式时一般规定_____和_____的参考方向_____，当 $P > 0$ 时，认为是_____功率；当 $P < 0$ 时，认为是_____功率。

6. 电源和负载的本质区别是：电源是把_____能量转化成_____能量的设备；负载是把_____能量转换成_____能量的设备。

7. 线性电阻元件上的电压、电流关系，任意瞬间都受_____定律的约束；电路中各支路电流任意时刻均遵循_____定律，它的数学表达式是_____；回路上各电压之间的关系则受_____定律的约束，它的数学表达式是_____。这三大定律是电路分析中应牢固掌握的规律。

8. 题8图所示电路中，其简化后等效电压源的参数为 $U_S = $ _____，$R_S = $ _____。

9. 题9图所示电路中，其简化后等效电压源的参数为 $U_S = $ _____，$R_S = $ _____。

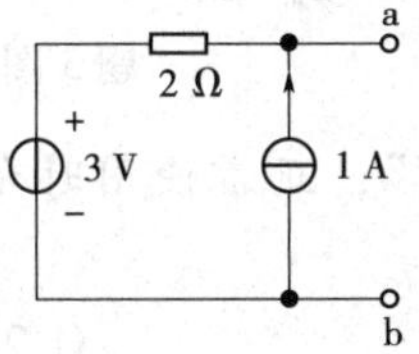

题8图

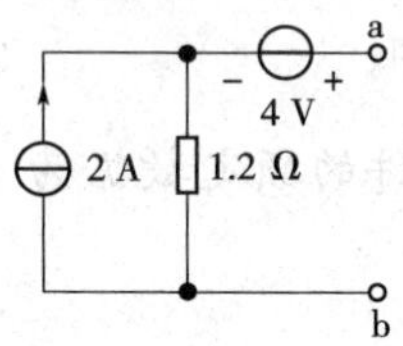

题9图

10. 叠加定理适用于_____电路中_____的分析计算；叠加定理_____适用于功率的计算。

11. 任何一个_____有源二端网络，对_____而言，都可以用一个_____等效代替。其电压源的电压等于_____，其电阻等于_____。

12. 一有源二端网络，测得其开路电压为 6 V，短路电流为 3 A，则等效电压源为 $U_S = $ _____ V，$R_S = $ _____ Ω。

二、判断题

1. 一段有源支路，当其两端电压为零时，该支路电流必定为零。( )

2. 电源内部的电流方向总是由电源负极流向电源正极。( )

3. 电源短路时输出的电流最大，此时电源输出的功率也最大。( )

4. 线路上负载并联得越多，其等效电阻越小，因此取用的电流也越少。（　　）

5. 负载上获得最大功率时，电源的利用率最高。　　　　　　　　　　（　　）

6. 电路中两点的电位都很高，这两点间的电压也一定很大。　　　　　（　　）

7. 当负载被断开时，负载上电流、电压、功率都为零。
　　　　　　　　　　　　　　　　　　　　　　　　　（　　）

8. 利用电源等效变换法求解电路时，不仅对外电路等效，对内电路也等效。　　　　　　　　　　　　　　　　　（　　）

9. 支路电流法适合于所有能用基尔霍夫定律列方程求解的电路，所以它是电路求解的基本方法。　　　　　（　　）

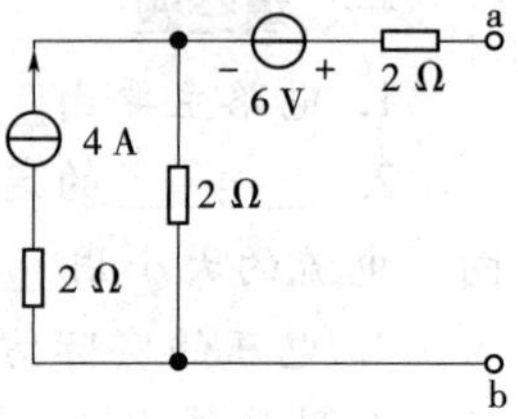

题10图

10. 题10图所示电路中，其戴维南等效电路参数为14 V，4 Ω。　　　　　　　　　　　　　　　　　　　　　　　（　　）

三、选择题

1. 题1图所示电路中，电流实际方向为（　　）。
　　A. e 流向 d　　　　　　　B. d 流向 e　　　　　　　C. 无法确定

2. 题2图所示电路中，电流实际方向是由 d 流向 e，大小为 4 A，电流 I 为（　　）。
　　A. 4 A　　　　　　　　B. 0 A　　　　　　　　C. −4 A

3. 题3图所示电路中，则电流表和电压表的极性为（　　）。
　　A. 1 " + " 2 " − " 3 " + " 4 " − "
　　B. 1 " − " 2 " + " 3 " − " 4 " + "
　　C. 无法确定

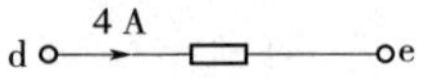

题1图 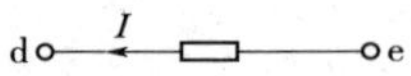　　　　　　　题2图 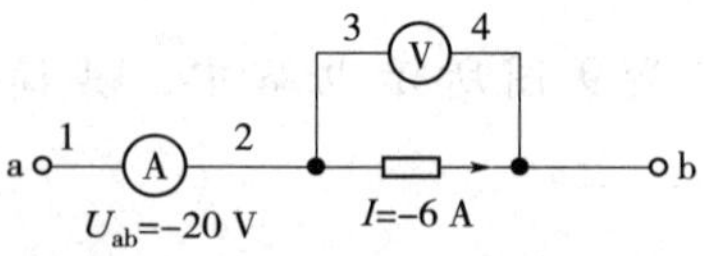　　　　　　　题3图

4. 某电阻元件的额定数据为 "1 kΩ, 2.5 W"，正常使用时允许流过的最大电流为（　　）。
　　A. 50 mA　　　　　　　B. 2.5 mA　　　　　　　C. 250 mA

5. 已知某电路中 A 点的对地电位是 65 V，B 点的对地电位是 35 V，则 $U_{BA} =$（　　）。
　　A. 100 V　　　　　　　B. −30 V　　　　　　　C. 30 V

6. 题6图所示电路中电流表内阻极低，电压表测得的电压极高，电池内阻不计，如果电压表被短接，则（　　）。
　　A. 灯 D 将被烧毁　　　B. 灯 D 特别亮　　　C. 电流表被烧

7. 在题6图中如果电流表被短接，则（　　）。
　　A. 灯 D 不亮　　　　　B. 灯 D 将被烧　　　C. 不发生任何事故

8. 题8图所示电路中，则电流 I、电压 U 为（　　）。
　　A. 3 A　18 V　　　　　B. 3 A　6 V　　　　　C. 1 A　18 V

9. 利用电源等效变换法求得题9图所示电路的等效电压源的电源电压 U_S，等效

电压源内阻 R_S 分别为（　　）

A. −90 V，5 Ω   B. −90 V，10/3 Ω   C. 110 V，5 Ω

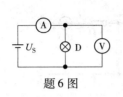

题6图

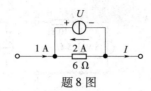

题8图

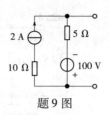

题9图

10. 对于一个含电源的二端网络，用内阻为 50 kΩ 的电压表测得它的端口电压为 30 V，用内阻为 100 kΩ 的电压表测得它的端口电压为 50 V，则这个网络的戴维南等效电路的参数为（　　）。

A. 100 V，150 kΩ   B. 80 V，80 kΩ   C. 150 V，200 kΩ

四、简答题

1. 如何用万用表测量直流电路的电压、电位及电流？
2. 如何用万用表欧姆挡及直流电压挡检查直流电路故障？
3. 如何用"分流法"测量电流表的内阻？请画出测量电路图。
4. 如何用"分压法"测量电压表的内阻？请画出测量电路图。
5. 用万用表测量电容器时应注意哪些事项？
6. 如何用万用表检测电感器？

五、计算题

1. 在题1图中标出元件 1、2、3、4 的电压实际方向及元件 5、6 的电流实际方向。

2. 判断题2图所示（a）、（b）各网络是发出功率还是吸收功率？

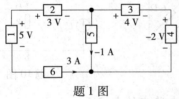

题1图

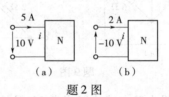

题2图

3. 题3图所示电路中，各支路的元件是任意的，已知 $U_{AB} = 5\ V$，$U_{BC} = -4\ V$，$U_{DA} = -3\ V$，试求 U_{CD}。

4. 求题4图所示电路中的未知量，并求各电阻元件的功率。

5. 题5图所示电路中，求各元件的功率，并说明各元件在电路中的作用。

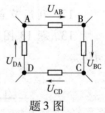

题3图

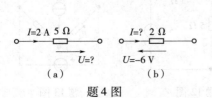

题4图

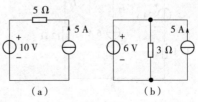

题5图

模块 ① 直流电路的分析与测试

6. 求题 6 图所示电路中的 φ_a。

7. 求题 7 图所示电路中的 U_{ab}。

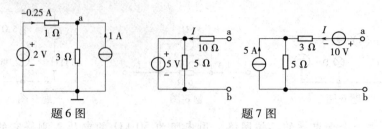

题 6 图　　　　题 7 图

8. 求题 8 图所示各电路中储能元件的储能大小。

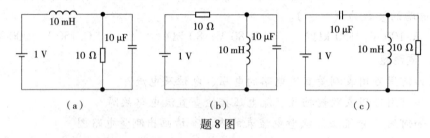

（a）　　　　　（b）　　　　　（c）

题 8 图

9. 求题 9 图所示电路中的等效电阻 R_{ab}。

10. 已知题 10 图所示电路中，其中 $U_{S1}=15$ V，$U_{S2}=65$ V，$R_1=5$ Ω，$R_2=R_3=10$ Ω。试用支路电流法求 R_1、R_2 和 R_3 三个电阻元件上的电压。

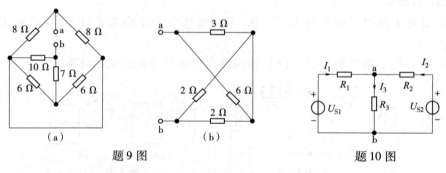

（a）　　　　　（b）　　　　　题 10 图

题 9 图

11. 利用支路电流法，求题 11 图所示电路中的电流 I_3。

12. 利用节点电压法，求题 12 图所示各支路电流。

13. 题 13 图所示电路中，试用叠加定理求通过电压源的电流（写过程、列方程）。

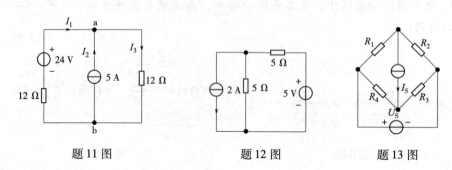

题 11 图　　　　题 12 图　　　　题 13 图

14. 求题 14 图所示有源二端网络的等效电路。

15. 题 15 图所示电路中，R_L 等于多少时能获得最大功率？并计算这时的电流 I_L 及有源二端网络产生的功率。

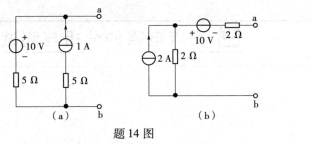 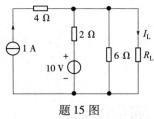

题 14 图　　　　　　　　　　题 15 图

模块② 交流电路的分析与测试

知识目标

1. 正确理解正弦量的三要素及正弦量的相量表示。
2. 熟练掌握正弦交流电通过 R、L、C 三种元件时的电压与电流的关系。
3. 掌握用相量法及复阻抗的概念分析典型简单电路。
4. 掌握计算正弦交流电路功率的方法；理解功率因数提高的方法。
5. 熟练表达对称三相交流电；熟练掌握三相电源作星形和三角形联结时相电压与线电压的关系。
6. 理解三相四线制电路中性线的作用；了解三相电路有功功率的求解。

技能目标

1. 会使用交流电压表（毫伏表）、万用表交流电压挡测量交流电压及用交流电流表测量交流电流。
2. 会使用示波器测试低频信号发生器产生的典型信号。
3. 会安装与测试电感式荧光灯照明电路，并能进行故障排除。
4. 初步学会电工操作的基本技能，形成安全用电的习惯。
5. 了解照明灯具国家/行业相关规范与标准。

情感目标

1. 训练学生高度的职业责任心和安全意识，遵章守纪、规范操作。
2. 训练学生团队精神，培养协同工作的素质和组织管理能力。
3. 锻炼学生搜集、查找信息和资料的能力。

课题 2.1　正弦交流电的表示与测试

知识与技能要点

- 正弦量三要素的意义及交流电的有效值和平均值的概念；
- 正弦量的解析式、波形图及相量表示；
- 相量形式的基尔霍夫定律；

- 交流电压表（交流毫伏表、万用表交流电压挡）、电流表测量交流电压及电流。

2.1.1 正弦交流电的瞬时值表示及典型交流信号的测试

知识迁移——导

将双踪示波器的通道之一（CH1 或 CH2）接到低频函数信号发生器的输出端，从低频函数信号发生器输出频率为 1 kHz，信号大小约 2 V（实验屏上交流毫伏表测量）的正弦波，调节示波器使得在荧光屏上出现两个完整的波形，分别观察频率不同、幅度不同、计时起点不同时的波形。

问题聚焦——思

- 正弦交流电的三要素；
- 正弦交流电的瞬时值表示、解析式与波形图；
- 同频率正弦量的相位关系。

知识链接——学

1. 描述正弦交流电特征的物理量

大小和方向都随时间作周期性变化的电压、电流、电动势称为周期量。在一个周期内的数学平均值等于零的周期量，称为交流量或交流电。如果交流电的变化规律是时间的正弦函数，则称为正弦交流电或正弦量，通常把正弦交流电简称为交流电。若电路中的电压、电流等均为交流电，则称此种电路为正弦电流电路或正弦交流电路。

从观测到的电压波形图可以看出，交流电变化规律体现在描述变化的范围、变化的快慢、方向的变化几个特征物理量方面。

（1）周期、频率和角频率

交流电完成一次周期性变化所需的时间称为交流电的周期，用符号 T 表示，单位是 s。周期较小时的单位还有 ms 和 μs。

交流电在单位时间内完成周期性变化的次数称为交流电的频率，用符号 f 表示，单位是 Hz，简称赫。频率较大的单位还有 kHz 和 MHz。根据定义，周期和频率互为倒数，即

$$f = \frac{1}{T} \quad 或 \quad T = \frac{1}{f} \tag{2-1-1}$$

频率和周期都是反映交流电变化快慢的物理量，周期越短（频率越高），交流电变化就越快。

交流电变化的快慢，除了用周期和频率表示外，还可以用角频率表示。通常交流电变化一周也用 2π 来计量（为了和转子转动变化的几何角区别，交流电变化的角度称为电角度），交流电每秒所变化的角度，称为交流电的角频率，用符号 ω 表示，单位是 rad/s。周期、频率和角频率的关系为

$$\omega = \frac{2\pi}{T} = 2\pi f \tag{2-1-2}$$

模块 ② 交流电路的分析与测试

我国使用的交流电的频率为 50 Hz，称为工作标准频率，简称工频。国家电网的频率为 50 Hz，频率误差的允许值为 ±0.2 Hz。少数发达国家，如美国、日本等使用的交流电频率为 60 Hz。

（2）最大值

交流电在每周变化过程中出现的最大瞬时值称为振幅，也称为最大值。交流电的最大值不随时间的变化而变化。

（3）初相位

正弦交流电的产生是根据电磁感应原理，利用矩形线圈在磁场中旋转并满足转子与定子间的气隙（电枢表面）的磁场按正弦规律分布。对于不同的计时起点，线圈平面所处的位置（与磁中性面的夹角）不同，则输出的正弦电动势（电压、电流）初始状态不同。定义 $t=0$ 时刻正弦量对应的角度为初相位，简称初相，它表示了交流电的初始状态即初始时刻的交流电的大小、方向（正负）和变化趋势，单位是度（°）或者弧度（rad）。显然，初相与计时起点有关。

（4）瞬时值

交流电在某一时刻所对应的值称为瞬时值。瞬时值随时间的变化而变化，不同时刻，瞬时值的大小和方向均不同。交流电的瞬时值取决于它的周期、幅值和初相位。

综上所述，最大值描述了正弦量大小的变化范围；角频率描述了正弦量变化的快慢；初相位描述了交流电的初始状态。这三个物理量决定了交流电的瞬时值，因此，将最大值、角频率和初相位称为交流电的三要素。

2. 正弦交流电的表示

约定交流电的瞬时值用小写字母表示，如电动势、电压和电流的瞬时值分别用 e、u 和 i 表示。一个交流电的瞬时值，可以用函数表达式表示，称为交流电的解析式，也可用波形图（交流电随时间变化的曲线）表示。下面以交流电流为例来介绍交流电的表示方法。

注意在表示交流电的瞬时值时，也要像直流电一样，先选择交流电的正方向，这样瞬时值的正负才有意义。

（1）解析式

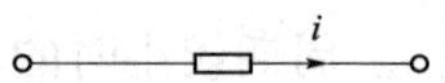

设图 2-1-1 中通过电阻元件的电流 i 是正弦电流，其参考方向如图 2-1-1 所示，则正弦电流的一般表达式为

图 2-1-1 正弦电流通过电路元件

$$i = I_m \sin (\omega t + \psi_i) \tag{2-1-3}$$

式中，I_m、ω 及 ψ_i 分别是正弦电流的最大值、角频率及初相，且规定 $-180° \leqslant \psi \leqslant 180°$。类似地可写出正弦电压与正弦电动势的解析式分别为

$$u = U_m \sin (\omega t + \psi_u)$$

$$e = E_m \sin (\omega t + \psi_e)$$

（2）波形图

交流电随时间变化的图像称为波形图，波形图横坐标既可用时间 t，也可用弧度 ωt，如图 2-1-2 所示。

当以时间作为横轴时，可以直观地在波形图中找到正弦量的"三要素"（弧度作为横轴时，角频率无法显示，但可以方便地显示同频率正弦交流电之间的相位关

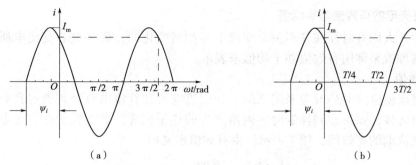

图 2 - 1 - 2　正弦电流波形图

系，因此在正弦交流电路中一般用弧度作为横轴画波形图）。

波形图中最大值及频率（周期）都比较容易确定，但如何确定初相？首先确定初相的正负：当初始值（$t=0$ 时刻，交流电的大小）大于零，波形图中初始值在横轴的上方，则初相大于零；反之，则初相小于零。初相的大小可由波形图中离原点最近的零值点（正弦波形从负值变为正值时与横轴的交点称为零值点）距原点的弧度确定，当初相大于零，离原点最近的零值点在波形图中的左方；反之，离原点最近的零值点在波形图中的右方。如图 2 - 1 - 2 所示正弦电流的初相为 $2\pi/3$。

3. 同频率正弦交流电的相位差

正弦交流电的相位决定正弦量的变化进程，因而可用相位的差别定量地衡量两个同频率正弦量变化进程的差别。

两个同频率正弦量相位的差称为相位差，习惯上规定相位差的绝对值不超过 $180°$。以正弦量 $u = U_m \sin(\omega t + \psi_u)$，$i = I_m \sin(\omega t + \psi_i)$ 为例，用 φ_{ui} 表示 u 与 i 的相位差，则

$$\varphi_{ui} = (\omega t + \psi_u) - (\omega t + \psi_i) = \psi_u - \psi_i \qquad (2-1-4)$$

一般规定 $|\varphi_{ui}| \leqslant 180°$。如果 $|\psi_u - \psi_i| > 180°$，则应根据正弦函数的周期性，将其中一个的相位加上或减去 $360°$，然后再计算相位差，以保证 $|\varphi_{ui}| \leqslant 180°$。

可见，两个同频率正弦量的相位差仅与它们的初相有关，而与时间无关，因而也与计时起点的选择无关。

同频率正弦量的相位关系有下列几种情况：

当 $\varphi_{ui} = \psi_u - \psi_i > 0$，$u$ 超前于 i；当 $\varphi_{ui} = \psi_u - \psi_i < 0$，$u$ 滞后于 i；当 $\varphi_{ui} = \psi_u - \psi_i = 0$，$u$ 与 i 同相。图 2 - 1 - 3 所示为几种典型相位关系示意图。

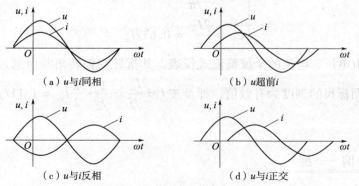

（a）u 与 i 同相　　（b）u 超前 i
（c）u 与 i 反相　　（d）u 与 i 正交

图 2 - 1 - 3　同频率正弦量同相、超前、反相与正交示意图

4. 正弦交流电的有效值与平均值

在工程中，人们有时往往并不关心交流电是如何变化的，而是关心交流电所产生的效果。这种效果常用有效值和平均值来表示。

（1）有效值

有效值是根据电流的热效应来定义的。让交流电流和直流电流分别通过具有相同阻值的电阻元件，如果在同样的时间内所产生的热量相等，那么就把该直流电流的大小称为交流电的有效值，用 I 表示。由有效值定义得

$$\int_0^T i^2 R \mathrm{d}t = I^2 RT$$

对于周期性交流电其有效值可写为

$$I = \sqrt{\left(\int_0^T i^2 \mathrm{d}t\right)/T} \tag{2-1-5}$$

将正弦电流的一般式代入式（2-1-5），可得正弦量的有效值为

$$I = \frac{I_{\mathrm{m}}}{\sqrt{2}} = 0.707 I_{\mathrm{m}} \tag{2-1-6}$$

即正弦量的有效值等于它的最大值除以 $\sqrt{2}$，类似地有

$$U = \frac{U_{\mathrm{m}}}{\sqrt{2}}, E = \frac{E_{\mathrm{m}}}{\sqrt{2}}$$

通常说照明电路的电压是 220 V，就是指有效值，与其对应的交流电压的最大值是 311 V。各种交流电的电气设备上所标的额定电压和额定电流均为有效值。另外，利用交流电流表和交流电压表测量的交流电流和交流电压也都是有效值。

（2）平均值

所谓平均值指的是周期量的绝对值在一个周期内的平均值。以周期电流为例，其平均值

$$I_{\mathrm{av}} = \frac{1}{T}\int_0^T |i| \, \mathrm{d}t \tag{2-1-7}$$

式（2-1-7）即周期量平均值的定义式。根据定义式，计算出正弦交流电的平均值为

$$\begin{cases} E_{\mathrm{av}} = \dfrac{2E_{\mathrm{m}}}{\pi} = 0.637 E_{\mathrm{m}} \\[2mm] U_{\mathrm{av}} = \dfrac{2U_{\mathrm{m}}}{\pi} = 0.637 U_{\mathrm{m}} \\[2mm] I_{\mathrm{av}} = \dfrac{2I_{\mathrm{m}}}{\pi} = 0.637 I_{\mathrm{m}} \end{cases} \tag{2-1-8}$$

测量交流电压、电流的全波整流式仪表，其指针的偏转角与所通过电流的平均值成正比，而标尺的刻度为有效值，即是按 $I = \dfrac{I_{\mathrm{m}}}{\sqrt{2}} = \dfrac{1}{\sqrt{2}} \cdot \dfrac{\pi}{2} I_{\mathrm{av}} = 1.11 I_{\mathrm{av}}$ 的倍数关系来刻度的。

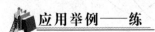 应用举例——练

【例2-1-1】　已知正弦电压和正弦电流的波形如图2-1-4所示，频率为

50 Hz，试写出它们的解析式，并指出它们之间的相位差，说明哪个正弦量超前，超前多少度？超前多少时间？

解　$\omega = 2\pi f = 2 \times 3.14 \times 50 \text{ rad/s} = 314 \text{ rad/s}$

由图 2－1－4 可得 u、i 的表达式为

$$u = 310\sin(314t + 45°) \text{ V}$$

$$i = 2\sin(314t - 90°) \text{ A}$$

$$\varphi = \psi_u - \psi_i = 45° - (-90°) = 135°$$

即 u 比 i 超前 135°，超前时间为

$$\Delta t = \frac{135°}{360°}T = \frac{135°}{360°} \times \frac{1}{50} \text{ s} = 0.007 \text{ s}$$

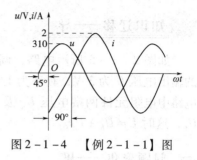

图 2－1－4　【例 2－1－1】图

探究实践——做

正弦交流电信号的检测。

参考方案：

①将示波器的幅度和扫描速度微调旋钮旋至"校准"位置。

②通过电缆线，将信号发生器的正弦波输出口与示波器的 CH1 通道相连。

③接通信号发生器的电源，选择正弦波输出。通过相应调节，使输出频率分别为 50 Hz、1.5 kHz 和 20 kHz（由频率计读出）；再使输出幅值分别为有效值 0.1 V、1 V、3 V（由交流毫伏表读出，交流电压表、交流电流表的使用与直流电压表、直流电流表的使用基本一样，只是测交流时不需要注意极性）。调节示波器 Y 轴和 X 轴的偏转灵敏度至合适的位置，从荧光屏上读得幅值及周期，记入表 2－1－1 中。

表 2－1－1　正弦波信号频率与有效值的测定

频率计读数　　所 测 项 目	正弦波信号频率的测定		
	50 Hz	1.5 kHz	20 kHz
示波器"t/div"旋钮位置			
一个周期占有的格数			
信号周期/s			
计算所得频率/Hz			
交流毫伏表读数　　所 测 项 目	正弦波信号幅值的测定		
	0.1 V	1 V	3 V
示波器"V/div"旋钮位置			
峰－峰值波形格数			
峰－峰值			
计算所得有效值			

2.1.2 正弦交流电的相量表示、相量形式的基尔霍夫定律及测试

知识迁移——导

如图2-1-5所示电路，调整低频信号发生器的输出电压 U 为 3 V，频率为 1 kHz。测量 RC 串联电路中电阻元件两端电压 U_R 及电容元件两端电压 U_C，这时 $U \neq U_R + U_C$。

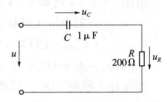

图2-1-5 串联交流电路电压与
电流关系测试图

问题聚焦——思

- 正弦量的相量表示；
- 相量形式的基尔霍夫定律。

知识链接——学

正弦交流电解析式表示法和波形图表示法，都能简单、直观地反映正弦交流电的三要素，直接求出任一时刻 t 交流电的瞬时值，但在具体运算时，如图2-1-5所示电路中，由基尔霍夫定律可列 $u = u_R + u_C$，无论用解析式表示法，还是波形图表示法进行正弦量的加、减运算，都非常烦琐。在电工技术中，常用间接表示法来表示正弦交流电，即相量和相量图表示法。

1. 正弦交流电的相量表示法

（1）复数的相关知识

①复数的表示形式：

a. 代数形式：$A = a + jb$。

b. 三角形式：$A = r\cos\theta + jr\sin\theta$。其中 r 为复数 A 的模（幅值），它恒大于零。

两种形式之间的变换：$a = r\cos\varphi$，$b = r\sin\varphi$，即 $r = \sqrt{a^2 + b^2}$，$\tan\theta = \dfrac{b}{a}$

c. 指数形式：$A = re^{j\theta}$（利用欧拉公式 $e^{j\theta} = \cos\theta + j\sin\theta$）。

d. 极坐标形式：$A = r\underline{/\theta}$（引入记号 $\underline{/\theta} = e^{j\theta} = \cos\theta + j\sin\theta$）。

复数也可以用复平面上的向量表示，如图2-1-6所示。

②复数的运算：

a. 加、减运算：设 $A = a_1 + ja_2$，$B = b_1 + jb_2$，则 $C = B \pm A = (b_1 + jb_2) \pm (a_1 + ja_2) = (b_1 \pm a_1) + j(b_2 \pm a_2)$，直接用向量的平行四边形法则或多边形法则可进行复数的加、减运算，如图2-1-7所示。

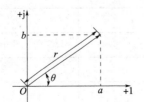

图2-1-6 复数的向量表示

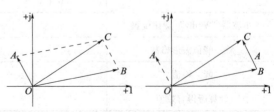

图2-1-7 复数加法的平行四边形法和三角形法

b. 乘、除运算：进行复数的乘、除运算时，一般使用复数的极坐标形式比较简单，只需要将复数的模相乘（除），复数的幅角相加（减）就可以了。

设 $A = r_1 \underline{/\theta_1}$，$B = r_2 \underline{/\theta_2}$，则

$$AB = r_1 \underline{/\theta_1} \times r_2 \underline{/\theta_2} = r_1 r_2 \underline{/(\theta_1 + \theta_2)}, \quad \frac{A}{B} = r_1 \underline{/\theta_1} \div r_2 \underline{/\theta_2} = \frac{r_1}{r_2} \underline{/(\theta_1 - \theta_2)}$$

（2）共轭复数

设复数 $A = r_1 \underline{/\theta_1} = a + \mathrm{j}b$，则其共轭复数为 $A^* = r_1 \underline{/-\theta_1} = a - \mathrm{j}b$。

2. 正弦量的相量表示

（1）相量表示正弦量的思想

一个正弦量由三要素来确定，分别是频率、幅值和初相。因为在同一个正弦交流电路中，电动势、电压和电流均为同频率的正弦量，即频率是已知或特定的，可以不必考虑，只需确定正弦量的幅值（或有效值）和初相位就可表示正弦量。

一个复数的四种表达方式均要用两个量来描述，不妨用它的模代表正弦量的幅值或有效值，用幅角代表正弦量的初相，于是得到一个表示正弦量的复数，称为相量，用大写字母上面加一点表示，如 $\dot{U}$、$\dot{I}$。

（2）相量表示正弦量的几何意义

如图 2－1－8 所示，假设 $\dot{I} = I \underline{/\psi_i}$ 以角速度 ω（等于正弦量 i 的角频率）绕原点逆时针方向旋转，旋转的轨迹在虚轴上的投影乘以 $\sqrt{2}$ 即为正弦量 i，从这个意义上讲，对应一个相量就能找到与之对应的正弦量，反之亦然。

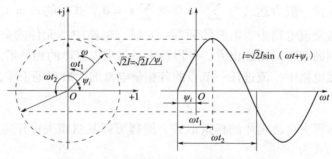

图 2－1－8　旋转相量与正弦量的示意图

可以推证，对于同频率的正弦量，用相应的相量表示正弦量进行计算的结果与用正弦量计算的结果一致。如 $i_1 = \sqrt{2}I_1\sin(\omega t + \psi_1)$，$i_2 = \sqrt{2}I_2\sin(\omega t + \psi_2)$，则 $i_1 + i_2 = i = \sqrt{2}I\sin(\omega t + \psi_i)$，那么相应有 $\dot{I}_1 + \dot{I}_2 = \dot{I} = I \underline{/\psi_i}$。

（3）相量表示正弦量的法则

正弦量相量可以用最大值相量或有效值相量表示，通常采用有效值相量表示。

正弦量与其对应的正弦量之间的关系可以用如下法则表示

$$正弦量 \begin{cases} 有效值 = 模 \\ 初相 = 幅角 \\ 角率（电源决定） \end{cases} 相量$$

如 $i = \sqrt{2}I\sin(\omega t + \psi_i)$，其对应的相量为 $\dot{I} = I \underline{/\psi_i}$，若某电压的相量为 $\dot{U} =$

$U \underline{/\psi_i}$ ，则对应的正弦电压为 $u = \sqrt{2}U\sin(\omega t + \psi_u)$ 。

3. 相量图

将一些相同频率的正弦量的相量画在同一个复平面上所构成的图形称为相量图。画相量图时，往往省略复平面坐标，以水平方向为基准，并用虚线表示。

（1）画法

每个相量用一条有向线段表示，其长度表示相量的模（正弦量的有效值），有向线段与水平方向的夹角表示该相量的辐角（初相），同一量纲的相量采用相同的比例尺寸。

（2）作用

①能直观地反映各正弦量的有效值和初相。

②能反映正弦量的相位关系：相量图中任一两相量间的夹角表示该两正弦量相位差，逆时针方向在前的量为超前。

③将正弦量的有效值关系、相位关系的运算转化为相量图中相量的边与角关系的运算。

（3）注意

①相量只表示正弦量，而不等于正弦量。

②只有正弦量才能用相量表示，非正弦量不能用相量表示。

③相量的两种表示形式：相量式、相量图。

④只有同频率的正弦量才能画在同一相量图上。

4. 相量形式的基尔霍夫定律

基尔霍夫定律一般表达式为 $\sum i = 0$ 及 $\sum u = 0$ ，式中的 i、u 是指电流、电压的解析式。正弦交流电路中当电源的频率一定时，电路中各元件的电压、电流也都具有与电源相同的频率，由此出发，可以得出基尔霍夫定律的相量形式。

在正弦交流电路中，流过任一节点的各相量电流的代数和等于零，即

$$\sum \dot{I} = 0 \tag{2-1-9}$$

这就是基尔霍夫电流定律的相量形式。同理可得基尔霍夫电压定律，即回路电压定律的相量形式为

$$\sum \dot{U} = 0 \tag{2-1-10}$$

式（2-1-10）表示在正弦交流电路的任一回路中，各电压相量的代数和等于零。

式（2-1-9）与式（2-1-10）的符号法则与直流电路相同。

在正弦交流电路中，使用相量形式的基尔霍夫定律时，除相量电压、电流相量前的正负号确定与直流电路中讨论的完全相同，还要特别注意，相量表达式中既含有有效值的关系，还含有相位的关系。在一般情况下，各正弦电压、电流的有效值代数和不等于零。

📚 **应用举例——练**

【例 2-1-2】 图 2-1-9（a）所示为电路中的一个节点，已知 $i_1 = 30\sqrt{2}$

$\sin (\omega t + 30°)$ A，$i_2 = 40\sqrt{2}\sin (\omega t - 60°)$ A，求 i_3。

解 此题用相量法，将已知电流瞬时值用相应的
相量表示，由正弦量相量表示法可得 $\dot{I}_1 = 30 \underline{/30°}$ A；
$\dot{I}_2 = 40 \underline{/-60°}$ A，列 KCL 方程 $\dot{I}_1 + \dot{I}_2 - \dot{I}_3 = 0$，解得

$$\dot{I}_3 = \dot{I}_1 + \dot{I}_2 = (30 \underline{/30°} + 40 \underline{/-60°})\ \text{A} =$$
$$(26 + \text{j}15 + 20 - \text{j}34.6)\ \text{A}$$
$$= (46 - \text{j}19.6)\ \text{A} = 50 \underline{/-23.1°}\ \text{A}$$

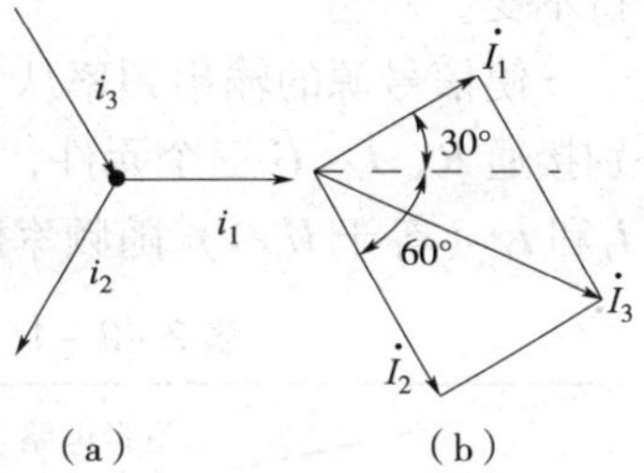

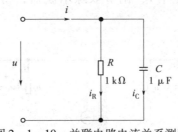

图 2-1-9 【例 2-1-2】图

图 2-1-9（b）所示为三个电流的相量图。从相量图中可以看到，有效值一般
情况下不满足 KCL，即 $I_3 = I_1 + I_2$ 不成立，除非 I_1 和 I_2 同相。

探究实践——做

在面包板上按图 2-1-10 所示连接电路，测试并联电路各支路电流，思考所测
得的结果。

图 2-1-10 并联电路电流关系测试

课题 2.2　典型单相正弦交流电路分析与测试

知识与技能要点

- 正弦交流电通过单一参数电路电压与电流关系及功率；
- 正弦交流电通过典型多参数组合简单电路电压与电流关系；
- 单相正弦交流电路的功率及功率因数的提高；
- 使用交流毫伏表、交流电流表及功率表测量正弦交流电路电压、电流及功率。

2.2.1　单一参数的正弦交流电路的分析与测试

知识迁移——导

1. 定性观察电阻、电感、电容元件的阻抗频率特性

如图 2-2-1（a）所示，r 为 30 Ω 的标准电阻，$R = 1$ kΩ，$C = 1$ μF，$L \approx$
10 mH，通过电缆线将低频信号发生器输出的正弦信号接至如图 2-2-1（a）所示
的电路，作为激励源 u，并用交流毫伏表测量，使激励电压的有效值为 $U = 3$ V，保

持不变。

使信号源的输出频率从 200 Hz 逐渐增至 5 kHz（用频率计测量），并使开关 S 分别接通 R、L、C 三个元件，用交流毫伏表测量 U_r，观察 U_r 大小的变化，即电流 I_R、I_L 和 I_C（等于 U_r/r）随频率的变化，记录在表 2-2-1 中。

表 2-2-1　电阻、电感、电容元件的阻抗频率特性记录

观察内容 ＼ 测量电路	只含电阻元件电路	只含电感元件电路	只含电容元件电路
标准电阻 r 两端电压的变化（频率增大）			
结　论			

注意：在接通 C 测试时，信号源的频率应控制在 200~2 500 Hz 之间。

2. 定性观察电阻、电感、电容元件端电压与电流波形关系

在图 2-2-1（b）所示电路中，调节正弦交流信号源输出频率为 1 kHz，输出电压为 3 V，并保持不变，将双踪示波器 CH1 分别接到 R、L、C 两端，CH2 接到 r 两端（将 CH2 INV 键按下），调节双踪示波器，得到稳定的波形，并记录在表 2-2-2 中。

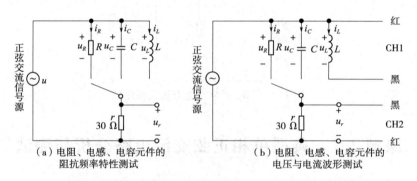

（a）电阻、电感、电容元件的　　　　（b）电阻、电感、电容元件的
　　　阻抗频率特性测试　　　　　　　　　　电压与电流波形测试

图 2-2-1　单一参数电路阻抗频率特性及电压、电流波形测试示意图

表 2-2-2　电阻、电感、电容元件电压与电流波形图记录

观察内容 ＼ 测量电路	只含电阻元件电路	只含电感元件电路	只含电容元件电路
CH1、CH2 显示波形图			
相位差			
结　论			

- 电阻、电感、电容元件在交流电路中对电流的阻碍作用；
- 正弦交流电通过电阻、电感、电容元件电压与电流的关系；
- 正弦交流电通过电阻、电感、电容元件的功率。

知识链接——学

为了便于对照，加强理解与记忆，下面以表 2-2-3 的形式讨论正弦交流电通过电阻、电感、电容元件三个单一元件电压与电流关系等相关知识。

表 2-2-3　正弦交流电通过单一参数电路

研究的内容 \ 研究的电路		电阻电路	电感电路	电容电路
电路图				
基本关系式		$u = iR$	$u_L = L\dfrac{\mathrm{d}i_L}{\mathrm{d}t}$	$i_C = C\dfrac{\mathrm{d}u_C}{\mathrm{d}t}$
解析式分析电压与电流关系	设通过元件的正弦电流或电压解析式	设 $i_R = \sqrt{2}I_R\sin\omega t$	设 $i_L = \sqrt{2}I_L\sin\omega t$	设 $u_C = \sqrt{2}U_C\sin\left(\omega t - \dfrac{\pi}{2}\right)$
	代入基本关系式，得电压（电流）解析式	$u_R = \sqrt{2}I_R R\sin\omega t$ $= \sqrt{2}U_R\sin\omega t$	$u_L = \sqrt{2}\omega L I_L\sin(\omega t + 90°)$ $= \sqrt{2}U_L\sin(\omega t + 90°)$	$i_C = \sqrt{2}\omega C U_C\sin\omega t$ $= \sqrt{2}I_C\sin\omega t$
	引入物理量	电阻 R：交流电路中对电流的阻碍作用只与 R 有关，与电源频率无关	感抗：$X_L = \omega L$（单位：Ω） $X_L \propto \omega$，"通低阻高"	容抗：$X_C = \dfrac{1}{\omega C}$（单位：Ω） $X_C \propto \dfrac{1}{\omega}$，"隔直通交"
	结论：三要素关系 频率关系	同频率	同频率	同频率
	相位关系	同相位	u_L 的相位超前 i_L 90°	u_C 的相位滞后 i_C 90°
	有效值关系	$U_R = I_R R$	$U_L = X_L I_L$	$U_C = X_C I_C$
波形图				

研究的内容 ＼ 研究的电路	电阻电路	电感电路	电容电路
相量式	因为 $\dot{I}_R = I$，$\dot{U}_R = RI$， 所以 $\dot{U}_R = R\dot{I}_R$	因为 $\dot{I}_L = I_L$，$\dot{U}_L = X_L I_L$ $\underline{/90°} = jX_L I_L$， 所以 $\dot{U}_L = jX_L\dot{I}_L$	因为 $\dot{U}_C = U_C\underline{/-90°} = -jU_C$，$\dot{I}_C = I_C = \dfrac{U_C}{X_C}$， 所以 $\dot{U}_C = -jX_C\dot{I}_C$
相量图			
功率｜瞬时功率（$p = ui$，将 u、i 的表达式代入）	$p_R = U_R I_R$ $= -U_R I_R\cos\omega t$	$p_L = U_L I_L\sin2\omega t$	$p_C = -U_C I_C\sin2\omega t$
功率｜有功功率，又称平均功率（单位：W） $P = \dfrac{1}{T}\displaystyle\int_0^T p\,dt$	$P_R = U_R I_R$ $= I_R^2 R = \dfrac{U_R^2}{R}$	0	0
功率｜无功功率（用瞬时功率的最大值衡量储能元件和电源之间的能量交换规模）（单位：var）	0	$Q_L = U_L I_L$ $= I_L^2 X_L = \dfrac{U_L^2}{X_L}$	$Q_C = -U_C I_C$ $= -I_C^2 X_C = -\dfrac{U_C^2}{X_C}$ 负号是电容元件无功功率的标志，用以区别于电感元件的无功功率；无功功率的绝对值才说明电容元件吞吐能量的规模

📚 应用举例——练

【例 2-2-1】　220 V、50 Hz 的电压分别加在电阻、电感和电容元件负载上，此时它们的电阻值、感抗值、容抗值均为 22 Ω，试分别求出三个元件中的电流，写出各电流的瞬时值表达式，并以电压为参考相量画出相量图。若电压的有效值不变，频率由 50 Hz 变到 500 Hz，重新回答以上问题。

解　设 $\dot{U} = 220\underline{/0°}$ V。当 $f = 50$ Hz 时，

$$\dot{I}_R = \frac{\dot{U}}{R} = \frac{220\underline{/0°}}{22}\ \text{A} = 10\underline{/0°}\ \text{A}$$

$$\dot{I}_L = \frac{\dot{U}}{jX_L} = \frac{220\underline{/0°}}{j22}\ \text{A} = 10\underline{/-90°}\ \text{A}$$

$$\dot{I}_C = \frac{\dot{U}}{(-jX_C)} = \frac{220\underline{/0°}}{-j22}\ \text{A} = 10\underline{/90°}\ \text{A}$$

所以
$$i_R = 10\sqrt{2}\sin314t \text{ A}$$
$$i_L = 10\sqrt{2}\sin(314t-90°) \text{ A}$$
$$i_C = 10\sqrt{2}\sin(314t+90°) \text{ A}$$

当 $f = 500$ Hz 时，

$$R = 22 \text{ Ω}，\quad X_L = 2\pi fL = 220 \text{ Ω}，\quad X_C = \frac{1}{2\pi fC} = 2.2 \text{ Ω}$$

所以
$$i_R = 10\sqrt{2}\sin3\ 140t \text{ A}$$
$$i_L = \sqrt{2}\sin(3\ 140t-90°) \text{ A}$$
$$i_C = 100\sqrt{2}\sin(3\ 140t+90°) \text{ A}$$

相量图如图 2-2-2 所示。

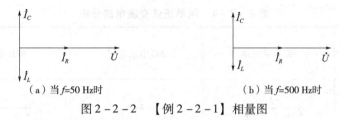

（a）当 $f=50$ Hz时　　　　　　　（b）当 $f=500$ Hz时

图 2-2-2　【例 2-2-1】相量图

探究实践——做

定量测试正弦交流电通过单一参数电路的阻抗频率特性及电压与电流的相位关系。

参考方案：

按图 2-2-1 所示及实验做法，自拟表格进行测试。

2.2.2 多参数组合简单正弦交流电路的分析与测试

知识迁移——导

典型串联电路测试电路如图 2-2-3 所示。利用图 2-2-3（a）分别测试 RL 串联电路、RC 串联电路、RLC 串联电路总电压与各分电压的关系（$R = 200$ Ω，$C = 0.1$ μF，$L ≈ 30$ mH，$f = 500$ Hz，信号输出 $U_i = 3$ V），并利用图 2-2-3（b）所示电路观察对应状态电路的总电压与总电流的相位关系，特别是 RLC 串联电路，在改变电源的频率时找到 U_R 出现最大值及其前后的波形变化。

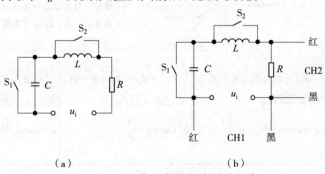

（a）　　　　　　　　　（b）

图 2-2-3　典型串联电路测试电路

问题聚焦——思

- 多参数组合电路电压、电流的关系分析方法；
- 复阻抗的概念及相量形式的欧姆定律；
- 电路参数与电路性质的关系。

知识链接——学

下面采用表格的形式（见表 2-2-4）以 RL 串联、RC 串联、RLC 串联电路为例，由基本元件的相量关系及基尔霍夫定律分析简单正弦交流电路端电压与端电流有效值关系及相位关系，并引入复阻抗的概念及相量形式的欧姆定律。

表 2-2-4　简单正弦交流电路分析

研究的内容 ＼ 研究的电路	RL 串联电路	RC 串联电路	RLC 串联电路
电路图	电路图（R、L 串联，$\dot{U}_R$、$\dot{U}_L$）	电路图（R、C 串联，$\dot{U}_R$、$\dot{U}_C$）	电路图（R、L、C 串联，$\dot{U}_R$、$\dot{U}_L$、$\dot{U}_C$）
列 KVL 方程	$\dot{U} = \dot{U}_R + \dot{U}_L$	$\dot{U} = \dot{U}_R + \dot{U}_C$	$\dot{U} = \dot{U}_R + \dot{U}_L + \dot{U}_C$
电压与电流的相量式	$\dot{U} = (R + \mathrm{j}X_L)\,\dot{I}$ （$\dot{U}_R = R\dot{I}_R$，$\dot{U}_L = \mathrm{j}X_L\dot{I}_L$）	$\dot{U} = (R - \mathrm{j}X_C)\,\dot{I}$ （$\dot{U}_R = R\dot{I}_R$，$\dot{U}_C = -\mathrm{j}X_C\dot{I}_C$）	$\dot{U} = [R + \mathrm{j}(X_L - X_C)]\,\dot{I}$ （$\dot{U}_R = R\dot{I}_R$，$\dot{U}_L = \mathrm{j}X_L\dot{I}_L$，$\dot{U}_C = -\mathrm{j}X_C\dot{I}_C$）
引入物理量：复阻抗 Z	图（$\dot{U}$、$\dot{I}$、P $\Rightarrow$ Z）	一无源二端网络 P，定义其复阻抗为端电压与端电流的相量比，即 $Z = \dfrac{\dot{U}}{\dot{I}}$。 单位：$\Omega$（复阻抗不表示正弦量，故不在 Z 上面加 "·"，以示与相量的区别）	
典型电路复阻抗（单个元件的复阻抗：$Z_R = R$；$Z_L = \mathrm{j}X_L$；$Z_C = -\mathrm{j}X_C$）	$Z_{RL} = Z_R + Z_L = R + \mathrm{j}X_L = \sqrt{R^2 + X_L^2}\underline{/\varphi}$ $\varphi = \arctan\dfrac{X_L}{R}$	$Z_{RC} = Z_R + Z_C = R - \mathrm{j}X_C = \sqrt{R^2 + X_C^2}\underline{/\varphi}$ $\varphi = \arctan\dfrac{-X_C}{R}$	$Z = Z_R + Z_L + Z_C = R + \mathrm{j}(X_L - X_C) = \sqrt{R^2 + (X_L - X_C)^2}\underline{/\varphi}$ $\varphi = \arctan\dfrac{X_L - X_C}{R}$

研究的电路　研究的内容	RL 串联电路	RC 串联电路	RLC 串联电路
复阻抗的物理意义及相量形式的欧姆定律	（1）复阻抗表示 　　复阻抗是复数，即可用代数式表示，其实部相当于电阻的 R，虚部用 X 表示，称为电抗；也可用极坐标形式表示，其模称为阻抗 Z，辐角称为阻抗角 φ，即复阻抗 Z 可写为 $$Z = R + jX = z\underline{/\varphi}$$ Z、R、X 构成阻抗三角形。 （2）复阻抗与端电压、端电流的关系 $$Z = \frac{\dot{U}}{\dot{I}} = \frac{U\underline{/\psi_u}}{I\underline{/\psi_i}} = \frac{U}{I}\ (\underline{/\psi_u} - \underline{/\psi_i}) = \frac{U}{I}\underline{/\varphi_{ui}}$$ $$z = \sqrt{R^2 + X^2} = \frac{U}{I}$$ $$\varphi = \varphi_{ui} = \arctan\frac{X}{R}$$ ①$U = zI$，端电压与电流的有效值（或最大值）之间符合欧姆定律形式； ②端电压与端电流的相位差等于电路的阻抗角。 （3）相量形式的欧姆定律：选择复阻抗端电压与端电流相量参考方向为关联参考方向，则 $\dot{U} = Z\dot{I}$		
相量式得到电路参数与电路中电压、电流关系及总电压与各分电压之间关系	（1）有效值关系 $U = zI$ $$= \sqrt{R^2 + X_L^2}\,I = \sqrt{U_R^2 + U_L^2}$$ （2）相位关系 $\varphi_{ui} = \varphi =$ $$\arctan\frac{X_L}{R} = \arctan\frac{U_L}{U_R}$$	（1）有效值关系 $U = zI$ $$= \sqrt{R^2 + X_C^2}\,I = \sqrt{U_R^2 + U_C^2}$$ （2）相位关系 $\varphi_{ui} = \varphi =$ $$\arctan\frac{-X_C}{R} = \arctan\frac{-U_C}{U_R}$$	（1）有效值关系 $U = zI$ $$= \sqrt{R^2 + (X_L - X_C)^2}\,I$$ $$= \sqrt{U_R^2 + (U_L - U_C)^2}$$ （2）相位关系 $\varphi_{ui} = \varphi =$ $$\arctan\frac{X_L - X_C}{R} = \arctan\frac{U_L - U_C}{U_R}$$
电路性质与电路参数关系及相量图（令 $\dot{I} = I$）	$$\varphi = \varphi_{ui} = \arctan\frac{X}{R}$$ （1）$X > 0$，$0 < \varphi < \dfrac{\pi}{2}$，端电压超前端电流 φ 角，电路呈电感性； （2）$X = 0$，$\varphi = 0$，端电压与端电流同相，电路呈电阻性； （3）$X < 0$，$-\dfrac{\pi}{2} < \varphi < 0$，端电压滞后端电流 $\lvert \varphi \rvert$ 角，电路呈电容性。 相量 $\dot{U}_R$、$\dot{U}_X$、$\dot{U}$ 构成电压三角形，与阻抗三角形构成相似三角形		

模块 ② 交流电路的分析与测试

研究的内容 ＼ 研究的电路	RL 串联电路	RC 串联电路	RLC 串联电路
相量图（令 $\dot{I} = I$）	（相量图：$\dot{U}$、$\dot{U}_L$、φ、$\dot{U}_R$、$\dot{I}$；阻抗三角形 Z、X_L、R、φ）典型感性电路	（相量图：$\dot{U}_R$、$\dot{I}$、φ、$\dot{U}_C$、$\dot{U}$；阻抗三角形 R、X_C、Z、φ）典型容性电路	（相量图 $X_L > X_C$：$\dot{U}_L$、$\dot{U}$、$\dot{U}_R$、$\dot{I}$、$\dot{U}_C$）$X_L > X_C$；（相量图 $X_L < X_C$：$\dot{U}_L$、$\dot{U}_R$、$\dot{I}$、$\dot{U}$、$\dot{U}_C$）$X_L < X_C$；（相量图 $X_L = X_C$：$\dot{U}_L$、$\dot{U} = \dot{U}_R$、$\dot{I}$、$\dot{U}_C$）$X_L = X_C$
由相量图得出总电压与各分电压关系，相位关系	$U = \sqrt{U_R^2 + U_L^2}$ $\varphi = \arctan \dfrac{U_L}{U_R}$	$U = \sqrt{U_R^2 + U_C^2}$ $\varphi = -\arctan \dfrac{U_C}{U_R}$	$U = \sqrt{U_R^2 + (U_L - U_C)^2}$ $\varphi = \arctan \dfrac{U_L - U_C}{U_R}$

应用举例——练

【例2-2-2】 在电子技术中，常利用 RC 串联电路作移相电路，如图2-2-4（a）所示。已知输入电压 $u_i = \sqrt{2}\sin 6\,280t$ V，电容 $C = 0.01$ μF，现要使输出电压在相位上前移60°，试问：

①应配多大的电阻 R?

②此时输出电压的有效值 u_o 等于多大？（作出相量图分析计算）

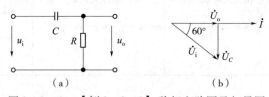

图2-2-4 【例2-2-2】移相电路图及相量图

解 在此介绍通过作相量图求解简单电路的步骤：

①选择参考相量。参考相量原则上可以任选某一电压或电流（往往选已知的电压或电流），但为解题方便通常会进行如下的选择：a. 串联电路选电流；b. 并联电路选电压；c. 混联电路选并联部分两端的电压。

②列相量方程。根据 KVL、KCL 列出所需要的相量方程。

③画相量图。根据基本元件及典型电路的电压、电流相位关系，由相量方程按矢量的合成画出由相关相量组成的相量图。

④根据相量图中边、角的几何关系得到相关正弦量的有效值、相位的关系，求出待求量。

按照相量图解题步骤，此题作答如下：

令 $\dot{I} = I$，由 KVL 得

$$\dot{U}_i = \dot{U}_C + \dot{U}_o$$

根据电容、电阻元件的电压、电流相位关系，以及相量方程，作出相量图，如图 2 - 2 - 4（b）所示。

由相量图得到由 $\dot{U}_i$、$\dot{U}_o$、$\dot{U}_C$ 组成的电压三角形，并由已知条件知相量 $\dot{U}_i$ 滞后 $\dot{U}_o$60°，即端电压、端电流的相位关系为 $\varphi_{ui} = -60°$。

由公式

$$\varphi = \varphi_{ui} = \arctan \frac{-X_C}{R}$$

并且

$$X_C = \frac{1}{\omega C} = \frac{1}{6\,280 \times 0.01 \times 10^{-6}} \,\Omega = 15.92 \text{ k}\Omega$$

得

$$R = X_C \cot 60° = 15.92 \times 0.577 \text{ k}\Omega \approx 9.2 \text{ k}\Omega$$

由电压三角形可知

$$U_o = U_R = U_i \cos 60° = 1 \times 0.5 \text{ V} = 0.5 \text{ V}$$

【例 2 - 2 - 3】 把一个电感线圈接到电压为 20 V 的直流电流上，测得通过线圈的电流为 0.4 A，当把该线圈接到电压有效值为 65 V 的工频交流电源上时，测得通过线圈的电流为 0.5 A。试求该电感线圈的参数 R 和 L。

解 因为电感线圈接到直流电源上时感抗等于零，所以

$$R = \frac{U}{I} = \frac{20}{0.4} \,\Omega = 500 \,\Omega$$

接到工频交流电源上时，电路阻抗为

$$z = \frac{U'}{I'} = \frac{65}{0.5} \,\Omega = 130 \,\Omega$$

由

$$z = \sqrt{R^2 + X_L^2}$$

得

$$X_L = \sqrt{z^2 - R^2} = \sqrt{130^2 - 50^2} \,\Omega = 120 \,\Omega$$

由

$$X_L = 2\pi f L$$

得

$$L = \frac{X_L}{2\pi f} = \frac{120}{314} \text{ H} = 0.382 \text{ H}$$

探究实践——做

探究 RLC 串联谐振电路。

参考方案：

①按图 2 - 2 - 5 组成监视、测量电路。先选用 $C = 0.01 \text{ μF}$，$R = 200 \,\Omega$，$L \approx 30 \text{ mH}$ 的元件，用交流毫伏表测电压，用示波器监视信号源输出。令信号源输出电压 $U_i = 4V_{\text{P-P}}$，并保持不变。

②找出电路的谐振频率 f_0。方法是，将交流毫伏表接在 R（200 Ω）两端，令信号源的频率由小逐渐变大（注意要维持信号源的输出幅度不变），当 U_o 的读数为最大时，读得频率计上的频率值即为电路的谐振频率 f_0，并测量 U_C 与 U_L 的值（注意及时更换交流毫伏表的量限）。

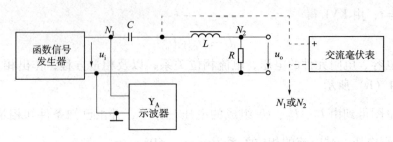

图 2-2-5　*RLC* 串联谐振测量电路

③在谐振点两侧，按频率递增或递减 500 Hz 或 1 kHz，依次各取五个测量点，逐点测出 U_o，U_L，U_C 之值，自拟表格记入数据。

2.2.3　单相正弦交流电路的功率及测试

知识迁移——导

如图 2-2-6 所示，D 为"25W，220V"的白炽灯，用万用表测量其电阻 R；L 为铁芯线圈，$C = 4.7$ μF。按图 2-2-6 所示接好电路，特别要注意功率表的接法，按下电源按钮，慢慢调节自耦调压器，使输出电压为 220 V。观察开关 S 断开与闭合时，各电表的读数。

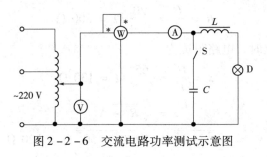

图 2-2-6　交流电路功率测试示意图

问题聚焦——思

- 交流电路功率的概念；
- 感性负载并联电容元件后对电路的影响。

知识链接——学

1. 正弦交流电路的功率

（1）瞬时功率

图 2-2-7（a）所示为电路中一个二端网络，选择电压与电流参考方向为关联参考方向，设电流为参考正弦量，即设 $i = \sqrt{2}I\sin\omega t$，$u = \sqrt{2}U\sin(\omega t + \varphi)$，其中，$\varphi$ 为电压 u 超前于电流 i 的相位差，若为无源二端网络，φ 为该网络的阻抗角。

网络在任一瞬间吸收的功率即瞬时功率为

$$p = ui = 2UI\sin(\omega t + \varphi)\sin\omega t$$

化简得

$$p = UI\cos\varphi(1 - \cos2\omega t) + UI\sin\varphi\sin2\omega t \qquad (2-2-1)$$

其波形图如图 2-2-7（b）所示。

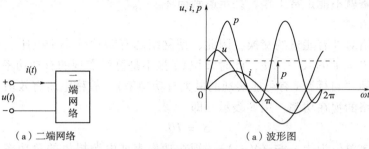

（a）二端网络　　　　　　　　　　（a）波形图

图 2-2-7　二端网络及其瞬时功率波形图

瞬时功率有时为正值，有时为负值，表示网络有时从外部接受能量，有时向外部发出能量。如果所考虑的二端网络内不含独立源，这种能量交换的现象就是网络内储能元件所引起的。

（2）有功功率

将瞬时功率的表达式（2-2-1）代入有功功率的定义式

$$P = \frac{1}{T}\int_0^T p\mathrm{d}t$$

可得网络吸收的有功功率为

$$P = UI\cos\varphi \qquad (2-2-2)$$

若二端网络为线性无源二端网络（以下讨论均为线性无源二端网络），则有功功率为

$$P = UI\cos\varphi = U_R I = P_R$$

即电路的有功功率为电阻元件消耗的功率。可以证明，对于任意无源二端网络，其有功功率等于该网络内所有电阻元件的有功功率之和，也等于各电源输出的有功功率之和。

（3）无功功率

由于储能元件的存在，网络与外部一般会有能量的交换，能量交换的规模可由无功功率来衡量，其定义为

$$Q = UI\sin\varphi \qquad (2-2-3)$$

可以证明，对于任意线性无源二端网络，其无功功率等于该网络内所有电感元件和电容元件的无功功率之和，也等于各电源输出的无功功率之和。当网络为感性时，阻抗角 $\varphi > 0$，无功功率 $Q > 0$；当网络为容性时，阻抗角 $\varphi < 0$，无功功率 $Q < 0$。

$$Q = UI\sin\varphi = \sum(Q_L + Q_C)$$

式中，Q_L（$= U_L I$）与 Q_C（$= -U_C I$）为单个储能元件的无功功率。

需要指出的是：

①无功功率的正负只说明网络是感性还是容性，绝对值 $|Q|$ 才体现网络对外交换能量的规模。电感元件和电容元件无功功率的符号相反，标志它们在能量吞吐

方面的互补作用。它们互相补偿，可以限制网络对外交换能量的规模。

②许多电气设备，如电动机、电焊机、变压器、荧光灯镇流器等，都具有电感线圈，为了建立磁场，发电厂必须向它们提供一定的无功功率，无功功率供给不足，很多电气设备就不能正常工作，甚至遭到损坏。

（4）视在功率

由于网络对外有能量的交换，因此，使网络的有功功率小于电压、电流有效值的乘积，即 $P = UI\cos\varphi < UI$，此时乘积 UI 虽不是已经实现的有功功率，却是一个有可能达到的"目标"（有可能实现的最大有功功率），故称电压有效值与电流有效值的积为网络的视在功率，用 S 表示，即

$$S = UI \tag{2-2-4}$$

视在功率单位为伏·安（V·A）。视在功率表征电源提供的总功率，也用来表示交流电源的容量。发电机、变压器等电源容量就是用视在功率来描述的，它等于额定电压与额定电流的乘积。有功功率和无功功率可分别用视在功率，表示为

$$P = UI\cos\varphi = S\cos\varphi \\ Q = UI\sin\varphi = S\sin\varphi \tag{2-2-5}$$

由式（2-2-4）及式（2-2-5）可以看出，视在功率 S、有功功率 P 与无功功率 Q 构成一个直角三角形，称为功率三角形。由功率三角形可得

$$S = \sqrt{P^2 + Q^2} \tag{2-2-6}$$

实际上，功率三角形也可以由电压三角形各边乘以 I 得到。所以电压三角形、阻抗三角形、功率三角形均为相似三角形。为了便于记忆，将三个"三角形"画在一起，如图 2-2-8 所示。

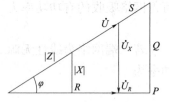

图 2-2-8　复阻抗串联模型的三个"三角形"

2. 功率因数

为了表征电源功率被利用的程度，把有功功率与视在功率的比值称为网络的功率因数，用 λ 表示，即

$$\lambda = \frac{P}{S} = \cos\varphi \tag{2-2-7}$$

即无源二端网络的功率因数 λ 等于该网络阻抗角（或电压超前于电流的相位差角）的余弦值，φ 角又称功率因数角。在无源电路中，$|\varphi| \leqslant \dfrac{\pi}{2}$，故 $0 \leqslant \cos\varphi \leqslant 1$，又因 $\cos\varphi$ 只决定于电路的参数和频率，而与电压和电流无关，所以视在功率一定的电源，向电路输出的有功功率不由电源本身决定，而决定于全部电路的参数。

3. 功率因数的提高

（1）提高功率因数的意义

①充分利用能源。$P = S\cos\varphi$，其中 S 为发电设备可以提供的最大有功功率，但是供电系统中的感性负载（发电机、变压器、镇流器、电动机等）常常会使 $\cos\varphi$ 减小，从而造成 P 下降，能量不能充分利用。

②降低线路与发电机绕组的功率损耗。由于 $P = UI\cos\varphi$，所以 $I = \dfrac{P}{U\cos\varphi}$，即

在输电功率与输电电压一定的情况下，$\cos\varphi$ 越小，输电电流越大。而当输电线路电阻为 r 时，输电损耗 $\Delta p = I^2 r$，因此提高 $\cos\varphi$，可以二次方地降低输电损耗。这对于节能及保护用电设备有重大的意义。

（2）提高感性负载电路的功率因数

①条件。在不改变感性负载的有功功率及工作状态的前提下，提高负载所在电路的功率因数。

②方法。在感性负载两端并联一定大小的电容元件。

③实质。减少电源供给感性负载用于能量互换的部分，使得更多的电源能量消耗在负载上，转化为其他形式的能量（机械能、光能、热能等）。

④相量分析。图2-2-9（a）所示为一感性负载的电路模型，由 R 与 L 串联组成。

设感性负载的功率因数 $\lambda_1 = \cos\varphi_1$，未并联 C 时，$\dot{I} = \dot{I}_L$；并联 C 后，功率因数 $\lambda_2 = \cos\varphi_2$，这时 $\dot{I} = \dot{I}_L + \dot{I}_C$，如图2-2-9（b）所示。由相量图可以看到，感性负载的电压、电流、有功功率均未变化，但是线路电流有改变。

$$I_C = I\sin\varphi_1 - I_L\sin\varphi_2 = \frac{P}{U\cos\varphi_1}\sin\varphi_1 - \frac{P}{U\cos\varphi_2}\sin\varphi_2 = \frac{P}{U}(\tan\varphi_1 - \tan\varphi_2)$$

而

$$I_C = \frac{U}{X_C} = \omega C U$$

所以

$$C = \frac{I_C}{\omega U} = \frac{P}{\omega U^2}(\tan\varphi_1 - \tan\varphi_2) \qquad (2-2-8)$$

式（2-2-8）就是将 $\lambda_1 = \cos\varphi_1$ 提高到 $\lambda_2 = \cos\varphi_2$ 时所应当并联的电容值的计算公式。

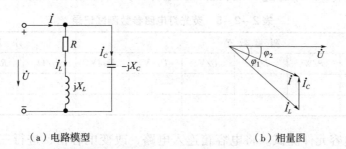

（a）电路模型　　　　　　　　　（b）相量图

图2-2-9　功率因数提高电路图及相量图

应用举例——练

【例2-2-4】　标有"220V，40W"的荧光灯接于220 V 的工频交流电源上。现要使其功率因数由0.5提高到0.9，试问应并联多大的电容？

解　由 $\cos\varphi_1 = 0.5$，得 $\tan\varphi_1 = 1.732$；
　　　由 $\cos\varphi_2 = 0.9$，得 $\tan\varphi_2 = 0.484$。

代入公式 $C = \dfrac{P}{\omega U^2}(\tan\varphi_1 - \tan\varphi_2) = \dfrac{40}{314 \times 220^2}(1.732 - 0.484)$ F $= 3.28$ μF。

探究实践——做

荧光灯电路及功率因数的提高测试。

参考方案：

（1）在实验电路板上进行荧光灯电路的接线

按照图 2 - 2 - 10 所示电路，利用"30W 荧光灯实验器件"及主屏上的电流插座，进行正确接线，注意调压器手柄调到零位。

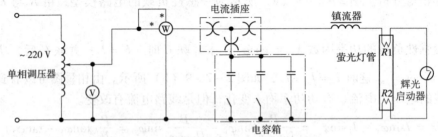

图 2 - 2 - 10　荧光灯电路及功率因数的提高实验电路

（2）荧光灯电路的测试

① 串联电路测试。电容箱的电容元件全部断开，调节自耦调压器的输出，使其输出电压缓慢增大，直到荧光灯刚启辉点亮为止，记下三表的指示值，其中电流表通过专用电流插座引入，图 2 - 2 - 10 中标记"电流插座"处即为插入位置。然后将电压调至 220 V，测量功率 P，电流 I，电压 U（电路输出电压）、U_L（镇流器两端的电压）、U_R（荧光灯管两端电压）等值，验证电压相量关系，即 $\dot U = \dot U_R + \dot U_L$，$U = \sqrt{U_R^2 + U_L^2}$（$R$、$X_L$ 通过"三表法"测量计算），将数据填入表 2 - 2 - 5 中。

表 2 - 2 - 5　荧光灯电路参数测试记录

测量项	测 量 数 值					计 算 值		
	P/W	I/A	U/V	U_L/V	U_R/V	X_L/Ω	R/Ω	$\cos\varphi$
启 辉 值								
正常工作值								

② 并联电容元件测试。将电容箱连入电路，改变电容值，进行三次重复测量，验证电流相量关系，即 $\dot I = \dot I_C + \dot I_L$，$I = \sqrt{I_C^2 + I_L^2}$，将数据填入表 2 - 2 - 6 中。

表 2 - 2 - 6　并联电容元件提高功率因数测试记录

电容值/μF	测 量 数 值					计 算 值	
	P/W	U/V	I/A	I_L/A	I_C/A	I'/A	$\cos\varphi'$
1							
2.2							
4.7							

课题 2.3　三相交流电路的分析与测试

知识与技能要点

- 对称三相电源的表示；
- 三相电源的连接及线电压与相电压的关系；
- 三相负载的连接及线电流与相电流的关系；
- 对称三相电路的求解；
- 照明电路中性线的作用；
- 三相交流电路的电压、电流、有功功率的测试。

2.3.1　三相电源的连接及测试

知识迁移——导

图 2 - 3 - 1（a）所示为生活中常用的安装在墙上的三相四极插座和单相二孔及三孔插座，图 2 - 3 - 1（b）所示为插线板。

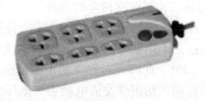

（a）插座　　　　　　　　　　　（b）插线板

图 2 - 3 - 1　电源插座及插线板

①用试电笔测出图 2 - 3 - 1（a）中的相线（火线）和中性线。试电笔的使用方法如图 2 - 3 - 2 所示。

②用电压表测量两两相线间的电压值及每一相线与中性线间的电压值。

问题聚焦——思

- 三相电源的产生；
- 对称三相电源的表示；
- 三相电源的连接及线电压与相电压的关系。

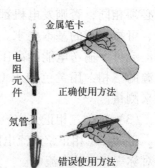

图 2 - 3 - 2　试电笔的使用方法

知识链接——学

目前，世界各国电力系统普遍采用三相制供电方式，组成三相交流电路。日常生活的单相用电就是取自三相交流电中的一相。三相交流电之所以被广泛应用，是因为它节省线材，输送电能经济方便，运行平稳。

1. 对称三相电源

（1）三相交流电产生

三相交流电由三相交流发电机产生，其过程与单相交流电基本相似。图 2-3-3（a）是一台最简单的三相交流发电机示意图。和单相交流发电机一样，它由定子（电枢）和转子（磁极）组成。发电机的定子绕组有 U_1-U_2，V_1-V_2，W_1-W_2 三组，每个绕组称为一相，各相绕组匝数相等、结构相同，它们的始端（U_1、V_1、W_1）在空间位置上彼此相差 120°。当转子以角速度 ω 顺时针方向旋转时，就会在三相绕组中输出对称的三相电动势，如图 2-3-3（b）所示。

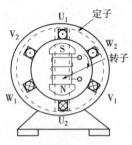
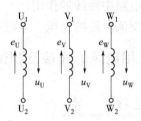

（a）三相交流发电机示意图　　　　　（b）三相绕组及其电动势、电压

图 2-3-3　三相交流发电机

（2）对称三相正弦交流电的相序

由于三相绕组的结构完全相同，空间位置互差 120°，并以相同角速度 ω 切割磁感线，所以这三个正弦电动势、电压的最大值（即有效值相等）相等，频率相同，而相位互差 120°，此即为对称三相正弦量所满足的条件。

在表示对称三相正弦交流电动势、电压之前，简单介绍相序概念。

对称三相正弦量到达正的或负的最大值（或零值）的先后次序，称为三相交流电的相序，习惯上，选用 U 相正弦量作为参考，V 相滞后 U 相 120°，W 相滞后 V 相 120°，它们的相序为 U—V—W，称为正序；反之则为负序。

在实际工作中，相序是一个很重要的问题。例如，几个发电厂并网供电，相序必须相同，否则发电机都会遭到重大损害。因此，统一相序是整个电力系统安全、可靠运行的基本要求。为此，电力系统并联运行的发电机、变压器，发电厂的汇流排，输送电能的高压线路和变电所等，都按技术标准采用不同颜色来区别电源的三相：用黄色表示 U 相，绿色表示 V 相，红色表示 W 相。相序可用相序器来测量。

（3）对称三相正弦交流电的表示

正如在单相正弦交流电路中表示单相正弦交流电一样，仍可用如下几种方式表示对称三相正弦交流电。

①解析式：三相电源各相电动势、电压参考方向如图 2-3-3（b）所示，电动势的参考方向为绕组的末端指向始端，而电压的参考方向与电动势参考方向相反，即各绕组的始端为"＋"极，末端为"－"极，在数值上电源的各相电动势等于各相电压。以 u_U 为参考电压，按正序可写出三相绕组的感应电压瞬时值表达式为

$$\begin{cases} u_U = \sqrt{2}U\sin(\omega t) \\ u_V = \sqrt{2}U\sin(\omega t - 120°) \\ u_W = \sqrt{2}U\sin(\omega t + 120°) \end{cases} \quad (2-3-1)$$

式中，u_U、u_V、u_W分别称为 U 相电压、V 相电压及 W 相电压。每相电压都可以看作是一个独立的正弦电压源，将发电机三相绕组按一定方式连接后，就组成一个对称三相电压源，可对外供电。

②波形图：根据式（2-3-1），可画出三相交流电的波形图，如图 2-3-4（a）所示。

③相量式及相量图：由式（2-3-1），可写出对应的对称三相电源的电压的相量表达式为

$$\begin{cases} \dot{U}_U = U\underline{/0°} \\ \dot{U}_V = U\underline{/-120°} = a^2\dot{U}_U \\ \dot{U}_W = U\underline{/120°} = a\dot{U}_U \end{cases} \quad (2-3-2)$$

式中，$a = -\dfrac{1}{2} + j\dfrac{\sqrt{3}}{2}$，它是工程中为了方便计算而引入的单位算子。对称三相电源的波形和相量图如图 2-3-4（b）所示。

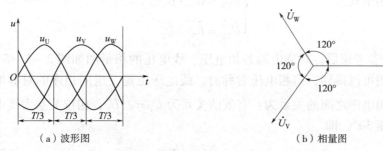

（a）波形图　（b）相量图

图 2-3-4　三相正弦交流电的波形图和相量图

（4）对称三相正弦交流电的性质

由相量图可得

$$\dot{U}_U + \dot{U}_V + \dot{U}_W = 0 \quad (2-3-3)$$

也就是说对称三相电源电压瞬时值代数和恒等于零，即 $u_U + u_V + u_W = 0$。这个结论同样适用于对称三相电动势、对称三相电流。

2. 三相电源的连接

三相电源的三相绕组一般都按星形（Y）联结和三角形（△）联结供电。

（1）三相电源的星形（Y）联结

①电路图。把三相电源的三个绕组的末端 U_2、V_2、W_2 连接成一个公共点 N，由三个始端 U_1、V_1、W_1 分别引出三根输电线 L_1、L_2、L_3 向负载供电的连接方式称为星形（Y）联结，如图 2-3-5（a）所示。

公共点 N 称为电源中性点，从 N 点引出的导线称为中性线。若 N 点接地（工作接地），则中性线又称零线。由 U_1、V_1、W_1 端引出的三根输电线 L_1、L_2、L_3 称为相

线，俗称火线。这种由三根相线和一根中性线组成的三相供电系统称为三相四线制，在低压供电中经常采用。有时为简化线路图，常省略三相电源不画，只标相线和中性线符号，如图 2-3-5 (b) 所示。若无中性线引出，则称为三相三线制。

②相电压和线电压的关系。电源每相绕组两端的电压称为电源的相电压。在星形联结电路中，相电压就是相线与中性线之间的电压。三相电压的瞬时值用 u_U、u_V、u_W 表示（通用符号为 u_P），对应的相量用 $\dot{U}_U$、$\dot{U}_V$、$\dot{U}_W$ 表示（通用符号为 $\dot{U}_P$），相电压的正方向规定为由绕组的始端指向末端，即由相线指向中性线。

相线与相线之间的电压称为线电压，它的瞬时值用 u_{UV}、u_{VW}、u_{WU} 表示（通用符号为 u_L），对应的相量用 $\dot{U}_{UV}$、$\dot{U}_{VW}$、$\dot{U}_{WU}$（通用符号为 $\dot{U}_L$）表示，电压的参考方向如图 2-3-5 (b) 所示。在供电系统中，如无特别说明，一般所说的电压都是指线电压的有效值。

根据电压与电位的关系，可得出线电压与相电压的一般关系为

瞬时表达式为
$$\begin{cases} u_{UV} = u_U - u_V \\ u_{VW} = u_V - u_W \\ u_{WU} = u_W - u_U \end{cases}$$

对应的相量式为
$$\begin{cases} \dot{U}_{UV} = \dot{U}_U - \dot{U}_V \\ \dot{U}_{VW} = \dot{U}_V - \dot{U}_W \\ \dot{U}_{WU} = \dot{U}_W - \dot{U}_U \end{cases}$$

以 $\dot{U}_U$ 为参考相量，对称电源各相电压、线电压的相量图如图 2-3-5 (c) 所示。由相量图可以得到，当相电压对称时，线电压也是一组同相序的对称电压，并且线电压与相电压之间的关系为：有效值关系为 $U_L = \sqrt{3} U_P$，相位关系为线电压超前对应的相电压30°。即

$$\dot{U}_{LY} = \sqrt{3} \dot{U}_{PY} \underline{/30°} \qquad (2-3-4)$$

发电机（或变压器）的绕组接成星形，可以为负载提供两种对称三相电压，一种是对称的相电压，另一种是对称的线电压。目前电力电网的低压供电系统中的线电压为 380 V，相电压为 220 V，常记为"电源电压 380 V/220 V"。

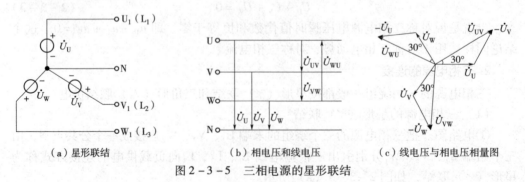

（a）星形联结　　（b）相电压和线电压　　（c）线电压与相电压相量图

图 2-3-5　三相电源的星形联结

(2) 三相电源的三角形（△）联结

①电路图。将三相电源的三个绕组始、末端顺次相连，接成一个闭合三角形，

再从三个连接点 U、V、W 分别引出三根输电线 L_1、L_2、L_3，如图 2-3-6（a）所示，就构成了三相电源的三角形联结。显然，这种接法只有三线制。

②线电压与相电压的关系。根据线电压与相电压的定义，从图 2-3-6（a）可以看出，三角形联结的三相电源，其线电压就是相应的相电压，即

瞬时表达式为
$$\begin{cases} u_{UV} = u_U \\ u_{VW} = u_V \\ u_{WU} = u_W \end{cases}$$

对应的相量式为
$$\begin{cases} \dot{U}_{UV} = \dot{U}_U \\ \dot{U}_{VW} = \dot{U}_V \\ \dot{U}_{WU} = \dot{U}_W \end{cases}$$

即
$$\dot{U}_{L\triangle} = \dot{U}_{P\triangle} \qquad (2-3-5)$$

相量图如图 2-3-6（b）所示。

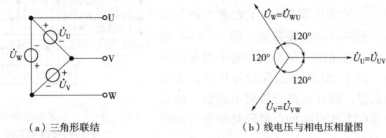

（a）三角形联结   （b）线电压与相电压相量图

图 2-3-6 三相电源的三角形联结

对于三角形联结的电源，由于三相绕组接成闭合回路，设实际绕组复阻抗为 Z_{SP}，则未接负载时回路中的电流为

$$\dot{I}_S = \frac{\dot{U}_U + \dot{U}_V + \dot{U}_W}{3Z_{SP}}$$

若三相电源为严格对称，$\dot{U}_U + \dot{U}_V + \dot{U}_W = 0$，则不会引起环路电流。但在生产实际中，由于三相发电机产生的三相电压只是近似正弦波，数值也并非完全相等，所以作三角形联结时，即使接法正确，也会出现环路电流，且一旦接线错误，将由于环流过大导致发电机烧毁。因此，三相发电机的绕组极少接成三角形，通常是星形联结。只有三相变压器有时会根据需要采用三角形联结，连接前必须检查。

应用举例——练

【例 2-3-1】 Y联结的对称三相电源，线电压 $u_{UV} = 380\sqrt{2}\sin 314t$ V，试写出其他线电压和各相电压的解析式。

解 由对称性及线电压与相电压的关系，可写出其他线电压和各相电压分别为

$$u_{VW} = 380\sqrt{2}\sin(314t - 120°) \text{ V}$$

$$u_{WU} = 380\sqrt{2}\sin(314t + 120°)\ \text{V}$$

$$u_U = 220\sqrt{2}\sin(314t - 30°)\ \text{V}$$

$$u_V = 220\sqrt{2}\sin(314t - 150°)\ \text{V}$$

$$u_W = 220\sqrt{2}\sin(314t + 90°)\ \text{V}$$

探究实践——做

请安装电源插线板及专用三相四极电源插座，并用试电笔检查接线是否正确。

2.3.2 三相负载的连接及三相电路分析与测试

知识迁移——导

三相电源的负载包括单相负载（如家用电器、实验仪器、电灯等）及三相负载（如三相交流电动机、三相变压器等），工农业生产与生活用电多为三相四线制电源提供。图2-3-7所示为现在民用住宅使用三相五线制时不同负载的接线示意图。由于PE线是起保护作用的，正常时没有电流通过，故在电路分析时不画出。通常三相负载的连接方式有两种：星形联结和三角形联结。

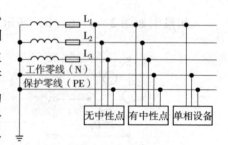

图2-3-7 三相五线制供电不同负载的接线示意图

问题聚焦——思

- 三相负载的连接、线电流与相电流的关系；
- 三相电路的分析；
- 照明电路中性线的作用。

知识链接——学

1. 三相负载的连接

（1）三相负载的星形联结

如图2-3-8所示，各相负载的一端连接在一起的点，称为负载中性点，用N′表示，它与三相电源的中性线连接；把各相负载的另一端分别与三相电源的三根相线连接，这种连接方式称为三相负载的星形（丫）联结。负载的相电压、线电压及线电流、相电流的参考方向如图2-3-8所示。

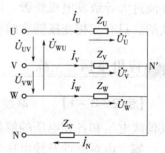

图2-3-8 三相负载星形联结

①负载的线电压与相电压的关系。负载作星形联结的线电压与相电压的关系同电源作星形联结的线电压与相电压的关系，如负载的相电压为对称时，其线电压为同相序的对称电压，且满足关系 $\dot{U}_{\text{L}}' = \sqrt{3}\dot{U}_{\text{P}}' \underline{/30°}$。

②线电流与相电流的关系。由图 2-3-8 显然可以得到，在星形联结中，线电流就是相电流，即

$$\dot{I}_{\text{LY}} = \dot{I}_{\text{PY}} \qquad (2-3-6)$$

有中性线时，中性线电流为

$$\dot{I}_{\text{N}} = \dot{I}_{\text{U}} + \dot{I}_{\text{V}} + \dot{I}_{\text{W}}$$

没有中性线时，各相电流满足

$$\dot{I}_{\text{U}} + \dot{I}_{\text{V}} + \dot{I}_{\text{W}} = 0$$

电路对称且有中性线时，$\dot{I}_{\text{N}} = 0$。

（2）三相负载的三角形联结

三相负载分别接在三相电源的每两根相线之间的连接方式，称为三相负载的三角形（△）联结，如图 2-3-9（a）所示。

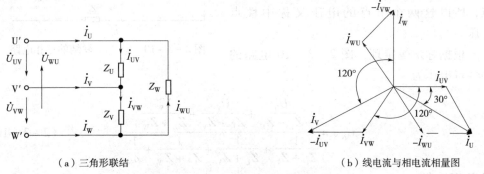

（a）三角形联结　　　　　　（b）线电流与相电流相量图

图 2-3-9　三相负载的三角形联结

①负载的线电压与相电压的关系。三相负载作三角形联结时，不论负载是否对称，各相负载的相电压和线电压相等。即

$$\dot{U}_{\text{L}\triangle}' = \dot{U}_{\text{P}\triangle}' \qquad (2-3-7)$$

②线电流与相电流的关系。根据 KCL 可得线电流与相电流的一般关系为

$$\begin{cases} \dot{I}_{\text{U}} = \dot{I}_{\text{UV}} - \dot{I}_{\text{WU}} \\ \dot{I}_{\text{V}} = \dot{I}_{\text{VW}} - \dot{I}_{\text{UV}} \\ \dot{I}_{\text{W}} = \dot{I}_{\text{WU}} - \dot{I}_{\text{VW}} \end{cases} \qquad (2-3-8)$$

当各相电流对称时，以 $\dot{I}_{\text{UV}}$ 作为参考相量，画出相量图如图 2-3-9（b）所示。由相量图可以得到，当相电流对称时，线电流也是一组同相序的对称电流，并且线电流与相电流之间的关系为：有效值关系为 $I_{\text{L}} = \sqrt{3}I_{\text{P}}$，相位关系为线电流滞后于对应的相电流 30°，即

$$\dot{I}_{\text{L}\triangle} = \sqrt{3}\dot{I}_{\text{P}\triangle} \underline{/-30°} \qquad (2-3-9)$$

无论负载是否对称，三个线电流都有关系

$$\dot{I}_U + \dot{I}_V + \dot{I}_W = 0$$

由以上分析可以清楚看到，无论三相负载作星形联结还是作三角形联结，要确定负载的工作状态，最关键的是要确定在三相电路中负载的相电压，那么，如何求解负载的相电压呢？下面将具体介绍。

2. 三相电路的分析与计算

三相电路按电源和负载的连接方式，可分为丫/丫、丫₀/丫₀、丫/△、△/丫和△/△五种。其中，"/"左边表示电源的连接，右边表示负载的连接；有下标"0"表示有中性线，否则表示无中性线。由于电源一般作丫联结，负载丫与△可以相互等效，那么上述的五种连接方式只有丫₀/丫₀联结是最基本的，而其他几种都可以看成它的特例。

图 2 – 3 – 10 所示为丫₀/丫₀联结的三相电路，其中，Z_L 和 Z_N 分别为相线和中性线的阻抗。观察这个电路的连接特点，便会发现该电路实质上是两个节点的电路。处理只有两个节点的电路简便的方法就是节点电压法。由于两个节点分别是电源和负载的中性点，所以这两个节点的电压又称中性点电压。

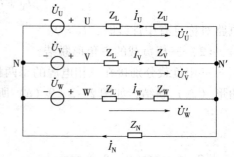

图 2 – 3 – 10　丫₀/丫₀ 联结的三相电路

根据弥尔曼定理，图 2 – 3 – 10 电路的中性点电压为

$$\dot{U}_{N'N} = \frac{\dfrac{\dot{U}_U}{Z_L + Z_U} + \dfrac{\dot{U}_V}{Z_L + Z_V} + \dfrac{\dot{U}_W}{Z_L + Z_W}}{\dfrac{1}{Z_L + Z_U} + \dfrac{1}{Z_L + Z_V} + \dfrac{1}{Z_L + Z_W} + \dfrac{1}{Z_N}} \qquad (2-3-10)$$

根据 KVL 得

$$\dot{U}_{N'N} = \dot{U}_U - \dot{U}'_U = \dot{U}_V - \dot{U}'_V = \dot{U}_W - \dot{U}'_W$$

即各相负载的电压为

$$\begin{cases} \dot{U}'_U = \dot{U}_U - \dot{U}_{N'N} \\ \dot{U}'_V = \dot{U}_V - \dot{U}_{N'N} \\ \dot{U}'_W = \dot{U}_W - \dot{U}_{N'N} \end{cases} \qquad (2-3-11)$$

由复数形式的欧姆定律得各相负载的电流为

$$\begin{cases} \dot{I}_U = \dfrac{\dot{U}'_U}{Z_U + Z_L} \\[2mm] \dot{I}_V = \dfrac{\dot{U}'_V}{Z_V + Z_L} \\[2mm] \dot{I}_W = \dfrac{\dot{U}'_W}{Z_W + Z_L} \end{cases} \qquad (2-3-12)$$

中性线电流为

$$\dot{I}_N = \dot{I}_U + \dot{I}_V + \dot{I}_W \qquad (2-3-13)$$

（1）对称三相电路的分析与计算

①对称Y₀/Y₀与Y/Y三相电路的分析与计算。当电路对称时，无论是Y₀/Y₀联结还是Y/Y联结，由式（2-3-10）都会有

$$\dot{U}_{N'N} = 0$$

由式（2-3-11）可得各相负载（这里负载包括输电线阻抗）的相电压等于电源相电压，即

$$\begin{cases} \dot{U}'_U = \dot{U}_U \\ \dot{U}'_V = \dot{U}_V = \dot{U}_U\ \underline{/-120°} \\ \dot{U}'_W = \dot{U}_W = \dot{U}_U\ \underline{/+120°} \end{cases} \qquad (2-3-14)$$

由此可知，当三相负载的额定电压等于电源的相电压时，负载应该星形联结。

由式（2-3-12）可得各线电流为

$$\begin{cases} \dot{I}_U = \dfrac{\dot{U}_U}{Z+Z_L} \\ \dot{I}_V = \dfrac{\dot{U}_V}{Z+Z_L} = \dot{I}_U\ \underline{/-120°} \\ \dot{I}_W = \dfrac{\dot{U}_W}{Z+Z_L} = \dot{I}_U\ \underline{/+120°} \end{cases} \qquad (2-3-15)$$

即各相（线）电流的有效值为

$$I_{LY} = I_{PY} = \frac{U_P}{z'}$$

式中，z'是包括输电线在内的总的负载的阻抗。

中性线电流为 $\qquad \dot{I}_N = \dot{I}_U + \dot{I}_V + \dot{I}_W = 0$

即 $\qquad\qquad\qquad \dot{I}_N = 0$

综上分析，可得到对称Y₀/Y₀联结电路有以下特点：

a. 各相负载的电压、电流具有对称性和独立性。由式（2-3-14）及式（2-3-15）可知，对称Y₀/Y₀联结电路，负载各相电压、电流都是与电源同相序的对称电压、电流，而且负载各相电流（线电流）及电压只与本相的复阻抗及电源有关，与其他相无关。

b. 中性点电压为零，中性线电流为零。在对称三相四线制电路中，中性点电压为零、中性线电流为零，说明中性线的断开或短路均不会对各相电流带来影响，也就是说对称Y₀/Y₀联结电路与对称Y/Y联结电路等效。

②对称Y/△联结电路。如图2-3-11所示，忽略

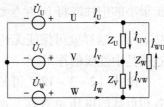

图2-3-11 对称Y/△电路

输电线的阻抗时，显然有负载的相电压等于电源线电压，即

$$\dot{U}_{\text{P}\triangle} = \dot{U}_{\text{L}}$$

从而得出，当负载的额定电压等于电源的线电压时，负载应该三角形联结。

负载相电流为

$$\begin{cases} \dot{I}_{\text{UV}} = \dfrac{\dot{U}_{\text{UV}}}{Z} = \dfrac{\sqrt{3}\dot{U}_{\text{U}}\ \underline{/30°}}{Z} \\[2mm] \dot{I}_{\text{VW}} = \dot{I}_{\text{UV}}\underline{/-120°} \\[2mm] \dot{I}_{\text{WU}} = \dot{I}_{\text{UV}}\underline{/+120°} \end{cases}$$

线电流为

$$\begin{cases} \dot{I}_{\text{U}} = \sqrt{3}\dot{I}_{\text{UV}}\underline{/-30°} \\[2mm] \dot{I}_{\text{V}} = \dot{I}_{\text{U}}\ \underline{/-120°} \\[2mm] \dot{I}_{\text{W}} = \dot{I}_{\text{U}}\ \underline{/+120°} \end{cases}$$

即各相电流、线电流有效值的大小为

$$I_{\text{L}\triangle} = \sqrt{3}I_{\text{P}\triangle} = \sqrt{3}\frac{\sqrt{3}U_{\text{P}}}{z} = 3\frac{U_{\text{P}}}{z}$$

当计入 Z_{L} 时，只需将三相负载△联结等效成丫联结，那么丫/△联结电路就变为丫/丫联结电路求解。

*（2）不对称三相电路求解

实际的三相电路存在大量不对称的，如工业企业的三相配电线路，大多是负载不对称的三相线路。负载不对称一般是由下列原因造成的：

①在电源端、负载端或连接导线上某一相发生短路或断路；

②照明负载或其他单相负载难于安排对称。

一般情况下，三相电源总是对称的，输电线上复阻抗也相等，此处仅讨论由于负载不对称导致的三相电路不对称。

①不对称丫₀/丫₀电路的分析与计算。如图2-3-10所示，对于此类问题的分析，一般采用所谓的中性点电压法，即可分别用式（2-3-10）~式（2-3-13）计算。

显然，若 $\dot{U}_{\text{N'N}} \neq 0$（称为中性点漂移），则负载各相电压不等于电源相电压，会使有的负载电压高于电源相电压，有的低于电源相电压，从而影响了负载的正常工作。例如，某相负载由于电压过高而烧毁，其他相负载由于电压过低而不能正常工作。

负载的不对称是客观存在的，为了防止中性点漂移现象的产生，通常用一根阻抗很小的中性线将 N′ 与 N 连接起来，迫使负载中性点与电源中性点接近等电位，即 $\dot{U}_{\text{N'N}} \approx 0$。这样就可保证无论星形负载对称与否，三相负载的相电压都接近于对称，这就是中性线的作用。

由式（2-3-12）可知，只要三相负载是不对称负载，即便中性点电压为零，各相负载的电压也对称，而各相负载的电流仍不对称，那么，中性线电流就不会为零。

②不对称Ⅴ/Ⅴ电路的分析与计算。不对称Ⅴ/Ⅴ电路即为无中性线时Ⅴ₀/Ⅴ₀电路，只需以 $Z_N = \infty$ 代入式（2−3−10），求出中性点电压，负载各相电压、电流仍按式（2−3−11）及式（2−3−12）求解即可。

③不对称Ⅴ/△电路的分析计算。

不对称三相负载原则上也可三角形联结，相线阻抗较小时，负载电压接近为电源线电压，各相负载的电流及线电流分别按复数形式的欧姆定律及 KCL 求解。但现在电灯、电风扇等电气设备的额定电压都为 220 V，而电源线电压又都为 380 V，所以都是Ⅴ₀连接。

应用举例——练

【例2−3−2】 已知对称三相交流电路，每相负载的电阻为 $R = 8\ \Omega$，感抗为 $X_L = 6\ \Omega$。

①设电源电压为 $U_L = 380$ V，求负载星形联结时的相电流、相电压和线电流；

②设电源电压为 $U_L = 220$ V，求负载三角形联结时的相电流、相电压和线电流。

解 ①负载作星形联结时

$$U_L = \sqrt{3}\,U_P$$

因 $U_L = 380$V，则 $U_U = U_V = U_W = \dfrac{380}{\sqrt{3}}$ V $= 220$ V。

设 $\dot{U}_U = 220\ \underline{/0°}$ V，因相电流即线电流，其大小为

$$\dot{I}_U = \frac{220\ \underline{/0°}}{8 + j6}\ \text{A} = 22\ \underline{/-36.9°}\ \text{A},\ \dot{I}_V = 22\ \underline{/-156.9°}\ \text{A},\ \dot{I}_W = 22\ \underline{/83.1°}\ \text{A}$$

②负载作三角形联结时

$$U_L = U_P$$

因 $U_L = 220$ V，则 $U_{UV} = U_{VW} = U_{WU} = 220$ V。

设 $\dot{U}_{UV} = 220\ \underline{/0°}$ V，则各相电流

$$\dot{I}_{UV} = \frac{\dot{U}_{UV}}{Z} = \frac{220\ \underline{/0°}}{8 + j6}\text{A} = 22\ \underline{/-36.9°}\ \text{A}$$

$$\dot{I}_{VW} = 22\ \underline{/-156.9°}\ \text{A}$$

$$\dot{I}_{WU} = 22\ \underline{/83.1°}\ \text{A}$$

各线电流 $\dot{I}_U = \sqrt{3}\,\dot{I}_{UV}\underline{/-30°}\ \text{A} = 38\ \underline{/-66.9°}\ \text{A}$

$$\dot{I}_V = \sqrt{3}\,\dot{I}_{VW}\underline{/-30°}\ \text{A} = 38\ \underline{/-186.9°}\ \text{A} = 38\ \underline{/173.1°}\ \text{A}$$

$$\dot{I}_W = \sqrt{3}\,\dot{I}_{WU}\underline{/-30°}\text{A} = 38\ \underline{/53.1°}\ \text{A}$$

探究实践——做

*请设计判断三相电源相序的电路（相序器）并进行验证。

参考方案：

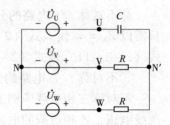

（1）设计原理图

相序器原理图如图 2-3-12 所示。若灯泡电阻 $R = \dfrac{1}{\omega C}$，由中性点电压法求得 V、W 两相负载电压为 $U'_V > U'_W$，即灯较亮的一相为 V 相，较暗的一相为 W 相。

（2）自制简易相序器的注意事项

①参数配置：负载可选用"220V，15W"的白炽灯

图 2-3-12　相序器原理图

和 1 μF/500 V 的电容器。

②电源：经三相调压器接入线电压为 220 V 的三相交流电源，为防止没有经过调压器而直接将市电接到负载上造成加在灯泡上的电压过高，每相都串联两个额定电压为 220 V 的相同的测试灯泡。

2.3.3　三相电路的功率与测量

 知识迁移——导

根据三相电路连接方式的不同，三相电路功率的测量通常可采用"一功率表法""二功率表法""三功率表法"，如图 2-3-13 所示。

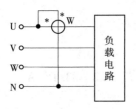
（a）对称 Y_0/Y_0 电路功率测量

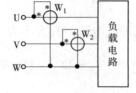
（b）三相三线制电路功率测量

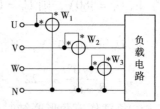
（c）不对称 Y_0/Y_0 电路功率测量

图 2-3-13　三相电路功率的测量

问题聚焦——思

三相电路功率的概念及测量。

知识链接——学

1. 三相电路的有功功率及测量

根据能量守恒定律，三相电路提供的总有功功率等于各相负载消耗的有功功率的总和，即

$$P = P_U + P_V + P_W = U_{UP}I_{UP}\cos\varphi_U + U_{VP}I_{VP}\cos\varphi_V + U_{WP}I_{WP}\cos\varphi_W$$

$$(2-3-16)$$

式中，U_{UP}、U_{VP}、U_{WP} 是三相负载的相电压；I_{UP}、I_{VP}、I_{WP} 是三相负载的相电流；φ_U、φ_V、φ_W 是各相负载相电压、相电流的相位差。

当三相负载对称时，各相负载的电压、电流、复阻抗全相等。所以，三相电路总有功功率是一相电路有功功率的 3 倍，即

$$P = 3U_\mathrm{P}I_\mathrm{P}\cos\varphi \qquad\qquad (2-3-17)$$

对称三相负载星形联结时：$U_\mathrm{P} = \dfrac{1}{\sqrt{3}}U_\mathrm{L}, I_\mathrm{P} = I_\mathrm{L}$；

而三相负载三角形联结时：$U_\mathrm{P} = U_\mathrm{L}, I_\mathrm{P} = \dfrac{1}{\sqrt{3}}I_\mathrm{L}$。

将上述关系代入式（2-3-17），可得到相同的结果，即

$$P = \sqrt{3}U_\mathrm{L}I_\mathrm{L}\cos\varphi \qquad\qquad (2-3-18)$$

式中，U_L、I_L 是线电压、线电流，φ 是相电压与相电流的相位差，即每相负载的阻抗角。由于三相电路的线电压、线电流容易测量，所以常用式（2-3-18）计算三相电路的有功功率。

根据三相电路有功功率的概念及电路的连接方式，对于三相四线制电路，电路对称时只需要测一相负载的功率，如图 2-3-13（b）所示，这时 $P = 3P_\mathrm{U}$；电路不对称时就需要分别测三相负载的功率，如图 2-3-13（c）所示，显然这时有 $P = P_\mathrm{U} + P_\mathrm{V} + P_\mathrm{W}$。

对于三相三线制电路，无论负载是否对称，不管是作丫联结还是△联结，可证明三相负载的功率都可采用图 2-3-13（b）所示，即"二功率表法"测量，此时

$$P = P_1 + P_2 = U_\mathrm{UW}I_\mathrm{U}\cos\varphi_1 + U_\mathrm{VW}I_\mathrm{VW}\cos\varphi_2 \qquad (2-3-19)$$

式中，U_UW，U_VW 为线电压有效值；I_U，I_V 为线电流有效值；φ_1 为 $\dot{U}_\mathrm{UW}$ 与 $\dot{I}_\mathrm{U}$ 的相位差，φ_2 为 $\dot{U}_\mathrm{VW}$ 与 $\dot{I}_\mathrm{V}$ 的相位差。

利用"二功率表法"进行三相有功功率的测量时要注意：

①二功率表的正确接法：

a. 两只功率表的电流线圈接于不同的相线上，但发电机端必须接于电源侧，使电流线圈流过的是线电流；

b. 两只功率表的电压线圈发电机端（*）接到各自电流线圈所在相上，并将另一端同接到公共相上，使加在电压回路的电压是线电压。

按照接法规则，"二功率表法"测量三相电路的有功功率的接法共有三种接法，图 2-3-13（b）只是其中的一种。

②正确理解式（2-3-19）：

a. P_1、P_2 并不代表三相负载任何某相的实际功率，单独的 P_1 或 P_2 没有实际意义；

b. 由于负载性质不同，将会有可能使 P_1 或 P_2 某一量为负值，实际测量时，为负值的表会反偏，应使它正偏过来，但此时读数应该为负值，总有功功率为 P_1、P_2 的代数和。

2. 三相电路的无功功率

三相电路的无功功率也是衡量三相电源与三相负载中的储能元件进行能量交换规模大小的物理量。类似地，三相电路的无功功率等于三相负载的无功功率之和，即

$$Q = Q_\mathrm{U} + Q_\mathrm{V} + Q_\mathrm{W} = U_\mathrm{UP}I_\mathrm{UP}\sin\varphi_\mathrm{U} + U_\mathrm{VP}I_\mathrm{VP}\sin\varphi_\mathrm{V} + U_\mathrm{WP}I_\mathrm{WP}\sin\varphi_\mathrm{W}$$
$$(2-3-20)$$

与有功功率的分析相同，在对称三相负载时，有

$$Q = 3U_{\text{P}}I_{\text{P}}\sin\varphi \qquad (2-3-21)$$

或

$$Q = \sqrt{3}U_{\text{L}}I_{\text{L}}\sin\varphi \qquad (2-3-22)$$

三相异步交流电动机是三相电路的主要负载，其用电量占总电力的 80% 以上。因此，三相负载以电感性为主，为了改善负载的功率因数，配电室中都备有大型电力电容柜以调整三相负载的阻抗角。

3. 三相电路的视在功率

三相电路的视在功率是三相电路可能提供的最大功率，就是电力网的容量，定义为

$$S = \sqrt{P^2 + Q^2} \qquad (2-3-23)$$

若负载对称，将式（2-3-17）及式（2-3-20）或式（2-3-18）及式（2-3-21）代入得

$$S = 3U_{\text{P}}I_{\text{P}} = \sqrt{3}U_{\text{L}}I_{\text{L}} \qquad (2-3-24)$$

4. 功率因数

三相负载的功率因数定义为

$$\lambda' = \frac{P}{S} = \cos\varphi' \qquad (2-3-25)$$

若负载对称，则

$$\lambda' = \lambda = \cos\varphi \qquad (2-3-26)$$

在不对称三相电路中，φ' 只有计算上的意义。

5. 对称三相负载的瞬时功率

设对称三相电路中 U 相电压、电流分别为

$$u_{\text{PU}} = \sqrt{2}U_{\text{P}}\sin\omega t$$

$$i_{\text{PU}} = \sqrt{2}I_{\text{P}}\sin(\omega t - \varphi)$$

按对称性写出其他两相的相电压、相电流，然后计算各相的瞬时功率

$$p_{\text{U}} = u_{\text{U}}i_{\text{U}} , \; p_{\text{V}} = u_{\text{V}}i_{\text{V}} , \; p_{\text{W}} = u_{\text{W}}i_{\text{W}}$$

三相总瞬时功率为

$$p = p_{\text{U}} + p_{\text{V}} + p_{\text{W}}$$

经过计算得

$$p = 3U_{\text{P}}I_{\text{P}}\cos\varphi = \sqrt{3}U_{\text{L}}I_{\text{L}}\cos\varphi = P \qquad (2-3-27)$$

即三相总瞬时功率为恒定值，且等于三相总有功功率。若负载为三相电动机，则由于其瞬时功率为恒定值，不会时大时小，因而其运转平稳而无振动。这也是三相交流电的一大优点。

📚 **应用举例——练**

【例 2-3-3】 对称三相负载每相复阻抗 $Z = (8 + \text{j}6)\ \Omega$，电源线电压为 380 V，计算负载分别连接成 Y 和 △ 时的线电流和三相总有功功率。

解 负载每相复阻抗

$$Z = (8 + j6) \ \Omega = 10 \underline{/36.9°} \ \Omega$$

（1）Y联结时，相电压为

$$U_{\mathrm{P}} = \frac{1}{\sqrt{3}}U_{\mathrm{L}} = \frac{380}{\sqrt{3}} \ \mathrm{V} = 220 \ \mathrm{V}$$

线电流为

$$I_{\mathrm{L}} = I_{\mathrm{P}} = \frac{U_{\mathrm{P}}}{z} = \frac{220}{10} \ \mathrm{A} = 22 \ \mathrm{A}$$

三相总有功功率为

$$P = \sqrt{3}U_{\mathrm{L}}I_{\mathrm{L}}\cos\varphi = \sqrt{3} \times 380 \times 22 \times 0.8 \ \mathrm{W} \approx 11.6 \ \mathrm{kW}$$

（2）△联结时，相电压为

$$U_{\mathrm{P}} = U_{\mathrm{L}} = 380 \ \mathrm{V}$$

相电流为

$$I_{\mathrm{P}} = \frac{U_{\mathrm{P}}}{z} = \frac{380}{10} \ \mathrm{A} = 38 \ \mathrm{A}$$

线电流为

$$I_{\mathrm{L}} = \sqrt{3}I_{\mathrm{P}} = \sqrt{3} \times 38 \ \mathrm{A} = 66 \ \mathrm{A}$$

三相总有功功率为

$$P = \sqrt{3}U_{\mathrm{L}}I_{\mathrm{L}}\cos\varphi = \sqrt{3} \times 380 \times 66 \times 0.8 \ \mathrm{W} \approx 34.8 \ \mathrm{kW}$$

可见，在电源线电压相同的情况下，同一组对称三相负载△联结时，其线电流和三相总有功功率均为Y联结时的三倍。

探究实践——做

测量三相四线制电路的有功功率。

参考方案：

①实验电路如图 2 - 3 - 14 所示，三相负载为"220V，15W"白炽灯灯组（9盏）。

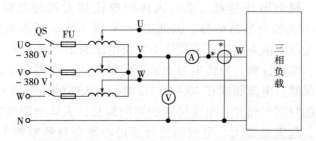

图 2 - 3 - 14　三相四线制电路负载功率的测试

②用"一功率表法"测定三相对称Y₀联结以及不对称Y₀联结接负载的总功率 ΣP。按图 2 - 3 - 14 接线，线路中的电流表和电压表用以监测该相的电流和电压，注意不要超过功率表电压和电流的量程。经指导教师检查后，接通三相电源，调节调压器输出，使输出相电压为 220 V，按表 2 - 3 - 1 的要求进行测量及计算。

表 2-3-1　Y₀联结接负载功率的测量记录

负 载 情 况	开灯盏数			测 量 数 据			计 算 值
	U 相	V 相	W 相	P_U/W	P_V/W	P_W/W	$\Sigma P/W$
Y₀联结接对称负载	3	3	3				
Y₀联结接不对称负载	1	2	3				

先将功率表按图 2-3-14 接入 V 相进行测量，然后将功率表分别换接到 U 相和 W 相，再进行测量。

* 课题 2.4　阅读材料：安全用电常识

从事电气电子工作的人员经常会接触各种电气设备，因此必须具备一定的安全用电常识。只有严格按照安全用电的有关规定从事工作，才能可靠地防止用电设备损坏、人员伤亡等事故的发生。

1. 触电

人体因触及高压带电体而承受过大电流，以致引起死亡或局部受伤的现象称为触电。

人体触电时，电流对人体会造成两种伤害：电击和电伤。电击造成的伤害程度最严重，使人体器官受伤，甚至造成死亡。

分析与研究证实，触电对人体的伤害程度与人体电阻、通过的电流大小、触电电压、电流频率、电流持续的时间与路径等因素有关。

①人体电阻：人体电阻因人而异，通常在 $10 \sim 100$ kΩ 之间。人体电阻越大，伤害程度就越轻。

②通过的电流大小：人体通过工频交流电 1 mA 或直流电 5 mA 时，会有麻、痛的感觉；通过工频交流电 20 mA 或直流电 30 mA，会感到麻木、剧痛，且失去摆脱电源的能力；如果持续时间过长，会引起昏迷而死亡；当通过工频交流电 100 mA 时，会引起呼吸窒息、心跳停止，很快死亡。因此漏电保护通常设定在 20 mA。

③触电电压：触电电压越高，通过人体的电流越大就越危险。一般情况下，36 V 以下的电压对人没有生命威胁，因此把 36 V 以下的电压称为安全电压。如果环境潮湿，则安全电压值规定为正常环境下安全电压的 2/3 或 1/3。

④电流频率：实践证明，直流电对血液有分解作用，而高频电流不仅没有危害还可以用于医疗保健。电流频率在 $40 \sim 60$ Hz 时，对人体的伤害最大。

⑤电流持续的时间与路径：电流持续的时间越长，人体电阻变得越小，通过人体的电流将变大，危害也变大。电流的路径通过心脏会导致精神失常、心跳停止、血液循环中断，危险性最大。其中，尤以电流从右手到左脚的路径最为危险。

2. 人体触电的方式及其防护

（1）直接触电

人体直接接触带电设备称为直接触电，其防护方法主要是对带电导体加绝缘；对变电所的带电设备加隔离栅栏或防护罩等设施。直接触电又可分为单相触电和两相触电。

①单相触电：人体的一部分与一根带电相线接触，另一部分又同时与大地（或零线）接触而造成的触电称为单相触电，单相触电是最多的一种触电事故。

②两相触电：人体的不同部位同时接触两根带电相线时的触电称为两相触点。这种触电的电压高、危险性大。单相触电和两相触电如图2-4-1所示。

（2）间接触电

人体触及正常时不带电、事故时带电的导电体称为间接触电，如电气设备的金属外壳、框架等。防护的方法是将这些正常时不带电的外露可导电部分接地，并装接地保护等。间接触电主要有跨步电压触电和接触电压触电。

①跨步电压触电：电力线落地后会在导线周围形成一个电场，电位的分布是以接地点为圆心逐步降低。当有人跨入这个区域，两脚之间的电位差会使人触电，这个电压称为跨步电压，如图2-4-2所示。通常高压线形成的跨步电压对人有较大危害。如果误入接地点附近，应采取双脚并拢或单脚跳出危险区。一般在20 m以外，跨步电压就降为0了。

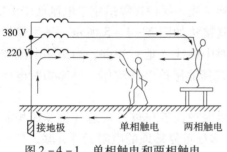

图2-4-1　单相触电和两相触电

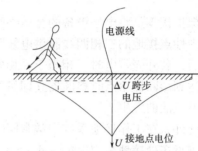

图2-4-2　跨步电压触电

②接触电压触电：当人站在发生接地短路故障设备的旁边，手触及设备外露可导电部分，手、脚之间所承受的电压称为接触电压，由接触电压引起的触电称为接触电压触电。

3. 接地、保护接地和保护接零

（1）接地

将与电力系统的中性点或电气设备外壳连接的金属导体埋入地中，并直接与大地接触，称为接地。

（2）保护接地

在中性点不接地的低压系统中，将电气设备的外壳或机座与大地形成可靠的电气连接（接地电阻应小于4 Ω），这种接地方法称为保护接地。图2-4-3所示为未保护接地时可能发生的触电事故示意图，图2-4-4所示为保护接地原理示意图。

电气设备采用保护接地后，带电导体因绝缘损坏且碰壳，人体触及带电的外壳时，漏电流会有两个回路：一个是经接地保护装置回到电气设备，另一个是流经人体回到电气设备。电源对地的漏电阻一般都非常大，由于人体电阻（R_B）远大于接地电阻（R_e），因此加在人体上的电压很小，流过人体的电流也很小，从而避免了触电事故的发生。

保护接地通常适用于电压低于1 kV的三相三线制供电线路或电压高于1 kV的电力网中。

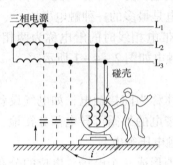

图 2-4-3 未保护接地时可能发生的
触电事故示意图

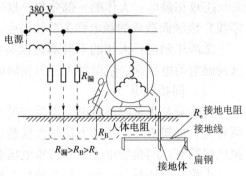

图 2-4-4 保护接地原理示意图

（3）保护接零

出于运行及安全的需要，常将电力系统的中性点接地，这种接地方式称为工作接地。

保护接零是将电气设备的金属外壳接到零线，保护接零适用于电压低于 1 kV 且电源中性点接地的三相四线制供电线路，其接法如图 2-4-5 所示。采用保护接零措施后，若外壳带电时，相当于一相电源对中性线（地）短路，当短路电流产生的热量达到熔断器熔点时熔断器立即熔断，或其他保护电器动作，迅速切断电源，避免触电事故的发生。

此外，在工作接地系统中常常同时采用保护接零与重复接地（将零线相隔一定距离进行多处接地），如图 2-4-5 所示。多处重复接地的电阻元件并联，使外壳对地的电压大大降低，因而更加安全。

在中性点接地的三相交流电如低压配电线路中，不宜采用保护接地。如图 2-4-6 所示，当发生绝缘损坏并使机壳带电时，两地之间会有短路电流通过，其短路电流为

$$I_{地} = \frac{220}{4 \times 2} \text{ A} = 27.5 \text{ A}$$

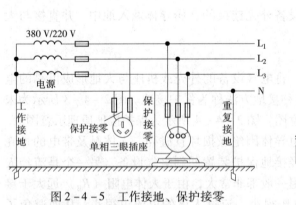

图 2-4-5 工作接地、保护接零
和重复接地

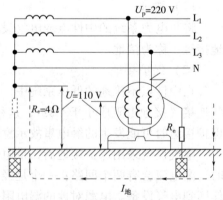

图 2-4-6 中性点接地而未保护
接零示意图

由于这个短路电流不够大，可能不会使熔断器熔断。尽管保护接地电阻只有 4 Ω，但该电流还是会在地与机壳之间形成 110 V 高压电，如果人体触及就会酿成触

电事故。因此，必须采用保护接零措施。

在三相四线制系统中，为了确保设备外壳对地的电压为零而专设一根保护零线。工作零线在进入建筑物入口处要接地，进户后再另设一条保护零线，这样三相四线制就成为三相五线制，以确保设备外壳不带电，图2-4-7所示为三种保护接零情况。图2-4-7（a）为正确连接，当因绝缘损坏引起外壳带电时，保护零线流过短路电流，将熔断器熔断，因而切断电源，消除触电事故；图2-4-7（b）是不正确连接，如在"×"断开，绝缘损坏后外壳带电；图2-4-7（c）是外壳不接零线，绝缘损坏后外壳带电，十分不安全，容易发生触电事故。

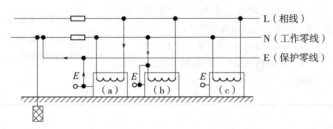

图2-4-7 工作零线与保护零线

特别强调：在同一个配电系统中不允许保护接零与保护接地混合使用，否则当保护接地设备发生单相碰壳短路时，将使零线电位升高，使保护接零的电器外壳带很高的电压，如果有人同时触到接地设备和接零设备外壳，人体将承受电源的相电压，这是非常危险的！

小　结

模块2　交流电路的分析与测试

知识与技能	重　点	难　点
正弦交流电的基本概念	1. 正弦交流电的"三要素"及其物理意义； 2. 正弦交流电的表示：解析式、波形图及相量与相量图	1. 初相及相位差的概念； 2. 正弦量相量表示的意义； 3. 相量图的画法及作用
相量形式的基本定律	1. 正确运用相量形式的基尔霍夫定律：$\sum \dot{i} = 0$，$\sum \dot{U} = 0$； 2. 正确运用相量形式的欧姆定律：$\dot{i} = \dot{U}/Z$	1. 列相量形式的基尔霍夫定律方程要特别注意相位的关系，不能动辄得出类似直流电的形式：$\sum I = 0$，$\sum U = 0$； 2. 复阻抗的概念
正弦交流电通过单一参数电路的分析与测试	1. 解析式、相量式表示正弦交流电通过单一参数电路电压与电流的关系；"三要素"的关系； 2. 三个基本元件的复阻抗表示及在交流电路中的功率	1. 三个基本元件相量形式的欧姆定律； 2. 三个基本元件频率特性的测试

续表

知识与技能	重　点	难　点
典型多参数组成简单正弦交流电路的分析与测试	1. 利用相量形式的基尔霍夫定律及欧姆定律列方程； 2. 判断电路的性质； 3. 单相交流电路的功率	1. 借助相量图求解简单正弦交流电路； 2. 类比直流电路，正确运用相量形式的基尔霍夫定律、欧姆定律、分压公式与分流公式
三相正弦交流电路的分析与测试	1. 对称三相电源的表示； 2. 三相电路连接及线电压与相电压关系、线电流与相电流的关系； 3. 对称三相电路的求解及功率计算； 4. 三相四线制（中性线阻抗为零）求解	1. 三相电源相序的理解； * 2. 中性点法求解不对称三相电路； 3. 三相电路的电压、电流与功率的测试

检 测 题

一、填空题

1. 正弦交流电的三要素是_____、_____和_____。_____值可反映交流电的做功能力，其值等于与交流电_____相同的直流电的数值。

2. 正弦交流电可用_____、_____及_____来表示，它们能完整地描述出正弦交流电随时间变化的规律。

3. 已知一正弦交流电流 $i = 30\sin(314t + 30°)$ A，则其最大值 I_m 为_____，有效值 I 为_____，初相角为_____。

4. 题 4 图所示电路中，电压表读数为 220 V，$R = 2.4$ kΩ（电流表内阻忽略），则电流表的读数为_____，该交流电压的最大值为_____。

5. 题 5 图所示电路为单一参数交流电路的电压、电流波形图，从波形图可看出该电路元件是_____性质的，有功功率是_____。

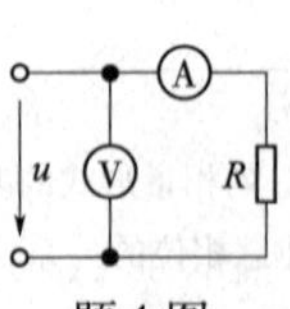

题 4 图 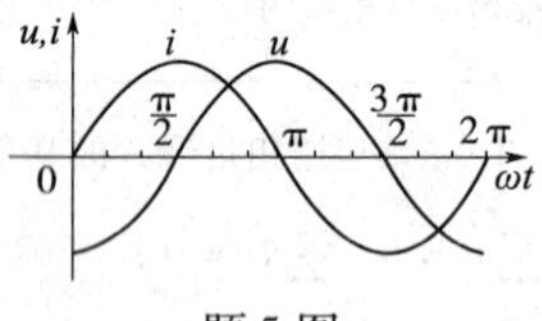　　　　　　　　　　题 5 图

6. 给某一电路施加 $u = 100\sqrt{2}\sin(100\pi t + \pi/6)$ V 的电压，得到的电流 $i = \sqrt{2}\sin(100\pi t + 120°)$ A，则该元件的性质为_____，有功功率为_____，无功功率为_____。

7. 当 RLC 串联电路发生谐振时，电路中_____最小且等于_____；电路中电压一定时_____最大，且与电路总电压_____。

8. 实际电气设备大多为_____性设备，功率因数往往_____。若要提高感性电路的功率因数，常采用人工补偿法进行调整，即在_____。

9. 题9图所示电路中，已知 $R = X_L = X_C = 10\ \Omega$，$U = 220\ V$。则 ⓥ₁ 读数为_____，ⓥ₂ 读数为_____，ⓥ₃ 读数为_____。

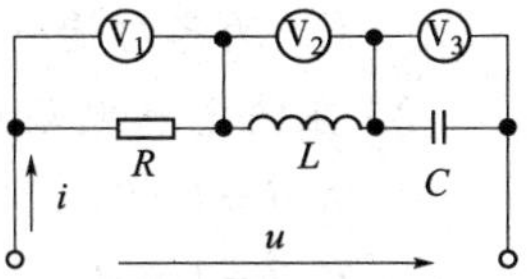

题9图

10. 对称三相交流电是指三个_____、_____相同、_____120°的三个单相正弦交流电的组合。

11. 三相四线制供电系统中，负载可从电源获取_____和_____两种不同的电压值。其中_____是_____的 $\sqrt{3}$ 倍，且相位上超前与其相对应的_____30°。

12. 三相对称负载星形联结于线电压为380 V的三相电源上，若U相负载处因故发生断路，则V相负载的电压为_____V，W相负载的电压为_____V。

二、判断题

1. 正弦量可以用相量表示，因此可以说，相量等于正弦量。 （ ）

2. 某元件的电压和电流分别为 $u = 10\sin\ (1\ 000t + 45°)$ V，$i = 0.1\sin\ (1\ 000t - 45°)$ A，则该元件是纯电感性元件。 （ ）

3. 在 RLC 串联电路中，因为总电压的有效值与电流有效值之比等于总阻抗，即 $U/I = Z$，则总阻抗 $Z = R + X_L + X_C$。 （ ）

4. 题4图所示电路中，电流表ⓐ₁、ⓐ₂和ⓐ₃的读数均为5 A，则电流表ⓐ的读数也为5 A。 （ ）

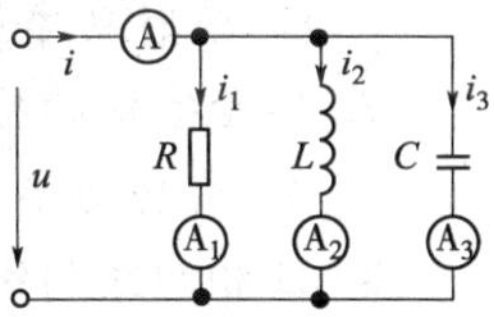

题4图

5. 在交流电路中，电压与电流相位差为零，该电路必定是电阻性电路。 （ ）

6. 已知某感性负载的有功功率为 P，无功功率为 Q，负载两端电压为 U，流过的电流为 I，则该负载的电阻 $R = P/I^2$。 （ ）

7. 某 RLC 串联谐振电路。若增大电感 L（或电容 C），电路呈现电感性；反之，若减小电感 L（或电容 C），则电路呈现电容性。 （ ）

8. 在荧光灯电路两端并联一个电容器，可以提高功率因数，但灯管亮度变暗。 （ ）

9. 同一台发电机星形联结时的线电压等于三角形联结时的线电压。 （ ）

10. 凡负载星形联结，有中性线时，每相负载的相电压为线电压的 $1/\sqrt{3}$ 倍。 （ ）

11. 三相负载星形联结时，无论负载对称与否，线电流总等于相电流。 （ ）

12. 人无论在何种场合，只要所接触电压为36 V以下，就是安全的。 （ ）

13. 三相不对称负载越接近对称，中性线上通过的电流就越小。 （ ）

14. 为保证中性线可靠，不能安装熔断器和开关，且中性线截面较粗。 （ ）

15. 一台接入线电压为380 V三相电源的三相交流电动机，其三相绕组无论星形联结或三角形联结，取用的功率是相同的。 （ ）

三、选择题

1. 有"220V，100W"和"220V，25W"白炽灯两盏，串联后接入220 V交流电源，其亮度情况是（ ）。

　　A. 100W 灯泡最亮　　　　　　　　　　B. 25W 灯泡最亮

C. 两只灯泡一样亮   D. 无法确定

2. 在纯电感电路中，电压和电流的大小关系为（   ）。

A. $I = U/L$ B. $U = IX_L$

C. $I = U/\omega L$ D. $I = U/\omega L$

3. 在 RLC 串联电路中，已知 $R = 3\ \Omega$，$X_L = 5\ \Omega$，$X_C = 8\ \Omega$，则电路的性质为（   ）。

A. 感性   B. 容性   C. 阻性   D. 不能确定

4. 题4图所示电路中，当 S 闭合后，电路中的电流为（   ）。

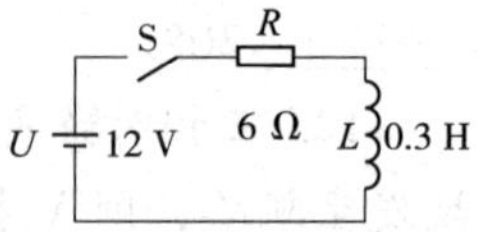

A. 0 A   B. 5/6 A

C. 2 A   D. 3 A

题4图

5. 一个电热器，接在 10 V 的直流电源上，产生的功率为 P。把它改接在正弦交流电源上，使其产生的功率为 P/2，则正弦交流电源电压的最大值为（   ）。

A. 7.07 V   B. 5 V   C. 14 V   D. 10 V

6. 正弦交流电路的视在功率为该电路的（   ）。

A. 总电压有效值与电流有效值的乘积   B. 平均功率

C. 瞬时功率最大值   D. 负载消耗的功率

7. 实验室中的功率表，是用来测量电路中的（   ）。

A. 有功功率   B. 无功功率   C. 视在功率   D. 瞬时功率

8. 三相四线制供电线路，已知星形联结的三相负载中 U 相为纯电阻，V 相为纯电感，W 相为纯电容，通过三相负载的电流均为 10 A，则中性线电流为（   ）。

A. 30 A   B. 10 A   C. 7.32 A   D. 17.32 A

9. 三相发电机绕组接成三相四线制，测得三个相电压 $U_U = U_V = U_W = 220\ V$，三个线电压 $U_{UV} = 380\ V$，$U_{VW} = U_{WU} = 220\ V$，这说明（   ）。

A. U 相绕组接反了   B. V 相绕组接反了

C. W 相绕组接反了   D. 以上都不对

10. 在相同线电压作用下，同一台三相交流电动机三角形联结所产生的功率是星形联结所产生功率的（   ）倍。

A. $\sqrt{3}$ B. 1/3   C. $1/\sqrt{3}$ D. 3

四、简答题

1. 试述提高功率因数的意义和方法。

2. 一位同学在做荧光灯电路实验时，用万用表的交流电压挡测量电路各部分的电压，实测路端电压为 220 V，灯管两端电压 $U_1 = 110\ V$，镇流器两端电压 $U_2 = 178\ V$。即总电压既不等于两分电压之和，又不符合 $U^2 = U_1^2 + U_2^2$，此实验结果如何解释？

3. 如何用"三表法"即电压表、电流表、功率表测量感性负载的参数？试画出测量电路，并说明测量原理。

4. 楼宇照明电路是不对称三相负载的实例。说明在什么情况下三相灯负载的端电压对称？在什么情况下三相灯负载的端电压不对称？

五、计算题

1. 某正弦电流的频率为 20 Hz，有效值为 $5\sqrt{2}$ A，在 $t=0$ 时，电流的瞬时值为 5 A，且此时电流在增加，求该电流的瞬时值表达式。

2. 试将下列各时间函数用对应的相量来表示。

(1) $i_1 = 5\sin\omega t$ A，$i_2 = 10\sin(\omega t + 60°)$ A；

(2) $i = i_1 + i_2$。

3. 一个 $R = 10\ \Omega$ 的电阻元件接在 $u = 220\sqrt{2}\sin(314t + 30°)$ V 的电源上。(1) 试写出电流的瞬时值表达式；(2) 画出电压、电流的相量图；(3) 求电阻元件消耗的功率。

4. 一个电阻可忽略的电感线圈 $L = 0.35$ H，接到 $u = 220\sqrt{2}\sin(100\pi t + 60°)$ V 的交流电源上。试求：(1) 电感线圈的感抗；(2) 电流的有效值；(3) 电流的瞬时值；(4) 电路的有功功率和无功功率。

5. 电容元件的电容 $C = 100\ \mu$F，接工频 $f = 50$ Hz 的交流电源，已知电源电压 $\dot{U} = 220\ \underline{/-30°}$ V。(1) 求电容元件的容抗 X_C 和通过电容元件的电流 i_C，画出电压、电流的相量图；(2) 计算电容元件的无功功率 Q_C 和 $i_C = 0$ 时电容元件的储能 W_C。

6. 荧光灯电源的电压为 220 V，频率为 50 Hz，灯管相当于 300 Ω 的电阻元件，与灯管串联的镇流器在忽略电阻的情况下相当于 500 Ω 感抗的电感元件，试求灯管两端的电压和工作电流，并画出相量图。

7. 题 7 图所示电路中，已知 $u_i = \sqrt{2}\sin(2\pi \times 1\,180t)$ V，$R = 5.1$ kΩ，$C = 0.01\ \mu$F，试求：(1) 输出电压；(2) 如果电源频率增高，输出电压比输入电压超前的相位差是增大还是减小？

8. 串联谐振电路如题 8 图所示，已知电压表 V_1、V_2 的读数分别为 150 V 和 120 V，试问电压表 V 的读数为多少？

题 7 图

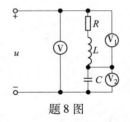

题 8 图

9. 今有一 40 W 的荧光灯，使用时灯管与镇流器（可近似把镇流器看作纯电感元件）串联在电压为 220 V，频率为 50 Hz 的电源上。已知灯管工作时属于纯电阻负载，灯管两端的电压等于 110 V，试求：镇流器上的感抗和电感。这时电路的功率因数等于多少？若将功率因数提高到 0.8，应并联多大的电容？

10. 在对称三相电压中，已知 $u_V = 220\sqrt{2}\sin(314t + 30°)$ V，试写出其他两相电压的瞬时值表达式，并画出相量图。

11. 对称三相电阻三角形联结，每相电阻为 38 Ω，接于线电压为 380 V 的对称三相电源上。试求：负载相电流 I_P、线电流 I_L，并画出各电压、电流的相量图。

12. 一台三相交流电动机，定子绕组星形联结于 $U_L = 380$ V 的对称三相电源上，

其线电流 $I_L = 2.2$ A，$\cos\varphi = 0.8$，试求每相绕组的阻抗 Z。

13. 题13图所示的三相四线制电路，三相负载星形联结，已知电源线电压为 380 V，负载电阻 $R_U = 11$ Ω，$R_V = R_W = 22$ Ω。试求：（1）负载的各相电压、相电流、线电流；（2）中性线断开，U 相短路时的各相电流和线电流；（3）中性线断开，U 相断开时的各线电流和相电流。

14. 已知电路如题14图所示，其中，电源电压 $U_L = 380$ V，每相负载的阻抗为 $R = X_L = X_C = 10$ Ω。（1）该三相负载能否称为对称负载？为什么？（2）计算中性线电流和各相电流，并画出相量图；（3）求三相总功率。

15. 对称三相电源，线电压 $U_L = 380$ V，对称三相感性负载三角形联结，若测得线电流 $I_L = 17.3$ A，三相功率 $P = 9.12$ kW，试求每相负载的电阻和感抗。

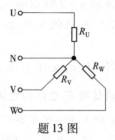

题 13 图

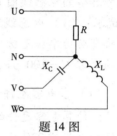

题 14 图

模块③ 变压器的原理及应用

 **知识目标**

1. 理解磁场基本物理量的物理意义。
2. 理解铁磁物质的磁化特性。
3. 了解磁路的基本概念及磁路的基本定律。
4. 了解交流铁芯线圈电与磁的关系；掌握交流铁芯线圈端电压、电流与线圈磁通的关系及铁芯的损耗。
5. 掌握变压器的基本结构；理解变压器的铭牌数据；熟悉变压器的工作原理；掌握电压、电流、阻抗的变换公式。
6. 掌握工程上常用的几种变压器的使用方法及注意事项。

技能目标

1. 了解仪用互感器的正确使用方法。
2. 了解电源变压器国家/行业相关规范与标准。

情感目标

1. 通过"感性认识—理性思考—知识提升与应用"的学习过程，逐步培养学生勤观察、勤思考、好动手的学习与工作习惯，并具有分析问题和解决实际问题的能力。
2. 逐步提高学生的专业意识，训练其高度的责任心和安全意识，遵章守纪、规范操作，使学生养成良好的科学态度和求是精神。
3. 锻炼学生搜集、查找信息和资料的能力。

课题 3.1 磁路及铁芯线圈的认识

知识与技能要点

- 磁场的基本物理量；
- 铁磁物质的磁化；
- 磁路的基本定律；
- 交流铁芯线圈电与磁的关系及损耗。

知识迁移——导

在工程实践中，广泛应用机电能量转换设备和信号转换设备，如电机、变压器、互感器、储存器等，其工作原理和特性分析都是以磁路和带铁芯电路分析为基础的，只有同时掌握了电路和磁路的基本理论，才能对各种电气设备的工作原理进行全面的分析，并正确理解、应用这些设备。

问题聚焦——思

- 磁路及铁芯线圈中的磁场；
- 铁芯中使用的磁性材料；
- 铁芯线圈电与磁的关系及损耗。

知识链接——学

1. 磁场的基本物理量

（1）磁感应强度

磁感应强度（B）是描述磁场中某点的磁场强弱和方向的物理量，其大小可用位于该点的通电导体所受磁场作用力来衡量。

实际中，磁感应强度的大小可以用特斯拉计进行测量。磁感应强度的方向与该点磁场的方向一致。

磁感应强度是矢量，SI 单位为特［斯拉］，符号为 T，工程上还用高斯（Gs）作为磁感应强度的单位，它和特（T）的关系为

$$1\text{Gs} = 10^{-4}\ \text{T}$$

磁场空间某点的磁感应强度只和产生该磁场的场源、离场源的距离（即场点）以及所处的磁介质有关，而与该点是否有通电导体无关。

（2）磁通

磁通（Φ）是反映磁场中某个面上磁场情况的物理量，其大小定义为垂直穿过磁场中每单位面积的磁感线总量。在电磁学中，常把磁通所经过的路径称为磁路。

匀强磁场中，磁感应强度与垂直于它的面积的乘积，称为穿过该面积的磁通，即

$$\Phi = BS \quad \text{或} \quad B = \frac{\Phi}{S} \tag{3-1-1}$$

磁通是标量，SI 单位为韦［伯］，符号为 Wb。

（3）磁导率

磁导率（μ）用来衡量磁介质导磁性能的物理量，又称导磁系数。磁导率的 SI 单位是亨［利］/米（H/m）。

不同的磁介质有不同的磁导率。磁导率大的磁介质导磁性能好，磁导率小的磁介质导磁性能差。实验测定真空的磁导率为

$$\mu_0 = 4\pi \times 10^{-7}\ \text{H/m}$$

某种介质的磁导率 μ 与真空磁导率 μ_0 的比值，称为这种介质的相对磁导率，用 μ_r 表示，即

$$\mu_r = \frac{\mu}{\mu_0}$$

显然，相对磁导率是一个纯数。

根据相对磁导率的大小可以把物质分成非铁磁物质和铁磁物质。非铁磁物质的相对磁导率近似为 1，如空气、铝、铬、铂、铜等。铁磁物质的相对磁导率远大于 1，如铸铁、硅钢、锰锌铁氧体等，它们的相对磁导率可达几百甚至几千以上，但不是常数。铁磁物质被广泛应用于电工技术及计算机技术等方面。

（4）磁场强度

磁现象电本质表明磁场是由电流产生的。实验证明，磁场的强弱不仅与电流有关，而且与磁介质的磁导率有关，为了使计算简便，引入磁场强度这个物理量。

磁场中某点的磁感应强度 B 与磁介质磁导率 μ 的比值，称为该点的磁场强度，用 H 表示，即

$$H = \frac{B}{\mu} \tag{3-1-2}$$

式（3-1-2）表明，磁场强度 H 仅描述了电流的磁场强弱和方向，与磁场所处的介质无关，这给工程计算带来了很大方便。

磁场强度的 SI 单位是安［培］/米（A/m）。

2. 磁路的基本定律

（1）安培环路定律（全电流定律）

沿着任何一条闭合回线 L，磁场强度 H 的线积分值恰好等于该闭合回线所包围的总电流值 $\sum I$（代数和），这就是安培环路定律，用公式表示为

$$\oint H_l \mathrm{d}l = \sum I \tag{3-1-3}$$

计算电流代数和时，与绕行方向符合右手螺旋定则的电流取正号，反之取负号。

例如，在图 3-1-1 中，$\oint H_l \mathrm{d}l = \sum I = -I_1 + I_2 - I_3$。式（3-1-3）反映了稳恒电流产生磁场的规律。

安培环路定律在电机中应用很广，它是电机和变压器磁路计算的基础。

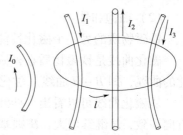

图 3-1-1 安培环路定律示意图

（2）磁路欧姆定律

设一段磁路的长度为 l，截面积为 S，磁路介质的磁导率为 μ，则磁路中有 $B = \mu H$，$\dfrac{\Phi}{S} = \mu H$，所以

$$\Phi = \mu HS = \frac{Hl}{\dfrac{l}{\mu S}} = \frac{U_m}{R_m} \tag{3-1-4}$$

式中，$R_m = \dfrac{l}{\mu S}$ 称为该段磁路的"磁阻"，其单位为 1/亨［利］（1/H）；$U_m = Hl$ 称

为这段磁路的磁压，单位为安［培］（A）。

式（3-1-4）形式上与电路中的欧姆定律相似，故称其为磁路欧姆定律。

由于铁磁材料的磁导率不是一个常数，所以其构成的磁路的磁阻也是变化的。在一般情况下不能用磁路欧姆定律来进行磁路的计算，但对磁路的定性分析时，则常用到磁路欧姆定律。

3. 铁磁物质的磁化性能

（1）高导磁性

铁磁物质的磁导率极高，例如：铸铁的 μ_r 为 200~400，空气的 μ_r 约等于 1。这表明铸铁的导磁性能优于真空 200~400 倍，而空气的导磁性能与真空相当。铁磁物质为什么具有如此良好的导磁性能？

①磁化的概念。铁磁物质在外磁场作用下，会产生一个与外磁场同方向的附加磁场。使铁磁物质磁化的电流称为励磁电流，又称磁化电流或激磁电流。将铁磁物质（如铁、钴、镍）放置于某磁场中，通电线圈中加设铁芯，都会使得空间的磁场大大地加强，这些都是利用了铁磁物质磁化现象，显示出铁磁材料的高导磁性能。

②磁化的原因。铁磁材料之所以具有高导磁性能，在于其内部存在着强烈磁化了的自发磁化单元，称为磁畴。在正常情况下，磁畴杂乱无章地排列着，因而对外不显示磁性。但在外磁场的作用下，磁畴沿着外磁场的方向做出有规则的排列，从而形成了一个与外磁场方向一致的附加磁场叠加在外磁场上，图 3-1-2 所示为磁畴的取向随外磁场的变化过程示意图。因此，有磁畴结构是铁磁物质磁化的内因。

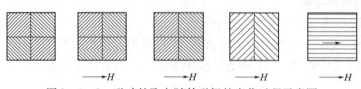

图 3-1-2 磁畴的取向随外磁场的变化过程示意图

（2）磁饱和性

铁磁物质的另一个磁化性能可以通过磁化曲线来描述。

磁化曲线是铁磁物质在外磁场中被磁化时，其磁感应强度 B 随外磁场强度 H 变化的曲线，即 $B-H$ 曲线。磁化曲线可以通过实验测定，如图 3-1-3 所示。

从磁化曲线可以看出，曲线在 C 点以后，绝大多数的磁畴方向均转到与外磁场方向一致，H 继续增大，B 则基本保持不变，曲线进入饱和段，再增大外磁场，附加磁场已不可能随之进一步增强，这就是通常所说的铁磁物质的磁饱和性。

铁磁物质的磁化曲线，表明了其 B 和 H 的关系为非线性关系，也表明了其磁导率 μ 不是常数而是一个随 H 变化而变化的量。图 3-1-3 中的曲线②为铁磁材料的 $\mu-H$ 曲线，曲线③是非铁磁材料的 B_0-H 曲线。

（3）磁滞性

铁磁材料在反复磁化过程中的 $B-H$ 曲线称为磁滞回线，如图 3-1-4 所示。

从图 3-1-4 中可知，铁磁物质在外磁场中进行交变磁化时，B 的变化总是落后于 H 的变化，这种现象称为磁滞现象，体现了铁磁物质的磁滞性。由于磁滞性，当 H 减小到零时，B 等于 B_s（称为剩磁）而不等于零。为使剩余磁感应强度减至零，需要在相反方向上增加外磁场，所需的外磁场强度 H_c 称为矫顽力，这一过程称为去磁过程。各种铁磁物质均有一定的剩磁及矫顽力。

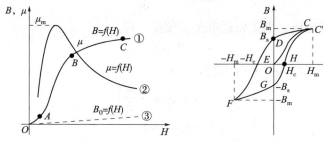

图 3-1-3　铁磁物质的磁化曲线　　　　图 3-1-4　磁滞回线

4. 铁磁物质的分类

根据铁磁物质的磁滞回线的形状和用途，铁磁材料可分为软磁性材料、硬磁性材料和矩磁材料三大类。

软磁性材料。软磁性材料的磁导率高，易于磁化，但撤去外磁场后，磁性基本消失。反映在磁滞回线上是剩磁 B_s 和矫顽力 H_c 都很小，磁滞回线形状狭长，如图 3-1-5（a）所示。常用的软磁性材料有硅钢、坡莫合金、铁氧体等。如交流电动机、变压器等电力设备中的铁芯都采用硅钢制作。

硬磁性材料硬磁性材料的磁滞回线形状较宽，撤去外磁场后剩磁大，磁性不易消失，如图 3-1-5（b）所示。硬磁性材料常用来制作永久磁铁，许多电工设备如磁电式仪表、喇叭、受话器、永磁发电机中的永久磁铁都是用硬磁性材料制作的。

矩磁材料。具有较小的矫顽力和较大的剩磁，稳定性较好，磁滞回线形状接近矩形，如图 3-1-5（c）所示。这种材料在两个方向上磁化后，剩磁都很大，接近饱和磁感应强度，而且很稳定。具有矩形磁滞回线的铁磁材料如铁氧材料、坡莫合金等，目前广泛应用在电子技术、计算机技术中。

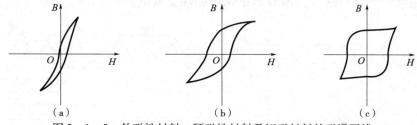

（a）　　　　　　　　　（b）　　　　　　　　　（c）

图 3-1-5　软磁性材料、硬磁性材料及矩磁材料的磁滞回线

5. 交流铁芯线圈的电压、电流与磁通关系

（1）在正弦电压作用下

图 3-1-6 所示为交流铁芯线圈示意图。当在线圈两端加正弦电压后，在铁芯线圈中产生交变磁通。此磁通分成两部分，主磁通 Φ 和漏磁通 Φ_S，它们都会在线圈中产生感应电压 u_L 和 u_S。线圈本身还有电阻，电流通过时会有电压降 u_R，这时线圈两端电压平衡方程式为

$$u = u_L + u_S + u_R \tag{3-1-5}$$

①主磁通与电压的关系。由于铁芯的磁导率远大于空气的磁导率，所以感应电压 $u_L \gg u_S$，线圈本身的电阻也很小，因此，u_R 也很小，那么在忽略漏磁通和电阻的

情况下（也即忽略 u_S 和 u_R），外加电压就与主磁通的感应电压相平衡，有

$$u = u_L = N\frac{\mathrm{d}\Phi}{\mathrm{d}t} \tag{3-1-6}$$

若外加一正弦电压，则主磁通也是正弦量，即

$$\Phi = \Phi_m \sin\omega t$$

代入电压平衡方程式（3-1-5），可得

$$u = \sqrt{2}U\sin\left(\omega t + \frac{\pi}{2}\right)$$

其中
$$U = 4.44fN\Phi_m \tag{3-1-7}$$

式（3-1-7）是一个非常有用的公式，设计变压器、测量交变磁通时经常用到。

当电源频率 f 与线圈匝数一定时，电压的有效值与主磁通的最大值成正比。也就是说磁通只决定于外加的正弦电压，而与磁路的情况（如材料、几何尺寸、有无空气隙等）无关，这是交流铁芯线圈的特点。

②电流波形的畸变。在铁芯线圈的电路中，电压与电流的关系要通过磁通这个量描述，其过程示意如下：

$$\mu \xrightarrow{=N\frac{\mathrm{d}\Phi}{\mathrm{d}t}} \Phi \xrightarrow{=BS} B \xrightarrow{磁化曲线} H \xrightarrow{=\frac{N}{l}i} i$$

显然，要得到 $u-i$ 关系，须通过 $\Phi-i$ 的关系，而 $\Phi-i$ 的关系曲线与磁化曲线 $B-H$ 相似。由于受铁磁物质的磁化性能（磁饱和及磁滞）的影响以及涡流［铁芯中的磁通交变时，不仅在线圈两端产生感应电压，铁芯内也产生感应电压。由于铁芯是导体，铁芯内的感应电压会在铁芯内引起环形电流，其方向与铁芯的截面平行。因此，涡流指的是在垂直于磁场方向的铁芯截面上环行流动的感应电流，如图 3-1-7（a）所示］的影响，在正弦电压作用下，电流波形不再是正弦的，而是畸变为歪斜的、尖顶的非正弦周期性交流电。

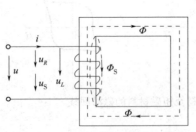

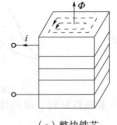

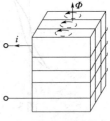

（a）整块铁芯　　（b）硅钢片叠成的铁芯

图 3-1-6　交流铁芯线圈示意图　　图 3-1-7　涡流

（2）在正弦电流作用下

在电工技术中，铁芯线圈一般都工作在正弦电压下，但也有少数设备，如电流互感器的铁芯线圈工作在线圈电流为正弦波的情况下。当 i 为正弦波时，主要受磁饱和的影响，Φ 是平顶波，因而 u 畸变为尖顶波。一般说来，铁芯线圈的 u、i、Φ 不可能同时为正弦波，只有当忽略磁滞，且铁芯线圈工作在接近磁化曲线的直线部分时，主磁通与线圈电流才近似成线性关系，则电压、电流和磁通的波形才可近似认为同是正弦波。

6. 交流铁芯线圈的损耗

（1）铜损耗

由于线圈一般由铜导线绕成，所以线圈电阻的平均功率称为铜损耗。

（2）铁损耗

处于交变磁通下的铁芯内的功率损耗称为铁损耗（P_{Fe}），它包括磁滞引起的磁滞损耗（P_n）及涡流产生的涡流损耗（P_e）。工程上常采用经验公式计算铁损耗。

磁滞损耗与磁滞回线的面积成正比，而且在正常运行的交流电动机和电器中，磁滞损耗常比涡流损耗大 2～3 倍，为减小磁滞损耗，用于交变磁化下的铁芯宜采用磁滞回线形状狭长的软磁性材料，如硅钢片等。

理论研究表明，涡流损耗正比于电源频率 f 与磁感应强度最大值 B_m 乘积的二次方。涡流的存在，在一般变压器、电动机等电气设备中会造成有害的影响，它一方面有去磁作用，另一方面涡流会引起铁芯发热，使线圈容量减小，降低设备的效率，因此，必须减小涡流及涡流损耗。在电工技术中常用以下两种办法减小涡流及涡流损耗：一种办法是增大铁芯材料的电阻率，例如采用含硅 1% ～5% 的电工硅钢片；另一种办法是采用涂绝缘漆膜的硅钢板叠成的铁芯，并使磁通方向与钢片平行 [见图 3-1-7 (b)]。涡流也可加以利用，如可利用涡流冶炼金属，仪表中用涡流起阻尼作用等。

应用举例——练

【例】一个闭合的、均匀的铁芯线圈，其匝数为 300 匝，铁芯中的磁感应强度为 0.9 T，磁路的平均长度为 45 cm，试求：①铁芯材料为铸铁时线圈中的电流；②铁芯材料为硅钢片时线圈中的电流。

解 ①从图 3-1-8 中查铸铁材料的磁化曲线，得知当 $B = 0.9$ T，磁场强度 $H = 9\,000$ A/m 时，有

$$I = \frac{Hl}{N} = \frac{9\,000 \times 0.45}{300} \text{ A} = 13.5 \text{ A}$$

②查硅钢片材料的磁化曲线，得知当 $B = 0.9$ T，磁场强度 $H = 260$ A/m 时，有

$$I = \frac{Hl}{N} = \frac{260 \times 0.45}{300} \text{ A} = 0.39 \text{ A}$$

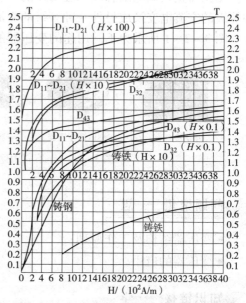

图 3-1-8　几种铁磁材料的基本磁化曲线

结论：如果要得到相等的磁感应强度，采用磁导率高的铁芯材料，可以降低线圈电流，减少用铜量。

探究实践——做

案例分析：如某电站，风扇电动机启动接触器在启动过程中出现冒烟现象，值

班员立刻切断控制电源和主回路电源，打开灭弧罩发现接触器已经烧毁，更换新的接触器后对烧毁的接触器进行了分析，发现衔铁接触面氧化脏污比较严重，使动、静衔铁吸合不好，导致接触器烧毁。

原理分析：根据公式 $U = 4.44 fN\Phi_m$，对某个衔铁来讲，线圈匝数 N 与电压 U 及频率 f 是固定不变的。因此穿过线圈的磁通为一定的常数。流过线圈的电流就是产生磁通 Φ_m 所需的励磁电流，它正比于铁芯磁阻 R_m，衔铁未闭合时其磁阻最大、电流最大（如对 E 型磁路可达 $10 \sim 15$ 倍）。所以，当衔铁卡住或者吸合不好时，线圈中将流过很大的电流，使线圈过热烧毁。

课题 3.2　变压器的工作原理及应用

知识与技能要点

- 变压器的基本结构及工作原理，电压、电流、电阻的变换公式；
- 变压器的应用：电压互感器、电流互感器、钳形电流表的工作原理、作用、接线及测试方法。

知识迁移——导

变压器是根据电磁感应原理工作的一种常见的电气设备，它的基本作用是将一种等级的交流电变换成另外一种等级的交流电，在电力系统和电子线路中应用广泛。

图 3 - 2 - 1 所示为不同用途的变压器的实物外形。

电力变压器　　E型电源变压器　　音频变压器　　耦合变压器　　电压互感器

图 3 - 2 - 1　不同用途的变压器的实物外形

问题聚焦——思

- 变压器结构及工作原理；
- 变压器的应用。

知识链接——学

1. 变压器的结构与分类

（1）变压器的结构

变压器基本组成部分均为闭合铁芯和线圈绕组，如图 3 - 2 - 2 所示。

①铁芯：铁芯构成变压器的磁路。为了减少铁损，提高磁路的导磁性能，铁芯一般由 $0.35 \sim 0.55$ mm 的表面绝缘的硅钢片交错叠压而成。根据铁芯的结构不同，

变压器可分为心式（小功率）和壳式（容量较大）两种。

②绕组：绕组即线圈，是变压器的电路部分。绕组是用绝缘导线绕制而成的，有一次绕组、二次绕组之分。在工作时，和电源相连的绕组称为一次绕组（初级绕组、原绕组）；而与负载相连的绕组称为二次绕组（次级绕组、副绕组）。

除此之外，为了起到电磁屏蔽作用，变压器往往要用铁壳或铝壳罩起来，一、二次绕组间往往加一层金属静电屏蔽层，大功率的变压器中还有专门设置的冷却设备等。小容量的变压器采用自冷式冷却设备，而中大容量的变压器采用油冷式冷却设备。

（2）变压器的分类

变压器按用途分为电力变压器（输配电用，又分为升压变压器和降压变压器）、仪用变压器（用于配合仪器仪表进行电气测量，如电压互感器和电流互感器）、整流变压器（供整流设备使用）、输入/输出变压器（主要用于电子线路中，用来改变阻抗、相位等）；按相数分为三相变压器和单相变压器；按制造方式分为壳式变压器与心式变压器。变压器的图形符号如图 3 - 2 - 3 所示。

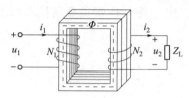 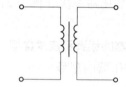

图 3 - 2 - 2　单相变压器的结构示意图　　图 3 - 2 - 3　变压器的图形符号

2. 单相变压器的工作原理

（1）变压器的空载运行与变换电压的作用

变压器的空载运行指的是一次［侧］接交流电源，二次［侧］开路。当变压器一次［侧］所接电源电压和频率不变时，由式（3 - 1 - 7）可知，变压器铁芯中通过的工作主磁通 Φ 应基本保持为一个常量。

由于变压器铁芯是由高导磁性的软磁性材料制成的，因此，产生工作主磁通 Φ 仅需很小的励磁电流"i_{10}"。忽略线圈电阻与漏磁通，空载运行时存在如下电磁关系：

$$U_1 \approx E_1 = 4.44 f N_1 \Phi_{\mathrm{m}}，\quad U_{20} = E_2 = 4.44 f N_2 \Phi_{\mathrm{m}}$$

所以

$$\frac{U_1}{U_{20}} \approx \frac{E_1}{E_2} = \frac{N_1}{N_2} = k \tag{3 - 2 - 1}$$

结论：在空载时，变压器的一、二次绕组的端电压之比等于一、二次绕组的匝数比。改变一、二次绕组的匝数，就能改变输出电压，达到升高或降低电压的目的。

（2）变压器的负载运行与变换电流的作用

负载运行时，铁芯中主磁通 Φ 是由一、二次绕组磁动势共同产生的合成磁通。

二次［侧］带负载后在二次［侧］感应电压的作用下，二次线圈中有了电流 i_2。此电流在磁路中也会产生磁通，从而影响一次电流 i_1，根据 $U_1 \approx E_1 = 4.44 f N_1 \Phi_{\mathrm{m}}$，当外加电压、频率不变时，铁芯中主磁通的最大值在变压器空载或有负载运行时基本不变。即空载时，$i_0 N_1 \rightarrow \Phi_{\mathrm{m}}$；负载时 $i_1 N_1 + i_2 N_2 \rightarrow \Phi_{\mathrm{m}}$。带负载后磁动势

的平衡关系为

$$i_1 N_1 + i_2 N_2 = i_0 N_1$$

由于变压器铁芯材料的磁导率高、空载励磁电流 i_0 很小 $[I_0 \approx (2 \sim 3)\% I_{1N}]$，常可忽略。所以一、二次电流关系为 $i_1 N_1 \approx -i_2 N_2$ 或 $\dot{I}_1 N_1 \approx -\dot{I}_2 N_2$，即

$$\frac{I_1}{I_2} = \frac{N_2}{N_1} = \frac{1}{k} \tag{3-2-2}$$

结论：变压器负载运行时，一、二次电流有效值之比与一、二次绕组的电压比或匝数比成反比。

（3）变压器变换阻抗作用

如图 3-2-2 所示，一、二次 [侧] 等效阻抗为

$$z = \frac{U_1}{I_1} = \frac{(N_1/N_2) U_2}{(N_2/N_1) I_2} = (N_1/N_2)^2 z_L$$

即

$$z = (N_1/N_2)^2 z_L = k^2 z_L \tag{3-2-3}$$

结论：变压器一次 [侧] 的等效阻抗为二次 [侧] 所带负载阻抗乘以变比的二次方。

3. 变压器的铭牌和技术数据

（1）变压器的型号

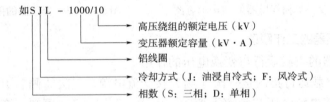

（2）变压器的额定值

变压器的额定值是制造厂对变压器正常使用所做的规定，变压器在规定的额定值状态下运行，可以保证长期可靠地工作，并且有良好的性能。其额定值通常包括如下几方面：

①额定电压（U_{1N}/U_{2N}）：变压器二次 [侧] 开路（空载）时，一、二次绕组允许的电压值。

单相：U_{1N} 为一次电压，U_{2N} 为二次 [侧] 空载时的电压；

三相：U_{1N}、U_{2N} 分别为一、二次绕组的线电压。

②额定电流（I_{1N}/I_{2N}）：变压器满载运行时，一、二次绕组允许的电流值，它们是根据绝缘材料允许的温度确定的。

单相：一、二次绕组允许的电流值；

三相：一、二次绕组的线电流。

③额定容量（S_N）：二次绕组的额定电压与额定电流的乘积称为变压器的额定容量。

单相：$S_N = U_{2N} I_{2N} \approx U_{1N} I_{1N}$；

三相：$S_N = \sqrt{3} U_{2N} I_{2N} \approx \sqrt{3} U_{1N} I_{1N}$。

4. 变压器的运行特性

（1）变压器的外特性和电压调整率

当电源电压 U_1 不变时，随着二次绕组电流 I_2 的增加（负载增加），一、二次绕组阻抗上的电压降便增加，这将使二次绕组的端电压 U_2 发生变动。当电源电压 U_1 和二次［侧］所带负载的功率因数 $\cos\varphi_2$ 为常数时，二次电压 U_2 随负载电流 I_2 变化的关系曲线 $U_2 = f(I_2)$ 称为变压器的外特性曲线，如图 3-2-4 所示。

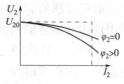

图 3-2-4　变压器的外特性曲线

通常希望电压 U_2 的变动愈小愈好。从空载到额定负载，二次绕组电压的变化程度用电压调整率 $\Delta U\%$ 表示，即

$$\Delta U\% = \frac{U_{20} - U_2}{U_{2N}} \times 100\% \qquad (3-2-4)$$

电力变压器的电压调整率为 5% 左右。

（2）变压器的损耗和效率

变压器的损耗和交流铁芯线圈相似，包括铜损耗和铁损耗，铜损耗与负载电流大小有关，变压器空载时铜损耗近乎零，满载时最大；而变压器的铁损耗与铁芯材料、电源电压 U_1、频率 f 有关，与负载电流大小无关。因此变压器的铁损耗就是空载损耗，铜损耗就是短路损耗。

变压器的效率是变压器的输出功率 P_2 与对应的输入功率 P_1 的比值，通常用百分数表示，即

$$\eta = \frac{P_2}{P_1} \times 100\% = \frac{P_2}{P_2 + P_{Fe} + P_{Cu}} \times 100\% \qquad (3-2-5)$$

变压器的效率很高，大型变压器的效率甚至可达 98%，小型变压器的效率为 70% ~80%。研究表明，当变压器的铜损耗等于铁损耗时，它的效率接近最高。一般变压器的最高效率在额定负载的 50% ~60%。

5. 变压器的应用——特殊变压器

（1）自耦变压器（调压器）

①结构特点。自耦变压器示意图如图 3-2-5 所示。在闭合的铁芯上只有一个绕组，它既是一次绕组又是二次绕组，低压绕组是高压绕组的一部分。

②电压比、电流比。自耦变压器总匝数为 N_1，作为一次绕组接电源；绕组的一部分匝数为 N_2，作为二次绕组接负载，则

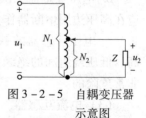

图 3-2-5　自耦变压器示意图

$$\frac{U_1}{U_2} \approx \frac{E_1}{E_2} = \frac{N_1}{N_2} = k, \quad \frac{I_1}{I_2} \approx \frac{N_2}{N_1} = \frac{1}{k}$$

③用途。调节电炉炉温，调节照明亮度，起动交流电动机，以及用于实验及小仪器中。

④使用时的注意事项：

a. 在接通电源前，应将滑动触点旋到零位，以免突然出现过高电压。

b. 接通电源后应慢慢地转动调压手柄，将电压调到所需数值。

c. 输入、输出边不得接错，电源不准接在滑动触点侧，否则会引起短路事故。

（2）电压互感器

电压互感器和电流互感器属于仪用互感器，是专供电工测量和自动保护的装置，使用仪用互感器的目的在于扩大测量表的量程。

①构造、图形符号及接线。电压互感器实际上是一个带铁芯的变压器。电压互感器的二次额定电压一般设计为标准值100 V，以便统一电压表的表头规格。由于电压互感器是将高电压变成低电压，所以它的一次绕组的匝数较多，二次绕组的匝数较少。其接线图及图形符号如图3-2-6所示。接线时一次绕组和被测电路并联，二次绕组和所接的测量仪表、继电保护装置或自动装置的电压线圈并联，同时要注意极性的正确性。

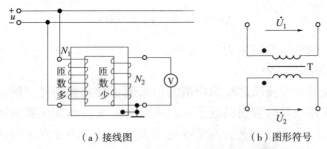

（a）接线图　　　　（b）图形符号

图3-2-6　电压互感器接线图及图形符号

②电压比。电压互感器的运行情况相当于二次［侧］开路的变压器，其负载为阻抗较大的测量仪表。电压互感器一、二次绕组的电压比也是其匝数比，即 $U_1/U_2 = N_1/N_2 = k$。

若电压互感器和电压表固定配合使用，则从电压表上可直接读出高压线路的电压值。

③使用注意事项：

a. 电压互感器在投入运行前要按照规程规定的项目进行试验检查。例如，测极性、连接组别、摇绝缘、核相序等。

b. 电压互感器二次［侧］不允许短路，因为短路电流很大，会烧坏线圈，为此应在高压边用熔断器作为短路保护。

c. 电压互感器的铁芯、金属外壳及二次［侧］的一端都必须接地，否则如果高、低压绕组间的绝缘损坏，低压绕组和测量仪表对地将出现高电压，这对工作是非常危险的。

（3）电流互感器

①构造、图形符号及接线。电流互感器是将大电流变为小电流的特殊变压器，它的二次额定电流一般设计为标准值5 A，以便统一电流表的表头规格。其接线图及图形符号如图3-2-7所示。接线时一次绕组和被测电路串联，而二次绕组和所接的测量仪表、继电保护装置或自动装置的电流线圈串联，同时一次绕组与二次绕组之间应为减极性关系，一次电流若从同名端流入，则二次电流应从同名端流出。

②电流比。电流互感器的一、二次绕组的电流比仍为匝数的反比，即 $I_1/I_2 = N_2/N_1 = 1/k$。

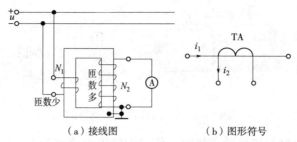

| （a）接线图 | （b）图形符号 |

图 3 - 2 - 7 电流互感器接线图及图形符号

若电流表与专用的电流互感器配套使用，则电流表的刻度就可按大电流电路中的电流值标出。

③使用注意事项：

a. 电流互感器的二次［侧］不允许开路。二次电路中装拆仪表时，必须先使二次绕组短路，而且不允许在二次电路中安装熔断器等保护设备。

b. 电流互感器二次绕组的一端以及外壳、铁芯必须同时可靠接地。

（4）钳形电流表

①结构。钳形电流表简称钳表，是一种用于在不断电的情况下测量正在运行的电气线路电流大小的仪表。钳表实质上是一只电流互感器，其工作部分主要由一只电磁式电流表和穿心式电流互感器组成。穿心式电流互感器铁芯制成活动开口，呈钳形，故名钳形电流表，如图 3 - 2 - 8 所示。穿心式电流互感器的二次绕组缠绕在铁芯上且与交流电流表相连，其一次绕组即为穿过互感器中心的被测导线。

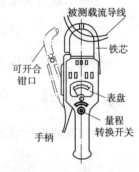

图 3 - 2 - 8 钳形电流表

②使用方法：

a. 测量前要机械调零。

b. 选择合适的量程。先选大量程、后选小量程或看铭牌值估算。

c. 当使用最小量程测量，其读数还不明显时，可将被测导线绕几匝，匝数要以钳口中央的匝数为准。读数 = 指示刻度数 × 量程/（满偏刻度数 × 匝数）。

d. 测量时，应使被测导线位于钳口的中央，并使钳口闭合紧密，以减少误差。

e. 测量完毕，要将转换开关放在最大量程处。

③注意事项：

a. 被测线路的电压要低于钳表的额定电压。

b. 测高压线路的电流时，要戴绝缘手套，穿绝缘鞋，站在绝缘垫上。

c. 钳口要闭合紧密，不能带电换量程。

📖 应用举例——练

【例】 如图 3 - 2 - 9 所示，交流信号源的电压 $U_S = 120$ V，内阻 $R_S = 800$ Ω，负载为扬声器，其等效电阻 $R_L = 8$ Ω。试求：

①当 R_L 为折算到一次［侧］的等效电阻时，变压器的匝数比和信号源输出的功率；

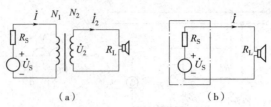

（a）   （b）

图 3-2-9 变压器应用电路图

②当将负载直接与信号源连接时，信号源输出的功率。

解　①变压器的匝数比应为

$$k = \frac{N_1}{N_2} = \sqrt{\frac{R_L'}{R_L}} = \sqrt{\frac{800}{8}} = 10$$

信号源的输出功率为

$$P = \left(\frac{U_S}{R_S + R_L'}\right)^2 R_L' = \left(\frac{120}{800 + 800}\right)^2 \times 800 \text{ W} = 4.5 \text{ W}$$

②将负载直接接到信号源上时，输出功率为

$$P = \left(\frac{U_S}{R_S + R_L}\right)^2 R_L = \left(\frac{120}{800 + 8}\right)^2 \times 8 \text{ W} = 0.176 \text{ W}$$

结论：接入变压器以后，输出功率大大提高。

探究实践——做

请用交流电流表及钳形电流表分别测试荧光灯电路的电流。

小　结

模块3　变压器的原理及应用

知识与技能	重　点	难　点
磁场的基本物理量与铁磁物质的磁化	1. 磁感应强度、磁通、磁场强度、磁导率的物理意义； 2. 铁磁物质的磁化性能	1. 磁场强度的物理意义； 2. 磁化曲线的物理过程及铁磁物质磁化的原因
磁路的基本定律及交流铁芯线圈	1. 在正弦电压作用下交流铁芯线圈主磁通与电压的关系，特别是式 $U = 4.44\, fN\Phi_m$ 的正确使用； 2. 交流铁芯线圈的损耗	1. 磁路欧姆定律的理解； 2. 交流铁芯线圈电与磁的关系分析
变压器的工作原理及技术参数	1. 变压器的基本结构及工作原理； 2. 变压器的作用："三个变比"； 3. 变压器的铭牌标定的物理意义	变压器电磁关系的分析
几种特殊变压器的使用	自耦变压器、仪用互感器及钳形电流表的工作原理及使用注意事项	特殊变压器工作原理及应注意问题的理解

检 测 题

一、填空题

1. 铁磁材料的磁化特性为_____、_____和_____。

2. 变压器运行中，绕组中电流的热效应引起的损耗称为_____损耗；交变磁场在铁芯中所引起的_____损耗和_____损耗合称为_____损耗。其中_____损耗称为不变损耗，_____损耗称为可变损耗。

3. 变压器是按照_____原理工作的。变压器的基本组成部分是_____和_____。

4. 变压器是既能变换_____、变换_____，又能变换_____的电气设备。变压器在运行中，只要_____和_____不变，其工作主磁通 Φ 将基本维持不变。

5. 一台单相变压器的容量为 $S_N = 2\ 000\ \mathrm{V \cdot A}$，一次额定电压为 220 V，二次额定电压为 110 V，则一、二次额定电流分别为 $I_{1N} =$ _____，$I_{2N} =$ _____。

6. 一台多绕组变压器，一次绕组额定电压为 220 V，二次绕组额定电压分别为 110 V、36 V、12 V，一次绕组为 1 500 匝，二次绕组的匝数分别为_____匝、_____匝、_____匝。

7. 一台单相变压器，额定容量 $S_N = 2\ 000\ \mathrm{V \cdot A}$，额定电压为 220 V/36 V，负载功率因数 $\cos\varphi = 0.85$，变压器效率 $\eta = 0.85$，变压器满载运行时输出功率为_____kW，一次绕组电流为_____A。

8. 变压器的外特性是指其_____电压和_____电流之间的变化关系。

9. 电压互感器实质上是一个_____变压器，在运行中二次绕组不允许_____；电流互感器是一个_____变压器，在运行中二次绕组不允许_____。从安全使用的角度出发，两种互感器在运行中，其_____绕组都应可靠接地。

10. 自耦变压器结构上的特点是高压绕组与低压绕组_____；高、低压绕组之间不仅有_____耦合，而且有_____联系。

二、判断题

1. 变压器的一次绕组及二次绕组均开路的运行方式称为空载运行。　　（　　）

2. 变压器铁芯由硅钢片叠成是为了减少涡流损耗。　　　　　　　　（　　）

3. 变压器是由多个含有铁芯的线圈组成的。　　　　　　　　　　　（　　）

4. 变压器是利用电磁感应原理，将电能从一次绕组传输到二次绕组的。（　　）

5. 变压器从空载到满载，铁芯中的工作主磁通和铁损耗基本不变。　（　　）

6. 忽略变压器一、二次绕组电阻的情况下，$P_1 = P_2$。　　　　　　　（　　）

7. 变压器的电压调整率越大，说明该变压器的输出电压越稳定。　　（　　）

8. 电流互感器运行中二次绕组不允许开路，否则会感应出高电压而造成事故。
　　　　　　　　　　　　　　　　　　　　　　　　　　　　　　　（　　）

9. 使用电压互感器时，二次绕组不得短路，外壳、铁芯及二次绕组的一端必须接地。　　　　　　　　　　　　　　　　　　　　　　　　　　　　　（　　）

10. 使用钳形电流表测量导线的电流时，如果电流表量程太大，指针偏转角很小，可把导线在钳形电流表的铁芯上绕几圈，则实际电流值为电流表读数的 $1/n$。

（　　　）

11. 实验室中广泛使用的自耦调压器也采用一、二次绕组共用一个绕组的结构形式。

（　　　）

三、选择题

1. 在测定变压器的电压比时，在（　　　）下，测定 U_1 及 U_2，求得的 k 更精确些。

    A. 空载时　　　　　　　　B. 满载时　　　　　　　　C. 轻载时

2. 变压器的主要作用是（　　　）。

    A. 变换电压　　　　　　　B. 变换频率　　　　　　　C. 变换功率

3. 变压器一、二次绕组能量的传递主要是依靠（　　　）。

    A. 变化的漏磁通　　　　　B. 变化的主磁通　　　　　C. 铁芯

4. 一台额定电压为 220 V/110 V 的单相变压器，一次绕组接上 220 V 的直流电源，则会（　　　）。

    A. 一次电压为 220 V　　　B. 二次电压为 110 V　　　C. 变压器将烧坏

5. 有一理想变压器，一次绕组接在 220 V 电源上，测得二次绕组的端电压为 11 V，如果一次绕组的匝数为 220 匝，则变压器的电压比、二次绕组的匝数分别为（　　　）。

    A. $k=10$，$N_2=210$ 匝　　B. $k=20$，$N_2=11$ 匝　　C. $k=10$，$N_2=11$ 匝

6. 有一含铁芯线圈的额定电压为 220 V。当线圈两端电压为 110 V 时，主磁通最大值与额定电压时主磁通最大值比较，下述正确的是（　　　）。

    A. 变大　　　　　　　　　B. 1/2　　　　　　　　　C. 1/4

7. 电压互感器实际上是降压变压器，其一、二次绕组匝数及导线截面情况是（　　　）。

    A. 一次绕组匝数多，导线截面小

    B. 二次绕组匝数多，导线截面小

    C. 一次绕组匝数少，导线截面小

8. 自耦变压器不能作为安全电源变压器的原因是（　　　）。

    A. 公共部分电流太小

    B. 一、二次［侧］有电的联系

    C. 一、二次［侧］有磁的联系

9. 决定电流互感器一次电流大小的因素是（　　　）。

    A. 二次电流　　　　　　　B. 二次［侧］所接负载

    C. 被测电路

四、简述题

1. 变压器的负载增加时，其一次绕组中电流怎样变化？铁芯中工作主磁通怎样变化？输出电压是否一定要降低？

2. 若电源电压低于变压器的额定电压，输出功率应如何适当调整？若负载不变

会引起什么后果？

3. 为什么铁芯不用普通的薄钢片而用硅钢片？制作电机电器的心子能否用整块铁芯或不用铁芯？

4. 具有铁芯的线圈电阻为 R，加直流电压 U 时，线圈中通过的电流 I 为何值？若铁芯有气隙，当气隙增大时电流和磁通哪个改变？为什么？若线圈加的是交流电压，当气隙增大时，线圈中电流和磁路中磁通又是哪个变化？为什么？

五、计算题

1. 题 1 图所示变压器中，磁路为硅钢片，截面积 $S = 4 \times 10^{-3}$ m^2，磁路平均长度 $l = 0.5$ m，匝数 $N = 500$，电流 $I = 400$ mA，试求：（1）磁路磁通；（2）铁芯改为铸钢，保持磁通不变，所需电流 I 为多少？（硅钢片，当 $H = 400$ A/m 时，$B = 1$ T；铸钢，当 $B = 1$ T 时，$H = 650$ A/m。）

2. 有一台单相照明变压器，容量为 10 kV·A，电压为 380 V/220 V。（1）今欲在二次［侧］接上 40 W、220 V 的白炽灯，最多可以接多少盏？并计算此时的一、二次绕组工作电流；（2）欲接功率因数为 0.44、电压为 220 V、功率为 40 W 的荧光灯（每盏灯附有功率损耗为 8 W 的镇流器），最多可接多少盏？

3. 题 3 图所示电路中，交流信号源的电压 $\dot{U}_1 = 10$ V，内阻 $R_0 = 2\,000$ Ω，负载电阻 $R_L = 8$ Ω，$N_1 = 500$ 匝，$N_2 = 100$ 匝。试求：（1）负载电阻折合到一次［侧］的等效电阻；（2）输送到负载电阻的功率；（3）若不经过变压器，将负载直接与信号源连接时，输送到负载上的功率。

4. 某单相变压器的额定容量 $S_N = 100$ kV·A，额定电压为 10 kV/0.23 kV，当满载运行时，$U_2 = 220$ V，求 k_u、I_{1N}、I_{2N}、$\Delta U\%$。

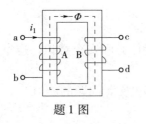

题 1 图

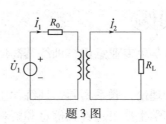

题 3 图

模块④ 三相异步电动机的原理及应用

知识目标

1. 理解感应电动机的工作原理。

2. 认识三相异步电动机的结构；明确其铭牌数据的意义；能进行三相异步电动机的选择。

3. 理解三相异步电动机的机械特性曲线，并能正确使用几个重要的转矩公式进行计算。

4. 理解三相异步电动机的起动问题；掌握其调速、反转与制动方法。

技能目标

1. 能对三相异步电动机进行综合测试。

2. 了解三相异步电动机国家/行业相关规范与标准。

情感目标

1. 提高学生专业意识，训练其高度的职业责任心和安全意识，遵章守纪、规范操作。

2. 结合理论，联系实际，训练学生分析和解决实际问题的能力。

3. 锻炼学生搜集、查找信息和资料的能力。

课题 4.1　三相异步电动机的原理及特性

知识与技能要点

- 三相异步电动机的原理、结构与铭牌数据；
- 三相异步电动机转矩与机械特性。

知识迁移——导

电动机是将电能转变为机械能的电气设备，按供电电源性质，可分为直流电动机和交流电动机。交流电动机按照其使用的电源的相数又分为单相电动机和三相电动机，而三相电动机又有异步电动机和同步电动机两种。因异步电动机特别是笼形三相异步电动机具有结构简单、制造容易、坚固耐用、使用和维修方便及价格低廉等优点，使其可作为最重要的动力设备之一，用于驱动各类机械设备，成为中小电动机的主导产品。如图4-1-1所示为三相异步电动机的外形图及分解图。

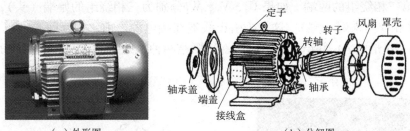

（a）外形图　　　　　　　　　　　（b）分解图

图4-1-1　三相异步电动机的外形图及分解图

问题聚焦——思

- 三相异步电动机的结构及各部分的作用；
- 三相异步电动机的工作原理；
- 三相异步电动机的转矩与机械特性。

知识链接——学

1. 三相异步电动机的结构

三相异步电动机由固定的定子和旋转的转子两个基本部分组成，转子装在定子内腔里，借助轴承被支撑在两个端盖上。为了保证转子能在定子内自由转动，定子和转子之间必须有一间隙，称为气隙。

（1）定子（静止部分）

异步电动机定子由定子铁芯、定子绕组和机座等部件组成，定子的作用是用来产生旋转磁场。

①定子铁芯：

a. 作用：三相异步电动机磁路的一部分，在其上放置定子绕组。

b. 构造：由于三相异步电动机中的磁场是旋转的，定子铁芯中的磁通为交变磁通。为了减小磁场在铁芯中引起的涡流损耗及磁滞损耗，定子铁芯由导磁性能较好的0.5 mm厚、表面具有绝缘层的硅钢片叠压而成。定子铁芯叠片内圆冲有均匀分布的一定形状的槽，用以嵌放定子绕组，如图4-1-2所示。

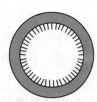

图4-1-2　定子机座和铁芯冲片

②定子绕组：

a. 作用：三相异步电动机的电路部分，通入三相交流电以产生旋转磁场。

b. 构造：定子绕组由三个在空间互隔120°、对称排列且结构完全相同的绕组连接而成。这些绕组的各个线圈按一定规律分别嵌放在定子各槽内。

c. 定子绕组的绝缘：主要包括对地绝缘（定子绕组整体与定子铁芯间的绝缘）、

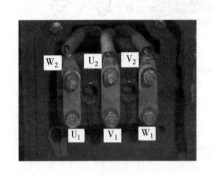
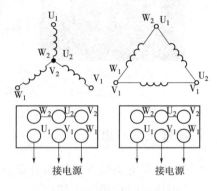

相间绝缘（各相定子绕组间的绝缘）、匝间绝缘（每相定子绕组各线匝间的绝缘）。

d. 电动机接线盒内的接线：电动机接线盒内都有一块接线板，如图 4-1-3（a）所示，三相绕组的六个线头，U_1U_2 是第一相绕组的两端，V_1V_2 是第二相绕组的两端，W_1W_2 是第三相绕组的两端。如果 U_1、V_1、W_1 分别为三相绕组的始端（头），则 U_2、V_2、W_2 是相应的末端（尾）。这六个引出线端在接电源之前，相互间必须正确连接。连接方法有星形（Y）联结和三角形（△）联结两种，如图 4-1-3（b）所示。

（a）接线盒　　　　　　　　　（b）星形联结与三角形联结

图 4-1-3　定子绕组接线

③机座：

a. 作用：固定定子铁芯与前后端盖以支撑转子，并起防护、散热等作用。

b. 构造：机座通常为铸铁件，大型三相异步电动机机座一般用钢板焊成，微型三相异步电动机的机座采用铸铝件。封闭式三相异步电动机的机座外面有散热筋以增加散热面积，防护式三相异步电动机的机座两端端盖开有通风孔，使电动机内外的空气可直接对流，以利于散热。

（2）转子（旋转部分）

转子由转子铁芯、转子绕组和转轴等部件构成。转子的作用是产生感应电流，形成电磁转矩，从而实现机电能量转换。

①转子铁芯：

a. 作用：作为三相异步电动机磁路的一部分以及在铁芯槽内放置转子绕组。

b. 构造：转子铁芯所用材料与定子一样，由 0.5 mm 厚的硅钢片冲制、叠压而成，硅钢片外圆冲有均匀分布的孔，用来嵌放转子绕组。

②转子绕组：

a. 作用：切割定子旋转磁场产生感应电动势及电流，并形成电磁转矩而使三相异步电动机旋转。

b. 构造：转子分为笼形和绕线式两种结构。笼形和绕线式只是在转子的构造上不同，工作原理是一样的。

笼形转子绕组由插入转子槽中的多根导条和两个环行的端环组成。若去掉转子铁芯，整个绕组的外形像一个鼠笼，故称为笼形转子绕组，如图 4-1-4 所示。

绕线式转子绕组与定子绕组相似，也是制成三相绕组，一般作星形联结。三根引出线分别接到转轴上彼此绝缘的三个滑环上，通过电刷装置与外部电路相连，如

图 4-1-5 所示。转子绕组回路串入三相可调电阻元件的目的是为了改善起动性能或调节转速。起动时，转子绕组与外电路接通，起动完毕后，在不需要调速的情况下，将外部电阻元件全部短接。

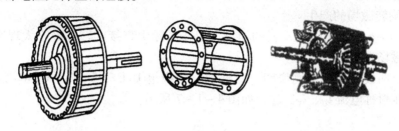

（a）笼形绕组　　　　　（b）转子外形　　　　（c）铸铝的笼形转子

图 4-1-4　笼形转子绕组

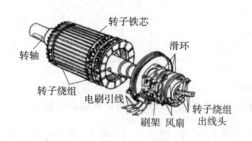
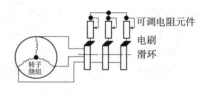

（a）绕线式转子的分解图　　　　　　　　（b）绕线转子回路接线示意图

图 4-1-5　绕线式转子绕组

③转轴。转轴一般用强度和刚度较高的低碳钢制成，其作用是支撑转子和传递转矩。整个转子靠轴承和端盖支撑，端盖一般用铸铁或钢板制成，它是三相异步电动机外壳机座的一部分。

（3）气隙

在定子和转子之间留有均匀的气隙，气隙的大小对异步电动机的参数和运行性能影响很大。为了降低三相异步电动机的励磁电流和提高功率因数，气隙应尽可能小些，但气隙过小，将使装配困难或运行不可靠，因此气隙大小除了考虑电性能外，还要考虑便于安装。气隙的最小值常由制造加工工艺和安全运行等因素来决定。三相异步电动机气隙一般为 0.2~2 mm。

（4）三相异步电动机的其他附件

端盖：支撑作用；轴承：连接转动部分与不动部分；轴承端盖：保护轴承；风扇：冷却电动机。

2. 三相异步电动机的工作原理

（1）感应电动机转动原理

图 4-1-6 所示为电动机工作原理的一个简单的实验：当摇动蹄形磁铁时，笼形转子跟随转动；如果摇把方向发生改变，笼形转子方向也会发生变化。

分析实验：手摇蹄形磁铁将产生一个旋转磁场，该旋转磁场切割笼形转子，从而在转子中产

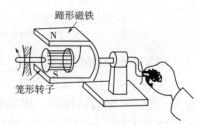

图 4-1-6　电动机工作原理的一个简单的实验

生感应电流（转子是闭合通路），载流的转子导体在旋转磁场作用下将产生电磁力，在转子转轴上形成电磁转矩，驱动转子旋转，并且转子旋转方向与旋转磁场方向相同。故可得出如下结论：旋转磁场可拖动笼形转子转动。

（2）旋转磁场的产生

图4-1-6所示可谓电动机的模型，但在实际中直接旋转磁极不太现实，如何产生旋转磁场是问题的关键。

下面以两极电动机为例说明，对称的三相绕组 U_1U_2、V_1V_2、W_1W_2 接成星形，并通以三相对称电流 i_U、i_V、i_W，如图4-1-7所示。

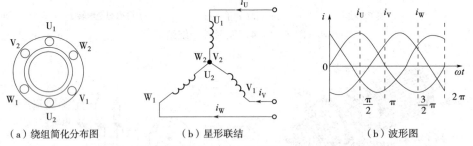

（a）绕组简化分布图　　　　（b）星形联结　　　　（b）波形图

图4-1-7　定子三相绕组简化分布图、星形联结及通入的三相对称电流波形

当 $\omega t = 0$ 时，$i_U = 0$；i_V 为负值，即 i_V 由末端 V_2 流入，首端 V_1 流出；i_W 为正值，即 i_W 由首端 W_1 流入，末端 W_2 流出。电流流入端用"×"表示，电流流出端用"·"表示。利用右手螺旋定则可确定在 $\omega t = 0$ 瞬间由三相电流所产生的合成磁场方向，如图4-1-8（a）所示。可见合成磁场是一对磁极，磁场方向与纵轴方向一致，上方是北极，下方是南极。同理，可分析 $\omega t = 2\pi/3$、$\omega t = 4\pi/3$ 时合成磁场的方向，对应着图4-1-8（b）、（c）。可看出当电流变化一周，磁场逐相按顺时针方向旋转一周。

结论：在三相交流电动机定子上布置有结构完全相同、在空间位置各相差120°电角度的三相绕组，分别通入三相交流电，则在定子与转子的气隙间所产生的合成磁场是沿定子内圆旋转的，故称旋转磁场。

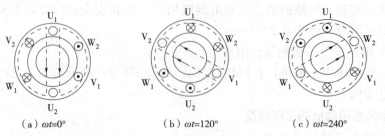

（a）$\omega t = 0°$　　　　（b）$\omega t = 120°$　　　　（c）$\omega t = 240°$

图4-1-8　旋转磁场产生示意图

（3）旋转磁场的旋转方向

观察图4-1-8还可发现，旋转磁场的旋转方向与绕组中电流的相序有关。相序 U、V、W 顺时针排列，磁场顺时针方向旋转，旋转磁场的旋转方向决定于通入定子绕组中的三相交流电源的相序。只要调换电动机任意两相绕组所接交流电源的相序，旋转磁场即反转。

（4）旋转磁场的旋转速度

当三相异步电动机定子绕组为 p 对磁极时，旋转磁场的转速（称为同步转速）为

$$n_1 = \frac{60f_1}{p} \tag{4-1-1}$$

式中：n_1——旋转磁场转速（又称同步转速），r/min；

$\quad\quad f_1$——三相交流电源的频率，Hz；

$\quad\quad p$——磁极对数。

为方便读者学习，把不同磁极对数所对应的旋转磁场的转速列于表 4-1-1 中。

表 4-1-1　不同磁极对数所对应的旋转磁场的转速

p	1	2	3	4	5	6
n_0/（r/min）	3 000	1 500	1 000	750	600	500

（5）三相异步电动机的转差率

分析三相异步电动机转子转速 n 和定子旋转磁场转速 n_1 间的关系：

①当 $n=0$ 时，转子切割旋转磁场的相对转速 $n_1-n=n_1$ 为最大，故转子中的感应电动势和电流最大。

②当转子转速 n 增加时，则 n_1-n 开始下降，故转子中的感应电动势和电流下降。

③当 $n=n_1$ 时，则 $n_1-n=0$，此时转子导体不切割定子旋转磁场，转子中就没有感应电动势及电流，也就不产生转矩。转子转速在一般情况下不可能等于旋转磁场的转速，即转子转速与定子旋转磁场的转速两者的步伐不可能一致，异步电动机由此而得名。因此 n 和 n_1 的差异是异步电动机能够产生电磁转矩的必要条件。

将同步转速 n_1 与转子转速 n 之差对同步转速 n_1 的比值称为转差率，用 s 表示。

$$s = \frac{n_1-n}{n_1} \tag{4-1-2}$$

转差率是三相异步电动机的一个重要的参数。电动机正常运行时的转速和同步转速相差很小，因此转差率也很小，通常在 1% ~9%。

3. 三相异步电动机铭牌

三相异步电动机的额定值刻印在每台电动机的铭牌上，一般包括下列几种：

（1）型号

如 Y90L-4：

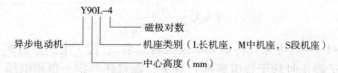

其中三相异步电动机的产品名称代号还有：YR 为绕线式异步电动机；YB 为防爆型异步电动机；YQ 为高起动转矩异步电动机。

（2）额定值

①额定功率 P_N：电动机在额定情况下运行，由轴端输出的机械功率，单位为 W 或 kW。

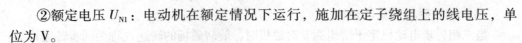

②额定电压 U_{N1}：电动机在额定情况下运行，施加在定子绕组上的线电压，单位为 V。

③额定频率 f_N：我国规定为 50 Hz。

④额定电流 I_{N1}：电动机在额定电压、额定频率下轴端输出额定功率时，定子绕组的线电流，单位为 A。

⑤额定转速 n_N：电动机在额定电压、额定频率、轴端输出额定功率时，转子的转速，单位为 r/min。由于生产机械对转速的要求不同，需要生产不同磁极数的异步电动机，因此有不同的转速等级。最常用的是四个极的异步电动机（$n_0 = 1\,500$ r/min）。

⑥额定效率 η_N：电动机在额定情况下运行时的效率，等于额定输出功率与额定输入功率的比值。

对于三相异步电动机，额定功率为

$$P_N = \sqrt{3} U_{N1} I_{N1} \eta_N \cos\varphi_N$$

$$\eta_N = \frac{P_{2N}}{P_{1N}} \times 100\% = \frac{P_N}{\sqrt{3} U_N I_N \cos\varphi_N} \times 100\%$$

（3）绝缘等级

按电动机绕组所用的绝缘材料在使用时容许的极限温度来分级。

（4）工作方式

工作方式反映异步电动机的运行情况，可分为三种基本工作方式，即连续运行、短时运行和断续运行。

（5）接法

指电动机定子三相绕组与交流电源的连接方法。

4. 三相异步电动机的电磁转矩与机械特性

（1）电磁转矩

电动机拖动生产机械工作时，负载改变，电动机输出的电磁转矩随之改变，因此电磁转矩是三相异步电动机的一个重要参数。因为三相异步电动机是由转子绕组中电流与旋转磁场相互作用而产生的，所以转矩 T 的大小与旋转磁场的主磁通 Φ 及转子电流 I_2 有关。

经实验和数学推导证明，三相异步电动机的一般表达式可写成

$$T = K_T \Phi I_2 \cos\varphi_2 \qquad\qquad (4-1-3)$$

式中，K_T 是三相异步电动机的结构常数。分析三相异步电动机定子电路与转子电路，可将式（4 – 1 – 3）改写成下式

$$T = K \frac{sR_2 U_1^2}{R_2^2 + (sX_{20})^2} \qquad\qquad (4-1-4)$$

由式（4 – 1 – 4）可见，转矩 T 不仅与转差率 s、转子电路参数 R_2（转子绕组电阻）、X_{20}（转子静止时转子绕组感抗）有关，而且还与定子每相电压 U_1 的二次方成正比，所以当电源电压有所变动时，对转矩的影响很大。过低的电压常使电动机不能起动或被迫停转，此种现象一旦发生就会引起电流剧增，若不及时切断电源，在短时间内就会使三相异步电动机烧毁，故在运行中必须注意。

必须指出，$T \propto U_1^2$ 的关系并不意味着三相异步电动机的工作电压越高，三相异步电动机实际输出的转矩就越大。三相异步电动机稳定运行情况下，不论电源电压

是高是低，其输出机械转矩的大小，只决定于负载转矩的大小。

（2）机械特性

式（4-1-4）说明，当电源电压有效值 U_1 一定时，因 R_2、X_{20} 通常为常数，所以电磁转矩 T 是转差率 s 的函数，其 $T=f(s)$ 关系曲线如图4-1-9（a）所示，称为异步电动机的转矩特性。当电动机电磁转矩改变时，异步电动机的转速也会随之发生变化，这种反映转子转速和电磁转矩之间对应关系 $n=f(T)$ 的曲线如图4-1-9（b）所示，称为异步电动机的机械特性曲线。机械特性由电动机本身的结构、参数决定，与负载无关。

研究机械特性的目的是为了分析三相异步电动机的运行性能。现就机械特性曲线讨论三个转矩。

①额定转矩 T_N。三相异步电动机的额定转矩是指其工作在额定状态下产生的电磁转矩。额定转矩遵循如下公式

$$T_N = 9\,550\,\frac{P_{2N}}{n_N} \tag{4-1-5}$$

式中，P_{2N} 为额定转速 n_N 时的额定输出功率，单位为 kW；n_N 单位为 r/min；T_N 单位为 N·m。

通常三相异步电动机都工作在图4-1-9（b）所示的 ab 段，称为三相异步电动机的稳定运行段。若负载转矩增大（如起重机的起重量加大），在最初瞬间电动机的转矩 $T < T_L$，所以它的转速 n 开始下降。随着转速的下降，电动机的转矩增加，当转矩增加到 $T = T_L$ 时，电动机在新的稳定状态下运行，这时转速较前为低。由于 ab 段比较平坦，当负载在空载与额定值之间变化时，电动机的转速变化不大，这种特性称为硬机械特性。

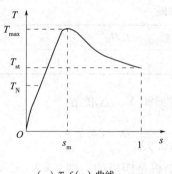

（a）$T=f(s)$ 曲线

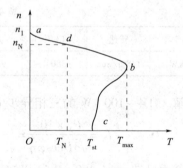

（b）$n=f(T)$ 曲线

图4-1-9　三相异步电动机的机械特性曲线

②最大转矩。从机械特性曲线上看，转矩有一个最大值，称为最大转矩或临界转矩 T_{max}。

当负载转矩超过最大转矩时，电动机就带不动负载了，发生所谓闷车现象。闷车后，电动机的电流立即升高六七倍，电动机严重过热，导致烧坏。

如果过载时间较短，电动机不至于立即过热，是容许的。因此，最大转矩也表示电动机短时容许过载能力。电动机的额定转矩 T_N 比 T_{max} 要小，两者之比称为过载系数 λ，即

$$\lambda = \frac{T_{max}}{T_N} \qquad\qquad (4-1-6)$$

一般三相异步电动机的过载系数为 1.8 ~ 2.2。

③起动转矩。机械特性曲线 bc 段称为起动运行段（又称不稳定运行区）。电动机刚起动（$n=0$，$s=1$）时的转矩称为起动转矩。

电动机的起动转矩 T_{st} 与额定转矩 T_N 的比值 $k_{st} = T_{st}/T_N$ 表示电动机的起动能力，一般三相异步电动机的值为 1.4 ~ 2.2。只有起动转矩大于负载转矩时，电动机才能起动。起动转矩越大，起动越快；反之，不能起动。

应用举例——练

【例 4-1-1】有一台三相异步电动机，其额定转速 $n=1\,425$ r/min。试计算三相异步电动机的磁极对数和额定负载时的转差率（工频 $f=50$ Hz）。

解 一般情况下，转子的转速 n 只是略小于旋转磁的转速，查表 4-1-2 可知，与 1 425 r/min 最接近的旋转磁场的转速 $n_1 = 1\,500$ r/min，与此对应的磁极对数 $p=2$。

因此，额定负载时的转差率为

$$s = \frac{n_1 - n}{n_1} \times 100\% = \frac{1\,500 - 1\,425}{1\,500} \times 100\% = 5\%$$

【例 4-1-2】有一 Y225M-4 型三相异步电动机，其额定数据如表 4-1-2 所示。试求：①额定电流；②额定转差率 s_N；③额定转矩 T_N、最大转矩 T_{max}、起动转矩 T_{st}。

表 4-1-2　额定数据

功率	转速	电压	效率	功率因数	I_{st}/I_N	T_{st}/T_N	T_{max}/T_N
45kW	1480r/min	380V	92.3%	0.88	7.0	1.9	2.2

解 ①4 ~ 100 kW 的三相异步电动机通常都是 380 V，△联结。

$$I_N = \frac{P_2 \times 10^3}{\sqrt{3}U\cos\varphi\eta} = \frac{45 \times 10^3}{\sqrt{3} \times 380 \times 0.88 \times 0.923} \text{A} = 84.2 \text{ A}$$

②由已知 $n=1\,480$ r/min 可知，三相异步电动机是四极的，即 $p=2$，$n_1 = 1\,500$ r/min，所以

$$s_N = \frac{n_1 - n}{n_1} = \frac{1\,500 - 1\,480}{1\,500} = 0.013$$

③

$$T_N = 9\,550\frac{P_2}{n} = 9\,550 \times \frac{45}{1\,480} \text{ N} \cdot \text{m} = 290.4 \text{ N} \cdot \text{m}$$

$$T_{max} = \left(\frac{T_{max}}{T_N}\right)T_N = 2.2 \times 290.4 \text{ N} \cdot \text{m} = 638.9 \text{ N} \cdot \text{m}$$

$$T_{st} = \left(\frac{T_{st}}{T_N}\right)T_N = 1.9 \times 290.4 \text{ N} \cdot \text{m} = 551.8 \text{ N} \cdot \text{m}$$

查阅相关书籍及相关网站，了解直流电动机、单相异步电动机的结构、特点及使用。

课题 4.2　三相异步电动机的使用及综合测试

知识与技能要点

- 三相异步电动机的起动、调速和制动。

知识迁移——导

目前，三相异步电动机因其结构简单、运行可靠、价格低、维护方便等一系列的优点，作为电力拖动已被广泛地应用在工业电气自动化各个领域中。因此，要更好、更高效地使用三相异步电动机，不但要根据其生产机械的负载特性选择合适的三相异步电动机，还要考虑三相异步电动机的起动、制动、散热、调速、效率等实际问题。

问题聚焦——思

- 三相异步电动机的起动特点、方法；
- 三相异步电动机的调速方法；
- 三相异步电动机的制动方法。

知识链接——学

1. 三相异步电动机的起动

（1）三相异步电动机起动过程的特点

三相异步电动机的转子由静止不动到稳定转速的过程称为三相异步电动机的起动。三相异步电动机起动时有如下特点：

①起动电流 I_{st} 较额定电流大得多。在刚起动时，由于旋转磁场对静止的转子有很大的相对转速，磁通切割转子导条的速度很快，因此，起动时转子绕组中感应出的电动势和产生的转子电流都很大。转子电流的增大将使定子电流相应增大。对一般中、小型笼形异步电动机而言，其定子起动电流（线电流）与额定电流之比为 $5 \sim 7$ 倍。

因为三相异步电动机的起动电流比额定电流大得多，因此，频繁起动三相异步电动机将使三相异步电动机过热，从而损伤或损坏三相异步电动机。另外，三相异步电动机的起动对线路是有影响的，过大的起动电流在短时间内会在线路上造成较大的电压降落，从而使负载端的电压降低，影响邻近负载的正常工作。例如，对邻近的三相异步电动机，电压的降低将影响它们的转速（下降）和电流（增大），甚至可能使它们的最大转矩瞬时小于负载转矩，致使三相异步电动机停下来。

②转子功率因数低。在刚起动时，虽然转子电流很大，但因为三相异步电动机起动时，转子频率最高（为定子电流频率），转子感抗很大，所以转子的功率因数是很低的。

根据三相异步电动机起动的特点，三相异步电动机起动时，应保证有足够的起动转矩 T_{st}，能够正常起动；起动电流 I_{st} 不要太大，以免影响电网上其他电气设备的正常工作。为了减小起动电流（有时也为了提高或减小起动转矩），必须采用适当的起动方法。

（2）三相异步电动机的起动方法

对笼形异步电动机，其起动方式有两种：直接起动和降压起动。

①直接起动。直接起动是利用闸刀开关或接触器将三相异步电动机直接接到额定电压上的起动方式，又称全压起动。

a. 优点：起动简单；

b. 缺点：起动电流较大，将使线路电压下降，影响负载正常工作；

c. 适用范围：三相异步电动机容量在 10 kW 以下，并且小于供电变压器容量的 20%。

②降压起动。如果三相异步电动机直接起动时所引起的线路电压降较大，必须采用降压起动，就是在起动时降低加在三相异步电动机定子绕组上的电压，以减小起动电流。笼形异步电动机的降压起动常用下面几种方法：

a. 星形–三角形（丫–△）换接起动。丫–△换接起动是指在起动时将定子绕组连接成星形，通电后三相异步电动机运转，当转速升高到接近额定转速时再换接成三角形。

特点：起动电流小（起动电流为全压起动时的1/3），所需设备简单；起动转矩小（起动转矩为全压起动时的1/3），适于空载起动（轻载）；三相异步电动机正常运行时定子绕组是三角形联结（线电压为 380 V），且每相绕组都有两个引出端子的电动机；有专门的丫–△起动。

b. 自耦降压起动。利用三相自耦变压器将三相异步电动机在起动过程中的端电压降低，以达到减小起动电流的目的。

特点：在相同的起动转矩下，从电网吸取的电流减小，即 T 相同时，I 下降；自耦变压器二次［侧］有多个抽头（自耦变压器备有40%、60%、80%等多种抽头，使用时要根据三相异步电动机起动转矩的要求具体选择），所以起动电压可选；起动设备多且体积大，成本比较高；不适于频繁起动（过电流工作）；有一定的起动转矩（适用轻载）；用在不能丫–△起动的场合（丫联结工作的电动机）。

至于绕线式异步电动机的起动，只要在转子电路中接入大小适当的起动电阻器，如图 4–2–1 所示，既可以降低起动电流，又可以增大起动转矩。它常用于要求起动转矩较大的生产机械上，例如卷扬机、锻压机等。起动后，随着转速的上升将起动电阻器逐段切除。

2. 三相异步电动机的调速

用人为方法，在同一负载下使三相异步电动机转速改变以满足生产机械的需要，称为三相异步电动机的调速。

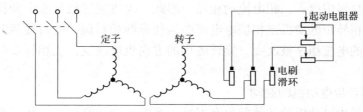

图 4 - 2 - 1　绕线式异步电动机起动时的接线图

由式（4 - 1 - 2）可得三相异步电动机的转速为

$$n = (1-s)\,n_1 = (1-s)\,\frac{60f_1}{p}$$

上式表明，改变三相异步电动机的转速有三种可能，即改变电源频率 f_1、磁极对数 p 及转差率 s。前两者是笼形异步电动机的调速方法，后者是绕线式异步电动机的调速方法，现分别讨论如下：

（1）变极调速（有级调速）

由三相异步电动机的转速公式可知，f_1 一定时，改变三相异步电动机定子绕组通电后所形成的磁极对数 p，可达到调速的目的。三相异步电动机的磁极对数取决于定子绕组的布置和连接方式（这种电动机称为多速电动机）。因磁极对数只能是按 1、2、3、…的规律变化，所以用这种方法调速，三相异步电动机的转速不能连续、平滑地进行调节，只能实现有级调速。

变极调速方法简单、运行可靠、机械特性较硬，它限于在多速电动机上使用。

（2）变频调速（无级调速）

用改变三相异步电动机电源频率的方法达到调速的目的，称为变频调速。

由三相异步电动机的转速公式，考虑到正常情况下转差率 s 很小，故三相异步电动机转速 n 与电源频率 f_1 近似成正比，通过变频器把频率为 50 Hz 工频的三相交流电源变换成为频率和电压均可调节的三相交流电源，然后供给三相异步电动机，从而使三相异步电动机的速度得到调节。

变频调速的主要优点是调速范围大、调速平滑、机械特性较硬、效率高。高性能的异步电动机变频调速系统的调速性能可与直流调速系统相媲美。但它需要一套专用变频电源，调速系统较复杂、设备投资较高。近年来随着晶闸管技术的发展，为获得变频电源提供了新的途径。晶闸管变频调速器的应用，大大促进了变频调速的发展。变频调速是近代交流调速发展的主要方向之一。

（3）变转差率调速（无级调速）

只有绕线式异步电动机才能采用变转差率调速。只要在绕线式异步电动机的转子电路中接入一个调速电阻器（和起动电阻器一样接入，如图 4 - 2 - 1 所示），改变电阻器的大小，电动机的机械特性曲线即发生变化，因此在一定负载转矩下，对应着不同的转速，就可得到平滑调速，又称变阻调速。这种调速方法广泛应用于起重设备中。

3. 三相异步电动机的反转与制动

（1）三相异步电动机的反转

因为三相异步电动机的转动方向是由旋转磁场的方向决定的，而旋转磁场的转向取决于定子绕组中通入三相电流的相序。因此，要改变三相异步电动机的转动方向只需要将三相异步电动机三相供电电源中的任意两相对调，此时接到三相异步电动机定子绕组的电流相序被改变，旋转磁场的方向也被改变，三相异步电动机就实现了反转。

（2）三相异步电动机的制动

因为三相异步电动机的转动部分有惯性，当把电源切断后，三相异步电动机还会继续转动一定时间才停止。为了缩短辅助工时，提高生产机械的生产率，并为安全起见，往住要求三相异步电动机能够迅速停车和反转，这就需要对三相异步电动机制动。

制动的方法有机械制动和电气制动两种，常用的电气制动方法有能耗制动、反接制动、发电反馈制动等。

①能耗制动。能耗制动原理图如图 4 - 2 - 2 所示，三相异步电动机定子绕组切断三相电源后迅速接通直流电源，使直流电流通过定子绕组而产生固定不动的磁场。转子电流与直流电流固定磁场相互作用产生与三相异步电动机转动方向相反的转矩，实现制动。它是通过消耗转子的动能（转换为电能）来制动的，因而称为能耗制动。制动转矩的大小与直流电流的大小有关。直流电流的大小一般为三相异步电动机额定电流的 0.5～1 倍。

特点：制动准确、平稳，但需要额外的直流电源。在有些机床中采用这种制动方法。

②反接制动。三相异步电动机停车时将三相电源中的任意两相对调，使三相异步电动机产生的旋转磁场改变方向，电磁转矩方向也随之改变，如图 4 - 2 - 3 所示，称为反接制动。

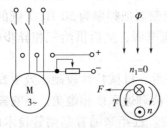

图 4 - 2 - 2 能耗制动原理图

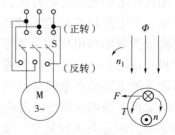

图 4 - 2 - 3 反接制动原理图

注意：当三相异步电动机转速接近为零时，要及时断开电源，防止三相异步电动机反转。

特点：简单、制动效果好，但由于反接时旋转磁场与转子间的相对运动加快，因而电流较大。对于功率较大的三相异步电动机制动时必须在定子电路（笼形）或转子电路（绕线式）中接入电阻器，以限制电流。

③发电反馈制动。当三相异步电动机转速超过旋转磁场的转速时，电磁转矩的方向与转子的运动方向相反，从而限制转子的转速，起到了制动作用，如图 4 - 2 - 4 所示。因为当转子转速大于旋转磁场的转速时，有电能从三相异

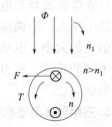

图 4 - 2 - 4 发电反馈制动原理图

步电动机的定子返回给电源，实际上这时三相异步电动机已经转入发电机运行，所以这种制动称为发电反馈制动。

应用举例——练

【例】 有一台三相异步电动机，其铭牌数据为30 kW，1 470 r/min，380 V，△接法，$\eta = 82.2\%$，$\cos\varphi = 0.87$，起动电流倍数为$I_{st}/I_N = 6.5$，起动转矩倍数为$T_{st}/T_N = 1.6$，采用丫－△降压起动，试求：①该三相异步电动机的额定电流；②该三相异步电动机的起动电流和起动转矩。

解 三相异步电动机的额定转矩

$$T_N = 9\ 550\frac{P_N}{n_N} = 9\ 550 \times \frac{30}{1\ 470}\ N \cdot m = 194.9\ N \cdot m$$

正常起动要求起动转矩不小于T_{st}，大小为

$$T_{st} = 1.6T_N = 311.84\ N \cdot m$$

$$P_N = \sqrt{3}U_N I_N \eta_N \cos\varphi_N = \sqrt{3} \times 380 \times I_N \times 0.822 \times 0.87 = 30 \times 10^3\ W$$

$$I_N = 63.8\ A$$

$$I_{st} = 6.5I_N = 6.5 \times 63.8\ A = 414.7\ A$$

探究实践——做

学习笼形异步电动机的正确接线，以及起动、反转的操作方法。

参考方案：

1. 实验设备

主要实验设备见表4–2–1。

表4–2–1　主要实验设备

序　号	名　称	型号与规格	数　量
1	三相交流电源	380 V、220 V	1
2	三相笼形异步电动机	DJ24	1
3	交流电压表	0~500 V	1
4	交流电流表	0~5 A	1
5	万用电表	—	1

2. 测试内容与方法步骤

（1）观察电动机的结构和铭牌

记下其铭牌数据，记入表4–2–2中。

表4–2–2　电动机铭牌数据

型　号		功　率		频　率	
电压		电流		接法	
转速		绝缘等级		工作方式	

（2）笼形异步电动机的直接起动

①采用 380 V 三相交流电源。将三相自耦调压器手柄置于输出电压为零位置；控制屏上三相电压表切换开关置"调压输出"侧；根据电动机的容量选择交流电流表合适的量程。

开启控制屏上三相电源总开关，按起动按钮，此时自耦调压器一次绕组端 U_1、V_1、W_1 得电，调节调压器输出使 U、V、W 端输出线电压为 380 V，三只电压表指示应基本平衡。保持自耦调压器手柄位置不变，按停止按钮，自耦调压器断电。

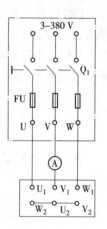

图 4 - 2 - 5 Y联结

a. 按图 4 - 2 - 5 接线，电动机三相定子绕组接成Y联结；供电线电压为 380 V；实验线路中 Q_1 及 FU 由控制屏上的接触器 KM 和熔断器 FU 代替，学生可由 U、V、W 端子开始接线，以后各控制实验均同此。

b. 按控制屏上起动按钮，电动机直接起动，观察起动瞬间电流冲击情况及电动机旋转方向，记录起动电流。当起动运行稳定后，将电流表量程切换至较小量程挡位上，记录空载电流。将测量结果记录在表 4 - 2 - 3 中。

表 4 - 2 - 3 起动电流、空载电流、额定电流

起动方法	I_{st}	I_o	I_N	I_{st}/I_N	I_o/I_N
直接起动（正转）					
直接起动（反转）					

c. 电动机稳定运行后，突然断开 U、V、W 中的任一相电源（注意小心操作，以免触电），观测电动机作单相运行时电流表的读数并记录之。再仔细倾听电动机的运行声音有何变化。（可由指导教师进行示范操作）

d. 电动机起动之前先断开 U、V、W 中的任一相，作缺相起动，观测电流表读数，并记录之，观察电动机有否起动，再仔细倾听电动机有否发出异常的声响。

e. 实验完毕，按控制屏停止按钮，切断实验线路的三相电源。

②采用 220 V 三相交流电源。调节调压器输出使输出线电压为 220 V，电动机定子绕组接成△联结。按图 4 - 2 - 6 接线，重复①中各项内容并记录。

（3）笼形异步电动机的反转

电路如图 4 - 2 - 7 所示，按控制屏起动按钮，起动电动机，观察起动电流及电动机旋转方向。

实验完毕，将自耦调压器调回零位，按控制屏停止按钮，切断实验线路三相电源。

3. 测试注意事项

①本实验系强电实验，接线前（包括改接线路）、实验后都必须断开实验线路的电源，特别是改接线路和拆线时必须遵守"先断电、后拆线"的原则。电动机在运转时，电压和转速均很高，切勿触碰导电和转动部分，以免发生人身和设备事故。为了确保安全，学生应穿绝缘鞋进入实验室。接线或改接线路必须经指导教师检查后方可进行实验。

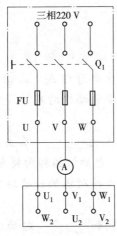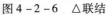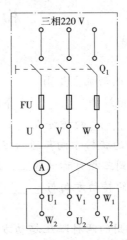

图 4 - 2 - 6　△联结　　　图 4 - 2 - 7　笼形异步电动机的反转

　　②起动电流持续时间很短，且只能在接通电源的瞬间读取电流表指针偏转的最大读数，（因指针偏转的惯性，此读数与实际的起动电流数据略有误差），如错过这一瞬间，须将电动机停车，待停稳后，重新起动读取数据。

　　③单相（即缺相）运行时间不能太长，以免过大的电流导致电动机的损坏。

小　　结

模块4　三相异步电动机的原理及使用

知识与技能	重　点	难　点
三相异步电动机的工作原理、结构及铭牌	1. 旋转磁场的方向与转子转动方向； 2. 旋转磁场的转速、转子的转速与转差率的关系； 3. 三相异步电动机的组成及作用； 4. 三相异步电动机的铭牌数据，特别是额定值	1. 旋转磁场的产生； 2. 转差率的物理意义
三相异步电动机的电磁转矩及机械特性	1. 三个转矩（额定转矩、最大转矩及起动转矩）公式； 2. 三相异步电动机的转速与电磁转矩的关系，特别是电动机的硬机械特性	1. 影响电磁转矩的因素； 2. 三相异步电动机的机械特性的理解
三相异步电动机的使用	1. 三相异步电动机的起动方法特别是笼形异步电动机的起动； 2. 三相异步电动机的调速方法； 3. 三相异步电动机的制动方法	1. 三相异步电动机起动的特点； 2. 电动机调速的含义； 3. 制动原理的理解

检 测 题

一、填空题

1. 三相异步电动机主要由_____和_____两大部分组成。三相异步电动机的铁芯是由相互绝缘的_____片叠压制成。三相异步电动机的定子绕组可以连接成_____或_____两种方式。

2. 旋转磁场的旋转方向与通入定子绕组中三相电流的_____有关，把三相笼形异步电动机接到三相对称电源上，现任意对调两相，电动机的转向将会_____。三相异步电动机的转动方向与_____的方向相同。旋转磁场的转速决定于电动机的_____。

3. 电动机常用的两种降压起动方法是_____起动和_____起动。

4. 某四极 50 Hz 的电动机，其三相定子磁场转速为_____，若额定转差率为 0.04，则额定转速为_____。

5. 异步电动机的调速可以用改变_____、_____和_____三种方法来实现。其中_____调速是发展方向。

6. 异步电动机根据转子结构的不同可分为_____式和_____式两类。它们的工作原理是_____。_____式电动机调速性能较差，_____式电动机调速性能较好。

7. 制动措施可分为电力制动和机械制动两大类。电力制动有_____、_____两种，是用电气的办法使电动机产生一个与转子转向相反的制动转矩。

二、判断题

1. 2.2 kW 的三相异步电动机允许直接起动。（　　）

2. 异步电动机只有转子转速和磁场转速存在差异时，才能运行。（　　）

3. 电动机的额定功率，既表示输入功率也表示输出功率。（　　）

4. 一台额定电压为 220 V 的交流接触器在交流 220 V 和直流 220 V 的电源上均可使用。（　　）

5. 电动机稳定运行时，其电磁转矩与负载转矩基本相等。（　　）

6. 电动机空载起动电流比重载起动电流小得多。（　　）

7. 能耗制动比反接制动所消耗的能量小，制动平稳。（　　）

三、选择题

1. 三相笼形异步电动机直接起动电流过大，一般可达额定电流的（　　）倍。

    A. 2～3　　　　　　B. 3～4　　　　　　C. 4～7　　　　　　D. 10

2. U_N、I_N、η_N、$\cos\varphi_N$ 分别是三相异步电动机的额定线电压、线电流、效率和功率因数，则三相异步电动机额定功率 P_N 为（　　）。

    A. $\sqrt{3}U_N I_N \eta_N \cos\varphi_N$　　　　　　　　B. $\sqrt{3}U_N I_N \cos\varphi_N$

    C. $\sqrt{3}U_N I_N$　　　　　　　　　　　　D. $\sqrt{3}U_N I_N \eta_N$

3. 采用星形 – 三角形降压起动的电动机，正常工作时定子绕组接成（　　）。

    A. 三角形　　　　　　　　　　　B. 星形

C. 星形或三角形 D. 定子绕组中间带抽头

4. 把运行中的异步电动机三相定子绕组出线端的任意两相电源接线对调，异步电动机的运行状态变为（ ）。

A. 反接制动 B. 反转运行

C. 先是反接制动随后是反转运行 D. 以上状态都有可能

四、简答题

1. 三相异步电动机的起动基本要求有哪些？

2. 电动机的起动电流很大，当电动机起动时，热继电器会不会动作？为什么？

3. 三相异步电动机电磁转矩与哪些因素有关？三相异步电动机带动额定负载工作时，若电源电压下降过多，往往会使电动机发热，甚至烧毁，试说明原因。

五、计算题

1. 有一台四极感应电动机，电压频率为 50 Hz，转速为 1 440 r/min，试求这台感应电动机的转差率。

2. 某三相异步电动机每相绕组的等值阻抗 $Z = 27.74$ Ω，功率因数 $\cos\varphi = 0.8$，正常运行时绕组作三角形联结，电源线电压为 380 V。试求：

（1）正常运行时相电流、线电流和电动机的输入功率；

（2）为了减小起动电流，在起动时改接成星形，试求此时的相电流、线电流及电动机输入功率。

3. 有两台功率都为 $P_N = 7.5$ kW 的三相异步电动机，一台 $U_N = 380$ V、$n_N = 962$ r/min，另一台 $U_N = 380$ V、$n_N = 1450$ r/min，求两台三相异步电动机的额定转矩。

4. 有一台 JO$_2$ - 62 - 4 型三相异步电动机，其铭牌数据为 10 kW，380 V，50 Hz，三角形联结，1 450 r/min，$\eta = 87\%$，$\cos\varphi = 0.86$，$p = 2$，试求该三相异步电动机的额定电流和额定转差率。

5. 有一台 JO$_2$ - 82 - 4 型三相异步电动机，其额定数据为 40 kW、380 V，三角形联结，$\eta = 90\%$，$\cos\varphi = 0.89$，$n_N = 1 470$ r/min，过载系数为 1.8，$f = 50$ Hz，试求：（1）最大转矩；（2）额定电流；（3）额定转差率。

下篇　实用电子技术基础

模块⑤

典型放大电路的分析及测试

知识目标

1. 了解半导体及其导电性；了解 PN 结形成；掌握 PN 结单向导电性。

2. 了解半导体二极管的结构及分类；熟练掌握普通二极管和稳压二极管的符号、工作原理、伏安特性及主要参数；掌握二极管的等效电路模型及应用；了解其他二极管作用。

3. 了解半导体三极管的结构；熟练掌握三极管的符号、工作原理、共射输入特性和输出特性曲线、三个工作区的特点及主要参数。

*4. 了解场效应晶体管的结构和符号，并能初步了解场效应晶体管的工作原理。

5. 了解放大电路的基本模型和三种电路组态；熟练掌握共射电路的工作原理、静态分析和动态定性分析；了解其他形式电路的基本构成、特点、性能参数和应用。

6. 了解多级放大电路的耦合方式的特点及应用。

7. 了解零点漂移与温度漂移、共模信号与共模放大倍数、差模信号和差模放大倍数、共模抑制比等概念；了解差分放大电路的工作原理。

8. 了解功率放大电路的基本概念、分类；了解甲乙类互补对称功率放大电路的结构、特点及工作原理；掌握交越失真的概念。

技能目标

1. 会利用万用表测试二极管、三极管。

2. 会正确使用示波器、稳压电源、信号源和交流毫伏表调试和测量单管交流放大电路。

情感目标

1. 训练学生实事求是、严谨的学习态度。

2. 培养学生勤观察、勤思考、好动手的学习与工作习惯和分析与解决实际问题的能力。

3. 培养团队合作精神。

4. 锻炼学生搜集、查找信息和资料的能力。

课题 5.1 半导体器件及其测试

知识与技能要点

- 半导体及其导电性能，PN 结及单向导电性；
- 二极管的结构、分类、符号、伏安特性、主要参数、电路模型及应用；
- 三极管的结构、分类、符号、电流放大、输入/输出特性、主要参数及三个工作区；
- 二极管、三极管的测试。

5.1.1 半导体二极管及其测试

知识迁移——导

图 5-1-1 所示为几个简易的电子制作应用电路，在这几个电路中，核心元件是不同类型的二极管。

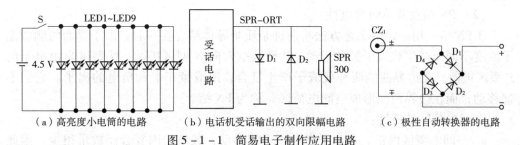

（a）高亮度小电筒的电路   （b）电话机受话输出的双向限幅电路   （c）极性自动转换器的电路

图 5-1-1 简易电子制作应用电路

问题聚焦——思

- 半导体及其导电性能；
- 半导体二极管的结构、符号、伏安特性、电路模型；
- 稳压二极管及其他特殊二极管的作用；
- 二极管的检测。

知识链接——学

1. 半导体二极管的结构及单向导电性

半导体二极管以其独特的导电性能，在电子线路和电力电子电路中得到了广泛的应用。为更好地了解二极管的结构，先简要介绍半导体及 PN 结的相关知识。

（1）半导体及其导电性

①半导体：半导体是指导电能力介于导体和绝缘体之间的一类物质，如四价元

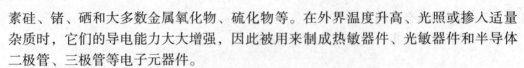

素硅、锗、硒和大多数金属氧化物、硫化物等。在外界温度升高、光照或掺入适量杂质时，它们的导电能力大大增强，因此被用来制成热敏器件、光敏器件和半导体二极管、三极管等电子元器件。

②本征半导体：纯净的四价元素硅和锗等以共价键形式构成结晶结构，称为晶体。本征半导体就是完全纯净的具有晶体结构的半导体。

本征半导体在环境温度升高或受到光照时产生本征激发，形成自由电子和空穴。自由电子带负电，空穴带正电，在外电场作用下自由电子移动，相邻的价电子填补空穴而形成空穴移动，它们都能导电，称为载流子。本征激发产生的自由电子和空穴成对出现，数量取决于环境温度的高低，所以本征半导体器件的性能受温度影响。

③杂质半导体——P 型半导体和 N 型半导体：

在纯净半导体中掺入适量三价元素，形成空穴型（P 型）半导体，它的导电能力大大高于本征半导体。其中，空穴为多数载流子（简称"多子"），自由电子为少数载流子（简称"少子"）。

在纯净半导体中掺入适量五价元素，形成自由电子型（N 型）半导体。其中，自由电子为"多子"，空穴为"少子"。

在两种杂质半导体中，多子是主要导电媒介，数量取决于杂质含量；少子是本征激发产生的，数量取决于环境温度。虽然含有数量不同的两种载流子，但整体上电量平衡，对外不显电性（不带静电）。

（2）PN 结及其单向导电性

①PN 结：用一定的工艺方法将两种杂质半导体结合在一起，由于界面两侧载流子浓度不同而产生载流子扩散运动。P 型区空穴向 N 型区扩散，N 型区自由电子向 P 型区扩散。在边界两侧两种载流子产生复合，形成带正电和负电的离子。它们不能移动，而在边界两侧形成空间电荷区，称为 PN 结。

空间电荷区的特性：

a. 空间电荷区内正、负离子带电而不能移动，载流子因复合而数量很少，因此电阻率很高，故称为耗尽层；

b. 正、负离子形成的内电场阻止多子继续扩散，故又称阻挡层；

c. 内电场对少子有吸引作用，形成少子的逆向运动，称为漂移；

d. 在没有外电场作用时，当扩散运动和漂移运动达到动态平衡时，两侧没有电流，空间电荷区厚度一定。

②单向导电性：

a. 正向：将 P 型区接电源正极，N 型区接电源负极，则外电场削弱了内电场，空间电荷区变窄，阻挡层变薄。扩散运动加强，漂移运动减弱，扩散大于漂移，形成正向电流 I_a。结电压很低，显示正向阻值很小，称为正向导通，如图 5 - 1 - 2（a）所示。

b. 反向：将 P 型区接电源负极，N 型区接电源正极，则外电场加强了内电场，空间电荷区变宽，阻挡层变厚。扩散运动减弱，漂移运动增强，漂移大于扩散，形成反向电流 I_R。由于漂移运动是由少子形成的，数量很少，所以 I_R 很小，几乎可以忽略不计，结电压近似等于电源电压，显示反向阻值很大，称为反向截止。但 I_R 受温度影响较大，在一定的温度下，热激发产生的少子浓度一定，与外加电压无关，故又称反向饱和电流，如图 5 - 1 - 2（b）所示。

可见，PN 结有一个十分突出的性质，即正偏时 PN 结正向导电，有较大电流流过；反偏时 PN 结截止，流过 PN 结的反向电流很小。说明 PN 结具有单向导电性。

（a）PN结正向偏置　　　　　　　　　（b）PN结反向偏置

图 5 - 1 - 2　PN 结的单向导电性

（3）半导体二极管的结构及符号

在 PN 结上加上引线和封装，就构成了半导体二极管，简称二极管。二极管按结构分有点接触型、面接触型和平面型三大类。二极管的封装形式很多，图 5 - 1 - 3（a）所示为常见二极管封装外形，图 5 - 1 - 3（b）所示为二极管的图形与文字符号。

二极管的主体结构是 PN 结，因此二极管具有单向导电性，但由于管壳、引线等因素的影响，要正确使用它，还需要知道二极管电压和电流的关系，即二极管的伏安特性，图 5 - 1 - 3（c）所示为典型二极管在常温时的伏安特性曲线。

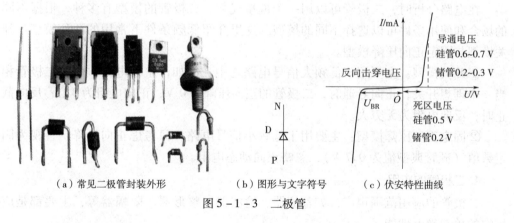

（a）常见二极管封装外形　　　　（b）图形与文字符号　　　（c）伏安特性曲线

图 5 - 1 - 3　二极管

2. 二极管的伏安特性

（1）正向工作区

$u_D > 0$ 的区域是正向工作区。当正向电压较小，正向电流几乎为零，此工作区域称为死区，U_{TH} 称为门槛电压或死区电压。只有当正向电压超过某一数值后，正向电流才明显增大（mA 级），这一电压称为导通电压 U_{ON}。当正向电压超过导通电压后，电流与电压的关系基本上是一条指数曲线。

（2）反向工作区

$U_{BR} < u_D < 0$ 的区域是反向工作区。由于是少数载流子形成反向饱和电流，所以其数值很小（硅管的反向电流在 nA 量级，锗管的反向电流在 μA 量级），因此一般认为二极管反向截止。

（3）反向击穿特性

$U_D < U_{BR}$ 的区域是反向击穿区。当反向电压增加到一定大小时，反向电流剧增，二极管反向击穿。反向击穿电压 U_{BR} 一般在几十伏以上。击穿后的二极管丧失了单向导电性能。

3. 二极管的主要参数和模型

（1）二极管的主要参数

二极管的特性除用伏安特性曲线表示外，还可以用一些数据来说明，这些数据就是二极管的参数，在工程上必须根据二极管的参数，合理地选择和使用二极管，才能充分发挥每个二极管的作用。

①最大整流电流 I_{OM}：最大整流电流是指二极管长期工作，允许通过的最大正向平均电流。在使用二极管时，通过二极管的正向平均电流不允许超过所规定的最大整流值。

②最高反向电压 U_{RM}：最高反向电压是保证二极管不被击穿而给出的最高反向工作电压，通常是反向击穿电压的 1/2 或 2/3，以保证二极管在使用中不致因反向过电压而损坏。

③最大反向电流 I_{RM}：最大反向电流是指给二极管加最大反向电压时的反向电流值。反向电流大，说明二极管的单向导电性能差，且受温度的影响大。

二极管还有其他参数，如正向压降、最高工作频率等。

（2）二极管的模型

在电路分析时，二极管可以用一个模型代替。二极管的模型有多种，根据不同的场合和使用条件可以选择不同的模型。这里介绍低频条件下常用的两种模型：开关模型与固定正向压降模型。

①开关模型：主要用于低频大信号电路之中。例如，整流电路，此时二极管相当一个理想开关，正向导通时，二极管的正向压降为 0 V，正向电阻为 0 Ω；反向截止时，反向电阻为无穷大。

②固定正向压降模型：主要用于低频小信号电路，只考虑正向压降，且视为固定数值（硅管典型值为 0.7 V），忽略正向动态电阻。

4. 二极管的应用

二极管的应用范围很广，如整流器、检波器、整形器、限幅器等，主要都是应用它的单向导电性能。

5. 特殊二极管

（1）稳压二极管

稳压二极管是由硅材料按照特殊工艺制成的面接触型二极管，其外形与普通二极管一样。图 5 - 1 - 4（a）所示为稳压二极管的图形符号。

稳压二极管的伏安特性与普通二极管类似，只是稳压二极管的反向特性曲线比较陡，如图 5 - 1 - 4（b）所示。稳压二极管工作在反向击穿区，当反向电压小于击穿电压 U_Z 时，反向电流很小，稳压二极管工作在截止区；当反向电压增高到击穿电压 U_Z 时，反向电流急剧增大，稳压二极管反向击穿，此后，电流虽然在很大的范围内变化，但稳压二极管两端的电压变化很小。利用这一特性，稳压二极管在电路中能起稳压作用（注意工作电流 $I_{Zmin} < I_Z < I_{Zmax}$）。

稳压二极管与一般二极管不一样，它的反向击穿是可逆的。当去掉反向电压后，稳压二极管又恢复正常。但是，如果反向电流超过允许范围 I_{Zmax}，稳压二极管也会发生热击穿而损坏。

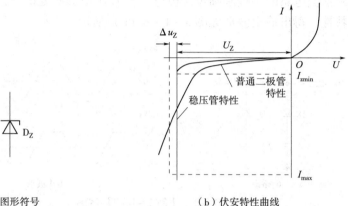

（a）图形符号　　　　　　　（b）伏安特性曲线

图 5 - 1 - 4　稳压二极管的图形符号及伏安特性曲线

（2）光电二极管与发光二极管

光电二极管是将光信号变成电信号的半导体器件，通常由硅材料制成，管壳有接收光照的透镜窗口，正常工作在反偏状态。无光照时，只有很小的反向饱和电流，称为暗电流；有光照时，PN 结受光激发，产生大量电子 - 空穴对，形成较大的光电流。光电二极管的电流与照度成正比，用于信号检测、光电传感器、电动机转速测量等。图 5 - 1 - 5 所示为光电二极管的图形符号。

发光二极管（LED）是一种由磷化镓等半导体材料制成的能直接将电能转换成光能的发光显示器件。当发光二极管加正向电压时，在正向电流激发下，就会发光。其电特性与一般二极管类似，广泛应用于各种电子电路、家电、仪表等设备中作为电源指示或电平指示，图 5 - 1 - 6 所示为发光二极管的图形符号。

图 5 - 1 - 5　光电二极管的图形符号　　　图 5 - 1 - 6　发光二极管的图形符号

应用举例——练

【例 5 - 1 - 1】　判断图 5 - 1 - 7 所示二极管是导通还是截止状态，并确定输出电压。设二极管导通电压 $U_D = 0.7$ V。

解　判断二极管在电路中的工作状态，常用的方法是，首先假设二极管断开，然后求得二极管阳极与阴极之间承受的电压。如果该电压大于导通电压，则说明该二极管处于正向偏置而导通，两端的实际电压为二极管的导通压降；如果该电压小于导通电压，则说明该二极管处于反向偏置而截止。

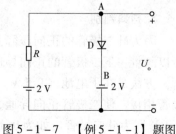

图 5 - 1 - 7　【例 5 - 1 - 1】题图

在该题中，断开二极管 D，有 $U_{AB} = (2+2)$ V $= 4$ V，该电压大于导通电压，则该二极管处于正向导通状态，输出电压 $U_o = U_D - 2 = (0.7 - 2)$ V $= -1.3$ V。

【例 5 - 1 - 2】如图 5 - 1 - 8（a）所示，已知 $u_i = 5\sin\omega t$ V，二极管导通电压 $U_D = 0.7$ V。试画出 u_i 与 u_o 的波形，并标出幅值。

解 求解这类电路的关键是确定二极管在信号作用下所处的状态。根据二极管单向导电的特性，得出输出波形如图 5 - 1 - 8（b）所示。

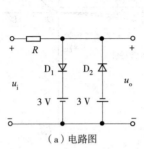
（a）电路图

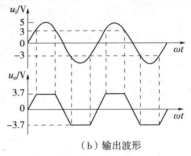
（b）输出波形

图 5 - 1 - 8 【例 5 - 1 - 2】解图

探究实践——做

如何检测二极管？

参考方案：

1. 极性判别

①看外壳上的符号标记：通常在二极管的外壳上标有二极管的符号。标有色道（一般黑壳二极管为银白色标记，玻壳二极管为黑色、银白色或红色标记）一端为负极，另一端为正极。

②万用表测试：用万用表 R×100 或 R×1k 挡，任意测量二极管的两根引线，调换黑红表笔再测一次，测出的电阻只有几百欧［姆］（正向电阻），则黑表笔所接引线为正极，红表笔所接引线为负极。

2. 好坏判别

用万用表 R×100 或 R×1k 挡测量二极管的正反向电阻，正向电阻越小越好，反向电阻越大越好。若正向电阻太大或反相电阻太小，表明二极管的检波与整流效率不高；若正向电阻无穷大（指针不动），说明二极管内部断路；若反相电阻接近零，说明二极管已击穿。内部断开或击穿的二极管均不能使用。以上测量方法只对普通二极管有效，对于一些变容二极管等特殊二极管测量时需另行对待。

3. 材料判别

因为硅二极管的正向压降为 0.6～0.7 V，锗二极管的正向压降为 0.1～0.3 V，所以测量一下二极管的正向导通电压，便可判别被测二极管是硅二极管还是锗二极管。方法是在干电池（1.5 V）的一端串一个电阻器（约 1 kΩ），同时按极性与二极管相接，使二极管正向导通，这时用万用表测量二极管两端的管压降，如为 0.6～0.7 V 即为硅二极管，如为 0.1～0.3 V 即为锗二极管。

5.1.2 半导体三极管及其测试

知识迁移——导

图5-1-9所示为红外检测器电路，主要用于检测红外遥控发射装置是否正常工作。该电路核心元件是三极管。

图5-1-9 红外检测器电路

问题聚焦——思

- 三极管的结构、分类、符号与电流放大；
- 三极管的输入/输出特性及三个工作区；
- 三极管的主要参数；
- 三极管的检测。

知识链接——学

1. 三极管的结构

半导体三极管又称晶体三极管，简称三极管、晶体管，常用三极管的外形如图5-1-10所示。三极管按频率可分为高频管、低频管；按功率可分为大功率管、中功率管、小功率管；按材料可分为硅管、锗管。

三极管是由两个 PN 结按一定的制造工艺结合而成，可分为 NPN 型和 PNP 型两大类，其结构示意图和图形符号如图5-1-11所示。

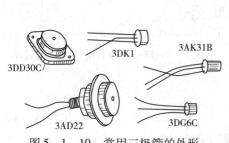

图5-1-10 常用三极管的外形

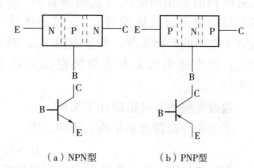

（a）NPN型　　　　（b）PNP型

图5-1-11 三极管的结构示意图和图形符号

每种三极管都有发射区、基区和集电区三个不同的导电区域，对应三个区域引出的三个电极分别称为发射极（E）、基极（B）和集电极（C）。这三个区域形成的两个 PN 结，基区和发射区之间的结称为发射结，基区和集电区之间的结称为集电结。由于 NPN 型和 PNP 型三极管的工作电流方向不同，它们的图形符号上箭头指示方向也不同（发射极的箭头指示方向代表发射极电流的实际方向）。

三极管内部结构有以下三个特点（三极管具有电流放大作用的内部条件）：

①发射区面积小，掺杂浓度高，多数载流子数量多；

②基区极薄，掺杂浓度很低，多子数量很少；

③集电区面积大，掺杂浓度次于发射区而高于基区。发射极和集电极不能互换。

2. 三极管的电流放大作用

三极管的基本特性是具有电流放大作用。要使三极管能够正常进行电流放大，就必须在它的三个电极加上合适的电压。

（1）三极管的基本组态

三极管的三个极任选其中一个电极为公共电极时，可组成三种不同的基本组态（集电极不能作为输入端，基极不能作为输出端），分别称为共基极、共集电极、共发射极，如图5-1-12所示。

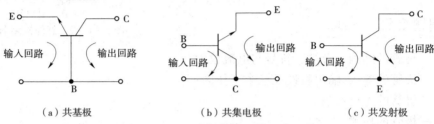

（a）共基极   （b）共集电极   （c）共发射极

图5-1-12   三极管的三种基本组态

三种基本组态无论采用哪种接法，无论是哪一种类型的三极管，其工作原理是相同的。下面以 NPN 型三极管所接成的共发射极电路为例，说明三极管的电流放大原理。

（2）电流分配和放大作用

为了了解晶体管的电流分配和电流放大作用，按图5-1-13所示进行电路测试。电路中，$E_B < E_C$，电源极性如图5-1-13所示，这样就保证了发射极加的是正向电压（正向偏置），集电结加的是反向电压（反向偏置），这是晶体管实现电流放大作用的外部条件，调整电阻 R_B，则基极电流 I_B，集电极电流 I_C 和发射极电流 I_E 都会发生变化。

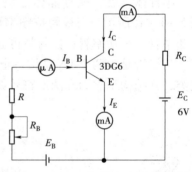

图5-1-13   三极管电流放大实验图

通过实验测量可得出如下结论：

①电流分配符合基尔霍夫定律，即

$$I_E = I_B + I_C \qquad\qquad (5-1-1)$$

②电流估算：I_C 比 I_B 大得多，所以分析计算时有 $I_E \approx I_C$。

③电流放大作用：基极电流的微小变化 ΔI_B 可以引起集电极电流的较大变化 ΔI_C，这称为三极管的电流放大作用（实质是控制作用）。

3. 三极管的伏安特性曲线

三极管的伏安特性曲线用来表示各电极的电流和电压之间的关系，实际上是其内部特性的外部表现，它反映出三极管的性能，是分析放大电路的重要依据。这些特性曲线可用三极管特性图示仪直观地显示出来，也可以通过图5-1-13所示的实验电路进行测绘。

（1）输入特性曲线

输入特性曲线是指当集电极－发射极电压 u_{CE} 为常数时，输入电路中基极电流 i_B

与基极 - 发射极电压 u_{BE} 之间的关系曲线，即

$$i_B = f(u_{BE}) \mid_{u_{CE} = 常数}$$

　　共发射极的输入特性曲线如图 5 - 1 - 14（a）所示。输入特性与二极管的正向特性相似，由于 $u_{CE} > 1$ V 后的输入特性曲线基本上是重合的，所以，通常只画 $u_{CE} \geqslant 1$ V 的一条输入特性曲线，从图 5 - 1 - 14（a）中可看出，输入特性也有段死区，只有在 u_{BE} 大于死区电压时，晶体管才会出现 i_B。

　　（2）输出特性曲线

　　输出特性曲线是指当基极电流为常数时，集电极电流与集电极 - 发射极电压之间的关系曲线，即

$$i_C = f(u_{CE}) \mid_{i_B = 常数}$$

给定一个基极电流 i_B，就对应一条特性曲线，所以输出特性曲线是个曲线族，如图 5 - 1 - 14（b）所示。从输出特性曲线上看到，它大致分三个区域。

　　①放大区：发射结正偏，集电结反偏，输出特性曲线的近于水平部分的区域称为放大区。三极管工作在放大区时，i_C 和 i_B 成正比，即 $i_C = \beta i_B$，因此放大区又称线性区。

　　②截止区：发射结反偏，集电结反偏，$i_B = 0$，I_C 接近零的区域称为截止区。$i_B = 0$ 时，$i_C = i_{CEO}$，对 NPN 型硅管而言，$u_{BE} < 0.5$ V 时即已开始截止，但是为了可靠截止，常使 $u_{BE} \leqslant 0$。

　　③饱和区：发射结正偏，集电结正偏或反偏电压很小，i_C 受 u_{CE} 显著控制的区域，该区域内 u_{CE} 的数值较小，一般 $u_{CE} \approx 0.3$ V，三极管 C、E 之间相当于短路，失去放大作用，$i_B > i_{BS}$（临界饱和电流）。临界饱和点有 $i_{BS} = i_{CS}/\beta$。

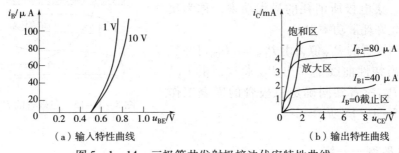

（a）输入特性曲线　　　　　　（b）输出特性曲线

图 5 - 1 - 14　三极管共发射极接法伏安特性曲线

4. 三极管的主要参数

　　三极管的特性除用特性曲线表示外，还可以用参数来说明，三极管的参数可作为设计电路、合理使用器件的参考。三极管的参数很多，这里只介绍常用的主要参数。

　　（1）直流电流放大系数 $\bar{\beta}$

　　在静态时，I_C 与 I_B 的比值称为直流电流放大系数，又称静态电流放大系数，即

$$\bar{\beta} = I_C / I_B \qquad\qquad (5 - 1 - 2)$$

　　（2）交流电流放大系数 β

　　在动态时，基极电流的变化量为 ΔI_B，它引起集电极电流的变化量为 ΔI_C。ΔI_B

与 ΔI_C 的比值称为动态电流（交流）放大系数，即

$$\beta = \frac{\Delta I_C}{\Delta I_B}\bigg|_{u_{CE}=常数} \qquad (5-1-3)$$

实际上，$\beta \approx \bar{\beta}$，$\beta \gg 1$。

（3）穿透电流 I_{CEO}

指基极开路，集电极和发射极间的反向饱和电流。在输出特性曲线上，它对应 $I_B = 0$ 的 I_C 曲线。它是衡量三极管好坏的重要参数之一，其值越小越好。

（4）集电极最大允许电流 I_{CM}

当 I_C 过大时，交流电流放大系数 β 将下降，使 β 下降至正常值的 2/3 时的 I_C 值，定义为集电极最大允许电流 I_{CM}。当 $I_C > I_{CM}$ 时，并不表示三极管会损坏，但电流放大能力减弱。

（5）反向击穿电压

表示三极管电极间承受反向电压的能力，主要有如下几种反向击穿电压：

$U_{(BR)EBO}$——发射极 – 基极间反向击穿电压，当集电极开路时，发射极 – 基极间允许加的最高反向电压，一般在 5 V 左右。

$U_{(BR)CBO}$——集电极 – 基极间反向击穿电压，当发射极开路时，集电极 – 基极间允许加的最高反向电压，一般在几十伏以上。

$U_{(BR)CEO}$——集电极 – 发射极间反向击穿电压，当基极开路时，集电极 – 发射极间允许加的最高反向电压，通常比 $U_{(BR)CBO}$ 小些。

（6）集电极最大允许耗散功率

当三极管因受热而引起的参数变化不超过允许值时，集电极所消耗的最大功率，称为集电极最大允许耗散功率 P_{CM}。

根据三极管的 P_{CM} 值，由 $P_{CM} = I_C U_{CE}$ 可在三极管的输出特性曲线上作出 P_{CM} 曲线，由 I_{CM}，$U_{(BR)CEO}$，P_{CM} 三者共同确定三极管的安全工作区，如图 5 – 1 – 15 所示。

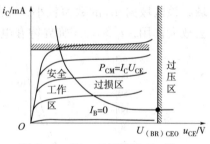

图 5 – 1 – 15　三极管的 P_{CM} 线

应用举例——练

【例5 – 1 – 3】用指针式万用表测得某处在放大状态下的三极管三个极对地电位分别为 $U_1 = -7$ V，$U_2 = -2$ V，$U_3 = -2.7$ V，试判断此三极管的类型和引脚名称。

解　此类题目可按以下思路分析：①基极一定居于中间电位；②按照 $U_{BE} = 0.2 \sim 0.3$ V 或 $U_{BE} = 0.6 \sim 0.7$ V 可找出发射极 E，并可确定出是锗管或硅管；③余下第三引脚必为集电极；④若 $U_{CE} > 0$，则为 NPN 管；若 $U_{CE} < 0$，则为 PNP 管。

按上述方法判断，可知 1 引脚为集电极，2 引脚为发射极，3 引脚为基极；三极管类型为 PNP 型硅管。

*【例5 – 1 – 4】已知图 5 – 1 – 16 中各三极管的 β 均为 50，$U_{BE} = 0.7$ V，试分别估算各电路中三极管的 I_C 和 U_{CE}，判断它们各自工作在哪个区（放大区、截止区或饱和区）。

解 分析要点：三极管在发射结正偏时，可能工作在放大区或者饱和区，这取决于其基极电流是否超过基极临界饱和电流 I_{BS}，若 $I_B > I_{BS}$，则三极管工作在饱和区；若 $I_B < I_{BS}$，则三极管工作在放大区，且 $I_C = \beta I_B$。

若三极管发射结反偏或者零偏，则该三极管一定工作在截止区。

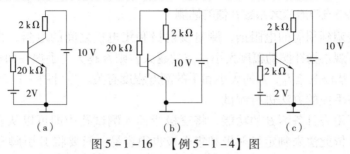

图 5-1-16　【例 5-1-4】图

图 5-1-16（a）：发射结正偏，且

$$I_B = \frac{2 - 0.7}{20\ 000}\ A = 0.065\ mA = 65\ \mu A,\quad I_{BS} = \frac{10 - U_{CES}}{\beta \times 2\ 000} \approx \frac{10}{50 \times 2\ 000}\ A = 0.1\ mA = 100\ \mu A$$

显然 $I_B < I_{BS}$，则三极管工作在放大区，且

$$I_C = \beta I_B = 50 \times 0.065\ mA = 3.25\ mA,\quad U_{CE} = 10 - I_C \times 2\ 000 = 10 - 0.003\ 25 \times 2\ 000\ V = 3.5\ V$$

类似判断图 5-1-16（b），过程读者自行写出。

图 5-1-16（b）：$I_{BS} = 100\ \mu A$，$I_B = 465\ \mu A$，得 $I_B > I_{BS}$，三极管工作在饱和区，且 $I_C = I_{CS} = \beta I_{BS} = 5\ mA$，$U_{CE} = U_{CES} \approx 0\ V$。

图 5-1-16（c）：因发射结反偏，所以三极管处于截止状态，且 $I_C = 0$，$U_{CE} = 10\ V$。

探究实践——做

如何用模拟万用表检测三极管？

参考方案：

1. 三极管引脚的判别

（1）判断三极管的基极及管型

对于功率在 1 W 以上的大功率管，可用万用表的 R×1 k 或 R×100 挡测量；对于功率在 1 W 以下的小功率管，可用万用表的 R×1 或 R×10 挡测量。

假定其中一引脚为基极，用黑表笔接触该引脚，红表笔分别接触另两个引脚，表头读数若出现二小（二大），然后调换两表笔，即红表笔接触假定的基极，而黑表笔分别接触另两个引脚，表头读数若出现二大（二小）则假定的基极正确；若测得结果是二小二大，则与黑表笔接触的引脚是基极，可知此三极管是 NPN 型，反之则为 PNP 型。

（2）判断三极管发射极和集电极

下面以 NPN 型三极管为例说明。确定基极后，假定其中的两个引脚中的一个是集电极，将黑表笔接到此引脚上，红表笔则接到假定的发射极上。用手指（人体电阻）把假设的集电极和已测出的基极捏起来（但不要相碰），看指针指示，并记下此阻值的读数。然后再做相反假设，即把原来假设成集电极的引脚假设为发射极

（人体电阻跟着黑表笔走），做同样的测试并记下此阻值的读数。比较两次读数的大小，若前者阻值较小，说明前者的假设是对的，那么黑表笔接的引脚就是集电极，另一引脚便是发射极。若需要判别的是 PNP 型三极管，仍用上述方法，但必须用红表笔接到假定的集电极，黑表笔接发射极，人体电阻跟着红表笔走。

2. 三极管交流电流放大系数 β 值的估测

将万用表调到相应的电阻挡，测量发射极和集电极之间的电阻，再用手捏着基极和集电极，观察指针摆动幅度大小，摆动越大，则 β 越大。手捏在两极之间等于给三极管提供了基极电流 I_B，I_B 的大小和手的潮湿程度有关。也可用一只 50 ~ 100 kΩ 的电阻器来代替手捏的方法进行测试。

一般的万用表具备测 β 的功能，将三极管插入测试孔中即可以从表头刻度盘上直读 β 值。若依此法来判定发射极和集电极也很容易，只要将 E 引脚和 C 引脚对调一下，看指针偏转较大的一次引脚正确，从万用表插孔旁的标记即可判别出发射极和集电极。

3. 硅管和锗管的判别

对 PNP 型三极管可利用图 5 - 1 - 17 所示电路进行测量。如测得电压降为 0.7 V 左右，即为硅管；如果电压降为 0.2 ~ 0.3 V，即为锗管。对 NPN 型三极管，判别方法相同，但电池和电压表的极性应与 PNP 型三极管相反。

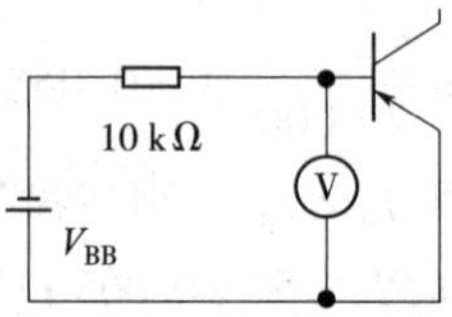

图 5 - 1 - 17　三极管材料判别图

课题 5.2　典型放大电路的分析与测试

知识与技能要点

- 基本放大电路的组成、工作原理，静态工作点对波形的影响，静态工作点及动态参数的求法；
- 反馈的基本概念、反馈类型的判断、负反馈对电路性能的影响；
- 多级放大电路的耦合方式、静态与动态参数的求解方法；
- 差分放大电路的工作原理；
- 功率放大电路的基本概念和分类。

5.2.1　基本放大电路的分析与测试

知识迁移——导

图 5 - 2 - 1 所示为红外通信硬件电路中的接收电路，它是由红外接收管和放大电路组成，T_2 接收到红外信号后，经过三极管 T_1 进行一级放大，放大后的信号送入三极管 T_3 进行第二级放大，通过 R_x 输出就可以得到放大后的红外接收信号。

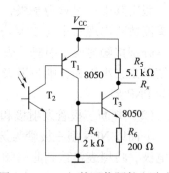

图 5 - 2 - 1　红外通信硬件电路中的接收电路

- 放大的概念、放大的实质及放大电路的要求；
- 由三极管组成的基本放大电路的工作原理、主要技术指标的分析与求解。

知识链接——学

1. 基本放大电路的组成及工作原理

放大电路是电子电路最基本的电路之一，基本放大电路是放大电路中最基本的结构，是构成放大电路的基本单元。放大电路的放大作用是利用放大器件控制作用来实现的，即在输入信号的控制下，通过放大器件将直流电源的能量转换为信号的能量并送到负载上。放大器件有三极管（双极型晶体管）和场效应晶体管（后面阅读材料中介绍）。

（1）基本放大电路的组成及作用

基本放大电路一般是指由一个三极管与相应元件组成的三种基本组态的放大电路。如图 5－2－2 所示是共发射极基本放大电路，各组成部分及作用如下：

三极管 T——放大元件，电路偏置必须使三极管工作在放大区；

基极电源 E_B 与基极电阻 R_B——使发射结处于正偏，并提供大小适当的基极电流；

集电极电源 E_C——为电路提供能量，并保证集电结反偏；

集电极电阻 R_C——将变化的电流转变为变化的电压；

耦合电容器 C_1、C_2——隔离输入、输出与放大电路直流的联系，同时使信号顺利输入、输出。

（2）放大电路的直流通路和交流通路

在图 5－2－2 所示的放大电路中存在两个电源，即直流电源 V_{CC} 和交流电源 u_i。在放大电路分析时，常利用叠加的概念，分别讨论各个电源单独存在时的电路参数。

①直流通路。直流通路是指无信号时，即在直流电源作用下的电流（直流电流）的通路。直流通路又称静态电路，用来计算静态工作点。图 5－2－2 中的交流电源 u_i 为零，可用"短路"替代；耦合电容器 C_1、C_2 的"隔直"作用，可用"开路"替代，其直流通路如图 5－2－3 所示。

②交流通路。交流通路是指有信号时，即在输入信号作用下的交流分量（变化量）的通路，用来计算电压放大倍数、输入电阻、输出电阻等动态参数。在图 5－2－2 中，令 $V_{CC}=0$，用"短路"替代；耦合电容器 C_1、C_2 的"通交"作用，可用"短路"替代，其交流通路如图 5－2－4 所示。

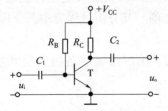
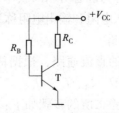
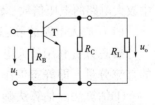

图 5－2－2　共发射极基本放大电路　　图 5－2－3　直流通路　　图 5－2－4　交流通路

（3）放大电路的放大原理

①无输入信号时（$u_i = 0$）。无输入信号时，三极管各电极电压和电流都是恒定的，如图 5 – 2 – 5 所示。I_B、U_{BE} 和 I_C、U_{CE} 分别对应于输入/输出特性曲线上的一个点，称为静态工作点。

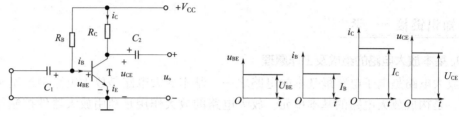

图 5 – 2 – 5　$u_i = 0$，各电极电压与电流

②有输入信号时（$u_i \neq 0$）。加上输入信号后，三极管各电极电流和电压的大小均发生了变化，都在直流量的基础上叠加了一个交流量，但方向始终不变。此时，$u_o \neq 0$，$u_{BE} = U_{BE} + u_{be} = U_{BE} + u_i$（发射结电压），$u_{CE} = U_{CE} + u_{ce} = U_{CE} + u_o = V_{CC} - i_C R_C$（集电极 – 发射极电压），$i_B = I_B + i_b$（基极电流），$i_C = I_C + i_c$（集电极电流）。若参数选取得当，输出电压可比输入电压大，即电路具有电压放大作用，且输出电压与输入电压在相位上相差 180°，即共发射极电路具有反相作用，如图 5 – 2 – 6 所示。

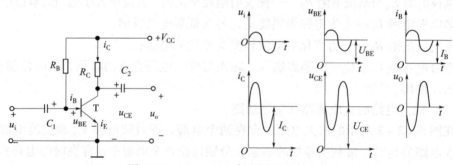

图 5 – 2 – 6　$u_i \neq 0$，各电极电压与电流

在分析计算中应注意各电压、电流的书写：交、直流叠加量变量为斜体小写，下标为正体大写，如 u_{BE}；直流电量变量为斜体大写，下标为正体大写，如 U_{BE}；交流电量变量为斜体小写，下标为正体小写，如 u_{be}。

2. 基本放大电路的分析方法

基本放大电路的分析主要围绕三极管的静态工作点的设置和放大电路的技术指标展开。合适的静态工作点设置，是放大电路放大信号的基本条件，其电路电量称为放大电路的静态值，分析过程称为静态分析。技术指标是用来衡量放大电路性能的，其中放大电路的电压倍数、输入电阻和输出电阻称为动态值，其分析过程为动态分析。

（1）放大电路的静态分析

静态分析利用放大电路的直流通路，根据估算法、图解法确定各极电压和电流的直流分量，即静态工作点 Q：I_B、I_C、U_{CE}。

①估算法。估算法确定静态值的步骤如下：

a. 画放大电路的直流通路（输入信号 $u_i = 0$，电容器开路，电感器短路）；

b. 列输入/输出回路的电压方程；

c. 利用 $I_C = \beta I_B$ 关系，解联立方程组，得出静态参数 I_B、I_C、U_{CE}。

图 5 - 2 - 2 所示放大电路的静态值计算如下：

直流通路及各电压、电流参考方向如图 5 - 2 - 7 所示。

输入回路由 KVL：$V_{CC} = I_B R_B + U_{BE}$，当 $U_{BE} \ll V_{CC}$ 时，$I_B \approx V_{CC}/R_B$；

由电流放大作用，$I_C = \beta I_B$ 求出 I_C；

输出回路由 KVL：$V_{CC} = I_C R_C + U_{CE}$，所以 $U_{CE} = V_{CC} - I_C R_C$。

显然，只要 U_{CC}、R_B、R_C 不变，则静态工作点不变，所以图 5 - 2 - 2 称为固定偏置基本放大电路，但在外部因素（温度）影响下会有所变动。

②图解法。放大电路静态工作状态的图解分析如图 5 - 2 - 8 所示。具体步骤如下：

a. 在输入回路列方程式 $U_{BE} = V_{CC} - I_B R_B$（确定直流偏置线）；

b. 在输入特性曲线上，作出输入负载线，两线的交点即为 Q；

c. 在输出回路列方程式 $U_{CE} = V_{CC} - I_C R_C$（确定直流负载线）；

d. 在输出特性曲线横轴及纵轴上确定两个特殊点，即 V_{CC} 和 V_{CC}/R_C 即可画出直流负载线。直流负载线与对应 I_B 输出特性曲线的交点即为 Q 点；

e. 得到 Q 点的参数 I_{BQ}、I_{CQ} 和 U_{CEQ}。

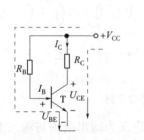 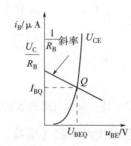 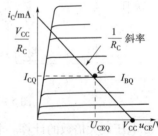

图 5 - 2 - 7　直流通路求静态值　　图 5 - 2 - 8　放大电路静态工作状态的图解分析

（2）放大电路的动态分析

动态分析是利用放大电路的交流通路根据微变等效法、图解法（本书只介绍微变等效法）确定各极电压、电流的交流分量，找出 A_u、r_i、r_o 与电路参数的关系，为设计打下基础。

①三极管的微变等效电路（三极管低频小信号模型）。三极管微变等效电路工作的限定条件有两个：一是输入信号很小，信号在静态工作点附近一个微小的工作范围内变化；二是三极管放大工作区的特性曲线可视为线性，即三极管各电压、电流变化量之间的关系为线性关系。

在满足上述限定条件下，动态电路分析中的三极管可用一个等效的线性电路来替代，这个等效的线性电路称为三极管的微变等效电路。

图 5 - 2 - 9 所示为三极管的微变等效电路。三极管 B、E 之间可用 r_{be} 等效代替，称为三极管的输入电阻；C、E 之间可用一个受控电流源 $i_C = \beta i_B$ 等效代替。

低频小功率三极管的输入电阻常用式（5 - 2 - 1）估算

$$r_{be} = 300\ \Omega + (1 + \beta) \frac{26\ \text{mV}}{I_{EQ}} \qquad (5 - 2 - 1)$$

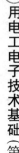
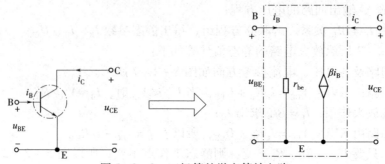

图 5 - 2 - 9　三极管的微变等效电路

r_{be} 通常为几百欧到几千欧。

由三极管的微变等效电路可得图 5 - 2 - 2 放大电路的微变等效电路如图 5 - 2 - 10 所示。只需将图 5 - 2 - 4 交流通路中三极管用微变等效电路代替即可，图 5 - 2 - 10（a）中各电量用瞬时值表示，在分析电路时假设输入为正弦交流，所以图 5 - 2 - 10（b）中各电量用相量表示。下面利用放大电路的微变等效分析计算放大电路的电压放大倍数、输入电阻与输出电阻。

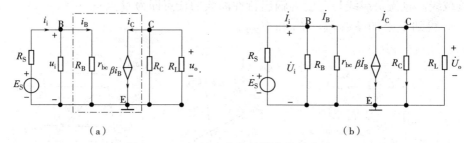

（a）　　　　　　　　　　　　　　　　　（b）

图 5 - 2 - 10　放大电路的微变等效电路

②电压放大倍数的计算。电压放大倍数（增益）定义为输出电压与输入电压的比值，即

$$\dot{A}_u = \frac{\dot{U}_o}{\dot{U}_i} \qquad (5 - 2 - 2)$$

由图 5 - 2 - 10（b）可得：$\dot{U}_i = \dot{I}_B r_{be}$，$\dot{U}_o = -\dot{I}_C R'_L = -\beta \dot{I}_B R'_L$，$\dot{A}_u = -\beta \dfrac{R'_L}{r_{be}}$，式中负号表示输出电压的相位与输入电压相反，$R'_L = R_C /\!/ R_L$。

当放大电路输出端开路（未接 R_L）时，$\dot{A}_u = -\beta \dfrac{R_C}{r_{be}}$，负载电阻愈小，放大倍数愈小，且因 r_{be} 与 I_E 有关，故放大倍数与静态 I_E 有关。

③输入电阻的计算。放大电路对信号源（或对前级放大电路）来说，是一个负载，可用一个电阻来等效代替。这个电阻是信号源的负载电阻，也就是放大电路的输入电阻，如图 5 - 2 - 11 所示。

输入电阻的定义为

$$r_i = \frac{\dot{U}_i}{\dot{I}_i} \qquad (5 - 2 - 3)$$

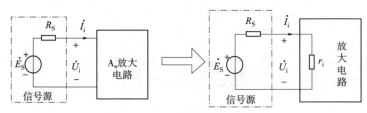

图 5 – 2 – 11　输入电阻的定义

注意输入电阻 r_i 是一个交流动态电阻，是对交流信号而言的，通常希望输入电阻高一些，这是因为输入电阻较小会引起如下后果：通过信号源电流较大，增加信号源的负担；当信号源存在内阻 R_S 时，r_i 上的分压较小，即 u_i 较小；后级放大电路的输入电阻，就是前级放大电路的负载电阻，r_i 较小将使前级放大电路的电压放大倍数降低。

根据输入电阻的定义，由图 5 – 2 – 10（b）可求得该放大电路的输入电阻 $r_i = R_B /\!/ r_{be}$。

④输出电阻的计算。放大电路对负载（或对后级放大电路）来说，可以视为一个电压源模型，如图 5 – 2 – 12 所示。该电压源模型的内阻定义为放大电路的输出电阻 r_o，它也是一个交流动态电阻，与负载无关。输出电阻表明放大电路带负载的能力，r_o 大，表明放大电路带负载的能力差；反之则强。输出电阻 r_o 的计算方法可参考戴维南定理等效内阻的求法。

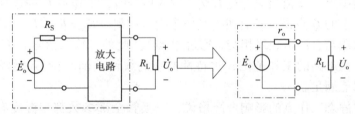

图 5 – 2 – 12　输出电阻的定义

图 5 – 2 – 10（b）所示的输出电阻可以用外施电源法求解，如图 5 – 2 – 13 所示，则有

$$r_o = \frac{\dot{U}_o}{\dot{I}_o} = R_C$$

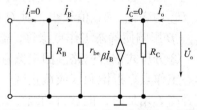

图 5 – 2 – 13　基本放大电路输出电阻

（3）放大电路静态工作点的稳定

放大电路的静态工作点不合适，是引起动态工作点进入非线性区使放大信号失真的重要因素之一。实践证明，即使是设置了合适的静态工作点，但在外部因素（如温度变化、晶体管老化、电源电压的波动等）影响下，也将引起静态工作点的偏移，这种现象称为静态工作点漂移，严重时会使放大电路不能正常工作。

①静态工作点对放大性能的影响。电压放大电路的基本要求，就是输出信号尽可能不失真。所谓失真，是指输出信号的波形不像输入信号的波形。基本放大电路中引起失真的原因主要为静态工作点设置不当或者输入信号过大，使放大电路的工作范围超出了三极管特性曲线上的线性范围。这种失真通常称为非线性失真，非线性失真又可分为截止失真和饱和失真，如图 5 – 2 – 14 所示。

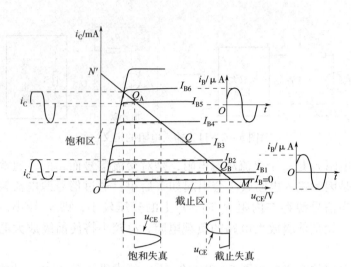

图 5 - 2 - 14　静态工作点设置与失真现象

　　a. 截止失真：静态工作点偏低，如 Q_B，接近截止区，交流量在截止区，由于三极管截止，不能产生放大作用，使输出电压波形正半周被削顶，产生截止失真。

　　b. 饱和失真：静态工作点偏高，如 Q_A 时，接近饱和区，交流量在饱和区不能放大，使输出电压波形负半周被削底，产生饱和失真。

　　要基本放大电路不产生失真，必须有一个合适的静态工作点 Q，它应大致选在交流负载线的中点（交流负载线是有交流输入信号时，工作点 Q 的运动轨迹。通过输出特性曲线上的 Q 点做一条直线，其斜率为 $-1/R'_L$，$R'_L = R_C /\!/ R_L$，是交流负载电阻。交流负载线与直流负载线相交，通过 Q 点）。此外，输入信号 u_i 的幅值不能太大，以避免放大电路的工作范围超过特性曲线的线性范围，在小信号放大电路中，此条件一般都能满足。

　　②温度对静态工作点的影响。严格说，三极管全部参数都与温度有关。温度 T 变化，晶体管内部（电子和空穴）的运动受影响，集电极－基极反向饱和电流 I_{CBO}、β、U_{BE} 均变化，I_{CBO} 值很小，对 Q 影响小，β、U_{BE} 受温度 T 影响大。温度的变化对 U_{BE}、β 影响使静态工作点漂移，温度升高时，静态工作点将沿直流负载线上移。

　　③分压式偏置电路。固定偏置电路的 Q 点是不稳定的。Q 点不稳定可能会导致静态工作点靠近饱和区或截止区，从而导致失真。为此，需要改进偏置电路，当温度升高 I_C 增加时，能够自动减少 I_B，从而抑制 Q 点的变化，保持 Q 点基本稳定。实现这一设想的电路便是图 5 - 2 - 15（a）所示的分压式偏置电路。该电路的特点将偏置电阻分为上偏流电阻 R_{B1} 和下偏流电阻 R_{B2}，并在发射极连接有发射电阻 R_E 及旁路电容 C_E。

　　图 5 - 2 - 15（b）是分压式偏置电路的直流通路，稳定静态工作点的原理分析如下：

分压电路
$$I_1 = I_2 + I_B \approx I_2$$
$$I_1 \approx I_2 \approx \frac{V_{CC}}{R_{B1} + R_{B2}}, \quad I_2 \gg I_B$$

基极电位
$$V_B = I_2 R_{B2} \approx \frac{R_{B2}}{R_{B1} + R_{B2}} U_{CC}$$

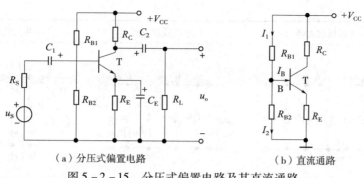

（a）分压式偏置电路　　　　　　　（b）直流通路

图 5 - 2 - 15　分压式偏置电路及其直流通路

可见基极电位不受温度变化的影响。

静态工作点的稳定是由 V_B 和 R_E 共同作用实现的，其稳定静态工作点的过程如下：

$$T\uparrow \to I_C\uparrow \xrightarrow{\ I_E = I_C + I_B\ } I_E\uparrow \xrightarrow{\ U_{BE} = V_B - I_E R_E,\ U_B\ 固定\ } U_{BE}\downarrow \xrightarrow{\ 三极管输入特性曲线\ } I_B\downarrow \xrightarrow{\ I_C = \beta I_B\ } I_C\downarrow$$

在实际电路中，要求流过 R_{B1} 和 R_{B2} 串联支路的电流远大于基极电流 I_B。这样温度变化引起 I_B 的变化，对基极电位就没有多大的影响，就可以用 R_{B1} 和 R_{B2} 的分压来确定基极电位。采用分压偏置后，基极电位提高，为了保证发射结压降正常，就要串入发射极电阻 R_E。

R_E 的串入有稳定，静点工作点的作用。如果集电极电流随温度升高而增大，则发射极对地电位升高，因基极电位基本不变，故 U_{BE} 减小。从输入特性曲线可知，U_{BE} 减小则基极电流将随之下降，根据三极管的电流控制原理，集电极电流将下降，反之亦然。这就在一定程度上稳定了静态工作点。

（4）放大器三种基本组态的典型电路

放大器三种基本组态的性能比较见表 5 - 2 - 1。

表 5 - 2 - 1　放大器三种基本组态的性能比较

组态	共发射极放大器	共集电极放大器	共基极放大器
原理图			
直流通路及静态计算	上面所示三种基本组态放大器有相似的直流通路，只是共集电极放大器 $R_C = 0$。 $$I_{CQ} \approx I_E = \dfrac{V_B - U_{BE}}{R_E} = \dfrac{\dfrac{R_{B2}}{R_{B1} + R_{B2}}V_{CC} - U_{BE}}{R_E}$$ $$U_{CEQ} = V_{CC} - I_{CQ}(R_C + R_E)$$ $$I_{BQ} = I_{CQ}/\beta$$ $$r_{be} = 300\ \Omega + (1+\beta)\dfrac{26\ (mV)}{I_E}$$		

实用电工电子技术基础（第二版）

152

组态	共发射极放大器	共集电极放大器	共基极放大器
微变等效电路	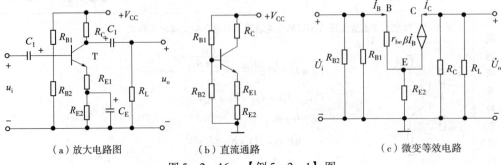		
交流小信号参数	$r_i = R_{B1} /\!/ R_{B2} /\!/ r_{be}$ $r_o = R_C$ $A_u = -\beta \dfrac{R_C /\!/ R_L}{r_{be}}$	$r_i = R_{B1} /\!/ R_{B2} /\!/ [r_{be} + (1+\beta) R'_L]$ $R'_L = R_E /\!/ R_L$ $r_o = R_E /\!/ \dfrac{r_{be} + R'_S}{1+\beta}$ $R'_S = R_S /\!/ R_{B1} /\!/ R_{B2}$ $A_u = \dfrac{(1+\beta)(R_E /\!/ R_L)}{r_{be} + (1+\beta)(R_E /\!/ R_L)}$	$r_i = R_E /\!/ \dfrac{r_{be}}{1+\beta}$ $r_o = R_C$ $A_u = \dfrac{\beta (R_C /\!/ R_L)}{r_{be}}$
特点及用途	各项指标适中，常用作低频电压放大	电压增益恒小于1，且约等于1，即 $u_o = u_i$，称为射极跟随器。输入电阻最大，输出电阻最小，多用作输入、输出级	输入电阻较共射放大器小，输出电阻和电压增益则与共发射极放大器的相当，但共基极放大器的电压增益为正，是同相放大，频率特性最好，常用于宽带放大

应用举例——练

【例 5 - 2 - 1】 在图 5 - 2 - 16（a）所示放大电路中，已知 $V_{CC} = 12$ V，$R_C = 6$ kΩ，$R_{E1} = 300$ Ω，$R_{E2} = 2.7$ kΩ，$R_{B1} = 60$ kΩ，$R_{B2} = 20$ kΩ，$R_L = 6$ kΩ，三极管 $\beta = 50$，$U_{BE} = 0.6$ V，试求：

① 静态工作点 I_B、I_C 及 U_{CE}；

② 画出微变等效电路；

③ r_i，r_o 及 $\dot{A}_u$ 的值。

（a）放大电路图　　　　（b）直流通路　　　　（c）微变等效电路

图 5 - 2 - 16　【例 5 - 2 - 1】图

解 ①直流通路如图 5 - 2 - 16（b）所示。

$$V_B \approx \frac{R_{B2}}{R_{B1} + R_{B2}} V_{CC} = \frac{20}{60 + 20} \times 12 \text{ V} = 3 \text{ V}$$

$$I_C \approx I_E = \frac{V_B - U_{BE}}{R_E} = \frac{3 - 0.6}{3} \text{ mA} = 0.8 \text{ mA}$$

$$I_B \approx \frac{I_C}{\beta} = \frac{0.8}{50} \text{ mA} = 16 \text{ μA}$$

$$U_{CE} = V_{CC} - I_C R_C - I_E (R_{E1} + R_{E2}) = (12 - 0.8 \times 6 - 0.8 \times 3) \text{ V} = 4.8 \text{ V}$$

②微变等效电路如图 5 - 2 - 17（c）所示。

③

$$r_{be} = 300 + (1 + \beta) \frac{26}{I_E} = \left(300 + 51 \times \frac{26}{0.8}\right) \text{ Ω} = 1.96 \text{ kΩ}$$

$$r_i = R'_B /\!/ [r_{be} + (1 + \beta) R_E] = 15 /\!/ (1.96 + 51 \times 0.3) \text{ kΩ} \approx 8.03 \text{ kΩ}$$

其中

$$R'_B = R_{B1} /\!/ R_{B2} = 15 \text{ kΩ}$$

$$r_o = R_C \approx 6 \text{ kΩ}$$

$$\dot{A}_u = -\frac{\beta R'_L}{r_{be} + (1 + \beta) R_E} = -\frac{50 \times 6 /\!/ 6}{1.96 + 51 \times 0.3} = -8.69$$

探究实践——做

三极管共发射极单管放大器测试。

参考实验电路如图 5 - 2 - 17 所示。

任务：①学会放大器静态工作点的调试方法，分析静态工作点对放大器性能的影响。

②掌握放大器电压放大倍数、输入电阻、输出电阻及最大不失真输出电压的测试方法。

③熟悉常用电子仪器及模拟电路实验设备的使用。

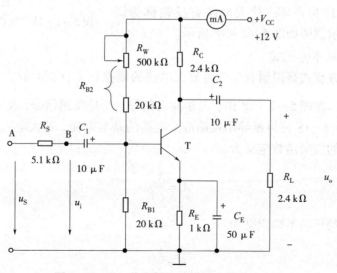

图 5 - 2 - 17 共发射极单管放大器实验电路

5.2.2　放大电路中的负反馈

知识迁移——导

图 5 - 2 - 16 所示分压式偏置电路，R_E 串入有稳定静态工作点的作用，可从反馈的角度来说明。又如在分析各种运算和处理电路时，由运放构成的电路通常工作在深度负反馈条件下。前面介绍的三种组态的基本放大电路，它们虽然都具有放大的功能，但其性能指标往往不能满足实际需要，几乎所有的实用放大电路都是带反馈的放大电路。

问题聚焦——思

- 反馈的概念；
- 反馈的组态及判断方法；
- 负反馈对放大电路性能的影响。

知识链接——学

1. 反馈的基本概念

（1）反馈的概念

反馈是为改善放大电路的性能而引入的一项技术措施。在放大电路中，信号的传输是从输入端到输出端的，这个方向称为正向传输。反馈就是将输出信号取出一部分或全部送回到放大电路的输入回路，与原输入信号相加或相减后再作用到放大电路的输入端，反馈信号的传输是反向传输。所以，放大电路无反馈称为开环，放大电路有反馈称为闭环，反馈概念示意图如图 5 - 2 - 18 所示。

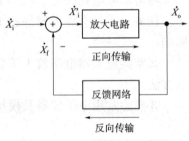

图 5 - 2 - 18　反馈概念示意图

（2）反馈基本方程式

反馈基本方程式是说明有反馈时放大电路的增益和无反馈时放大电路增益之间关系的表达式。在图 5 - 2 - 18 中，$\dot{X}_i$ 是输入信号，$\dot{X}_f$ 是反馈信号，$\dot{X}_i'$ 称为净输入信号。根据图 5 - 2 - 18 可以推导出反馈放大电路的基本方程。放大电路的开环放大倍数，即无反馈的放大倍数定义为

$$\dot{A} = \frac{\dot{X}_o}{\dot{X}_i'} \qquad (5 - 2 - 4)$$

反馈网络的反馈系数定义为

$$\dot{F} = \frac{\dot{X}_f}{\dot{X}_o} \qquad (5 - 2 - 5)$$

放大电路的闭环放大倍数为

$$\dot{A}_f = \frac{\dot{X}_o}{\dot{X}_i} \qquad (5-2-6)$$

由于 $\dot{X}_i' = \dot{X}_i - \dot{X}_f$，则

$$\dot{A}_f = \frac{\dot{X}_o}{\dot{X}_i} = \frac{\dot{A}\dot{X}_i'}{\dot{X}_i' + \dot{X}_f} = \frac{\dot{A}}{\underbrace{(\dot{X}_i' + \dot{X}_f)}_{\dot{X}_i'}} = \frac{\dot{A}}{1 + \dot{A}\dot{F}} \qquad (5-2-7)$$

式中，$\dot{A}\dot{F}$ 称为环路增益。而 $1 + \dot{A}\dot{F} = \dot{A}/\dot{A}_f$ 称为反馈深度，它反映了反馈对放大电路影响的程度，可分为下列三种情况：

①当 $|1 + \dot{A}\dot{F}| > 1$ 时，$|\dot{A}_f| < |\dot{A}|$，电压增益下降，相当于负反馈；

②当 $|1 + \dot{A}\dot{F}| < 1$ 时，$|\dot{A}_f| > |\dot{A}|$，电压增益上升，相当于正反馈；

③当 $|1 + \dot{A}\dot{F}| = 0$ 时，$|\dot{A}_f| = \infty$，相当于输入为零时仍有输出，故称为"自激状态"。

环路增益 $|\dot{A}\dot{F}|$ 是指放大电路和反馈网络所形成闭环环路的增益。当 $|\dot{A}\dot{F}| \gg 1$ 时，称为深度负反馈，与 $|1 + \dot{A}\dot{F}| \gg 1$ 相当。

在此还要注意的是 $\dot{X}_i$、$\dot{X}_f$ 和 $\dot{X}_o$ 可以是电压信号，也可以是电流信号。它们取不同信号时，可影响 $\dot{A}$、$\dot{A}_f$、$\dot{F}$ 的量纲。

2. 反馈的组态及判断方法

在判断反馈组态之前，应判别反馈支路、直流反馈与交流反馈及反馈是正反馈还是负反馈等。

（1）判别反馈支路

首先应判别反馈支路：通常是连接在输入与输出之间的元件，并为输入回路与输出回路所共有。一般为一个反馈电阻 R_f，或电阻与电容串联。图 5-2-15（a）所示中的发射极电阻 R_E 为输入回路与输出回路所共有，所以 R_E 所在支路为反馈支路。

（2）判别直流反馈、交流反馈

反馈信号只有交流成分时为交流反馈，反馈信号只有直流成分时为直流反馈，既有交流成分又有直流成分时为交直流反馈。如图 5-2-15（a）所示，R_E 是反馈支路，反馈信号不含交流成分，所以是直流反馈，用来稳定静态工作点。图 5-2-19 及图 5-2-20 所示反馈支路 R_f，反馈信号只含交流成分，是交流反馈，用以改善放大电路的交流性能。

（3）判别正反馈、负反馈

负反馈是指加入反馈后净输入信号减小，即 $|\dot{X}_i'| < |\dot{X}_i|$，输出幅度下降，$|\dot{A}_f|$ 下降；反之称为正反馈。

正反馈和负反馈的判断可采用瞬时极性法：在放大电路的输入端，假设一个输入信号对地的电压极性，可用"＋"或"－"表示［如对三极管共发射极放大电路，设基极瞬时极性为正，根据集电极瞬时极性与基极相反、发射极（接有发射极

电阻而无旁路电容时）瞬时极性与基极相同的原则，标出相关各点的瞬时极性]。按信号正向传输方向依次判断相关点的瞬时极性，一直到达反馈信号取出点。再按反馈信号的传输方向判断反馈信号的瞬时极性，直至反馈信号和输入信号的相加点。如果反馈信号的瞬时极性使净输入减小，则为负反馈；反之为正反馈。

反馈信号与输入信号相加或相减，对净输入的影响，可通过如下方法判断：反馈信号和输入信号加在输入回路一点时，输入信号和反馈信号的瞬时极性相同的为正反馈，瞬时极性相反的为负反馈；反馈信号和输入信号加在放大电路输入回路两点时，瞬时极性相同的为负反馈，瞬时极性相反的为正反馈。对共发射极组态三极管来说，这两点是基极和发射极；对运算放大器来说，这两点是同相输入端和反相输入端。图 5 - 2 - 19 中 R_f 引入的是负反馈，而图 5 - 2 - 20 中 R_f 引入的是正反馈。

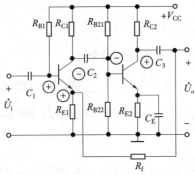 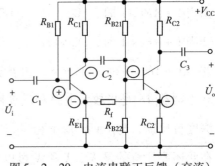

图 5 - 2 - 19　电压串联负反馈（交流）　　　图 5 - 2 - 20　电流串联正反馈（交流）

根据反馈的对象和反馈的方式，反馈放大器可组合成四种类型，即电流串联、电流并联、电压串联、电压并联。

（4）判别串联反馈、并联反馈

反馈信号与输入信号加在放大电路输入回路的同一个电极，则为并联反馈；反之，反馈信号与输入信号加在放大电路输入回路的两个电极，则为串联反馈。

（5）判别电压反馈、电流反馈

反馈信号的大小与输出电压成比例的反馈称为电压反馈；反馈信号的大小与输出电流成比例的反馈称为电流反馈。电压反馈与电流反馈的判断：

将输出电压"短路"，若反馈回来的反馈信号为零，则为电压反馈；若反馈信号仍然存在，则为电流反馈。

图 5 - 2 - 19 ~ 图 5 - 2 - 22 分别表示了反馈的四种类型。

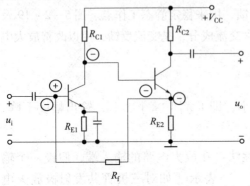 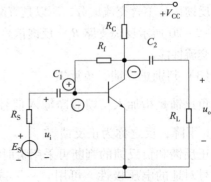

图 5 - 2 - 21　电流并联负反馈（交、直流）　　图 5 - 2 - 22　电压并联负反馈（交、直流）

3. 负反馈对放大电路性能的影响

在放大电路中几乎都采用负反馈，正反馈则常用在振荡电路中。下面简要分析负反馈对放大电路性能的影响。

（1）降低放大倍数

根据反馈基本方程式（5-2-7），不论何种负反馈，$|1+\dot{A}\dot{F}|>1$，$|\dot{A}_f|<|\dot{A}|$，都可使反馈放大倍数下降至 $1/|1+\dot{A}\dot{F}|$，当环路增益 $|\dot{A}\dot{F}|\gg1$ 时，即深度负反馈时，闭环放大倍数

$$\dot{A}_f=\frac{\dot{A}}{1+\dot{A}\dot{F}}\approx\frac{1}{\dot{F}} \qquad (5-2-8)$$

也就是说，在深度负反馈条件下，闭环放大倍数近似等于反馈系数的倒数，与三极管等有源器件的参数基本无关。

（2）提高放大倍数的稳定性

晶体管和电路其他元件参数的变化以及环境温度的影响等因素，都会引起放大倍数的变化，如果这种相对变化较小，则说明其稳定性高。

由于分析放大倍数时，可以不考虑相位，设放大电路在无反馈时的放大倍数为 A，由于外界因素变化引起放大倍数的变化为 dA，其相对变化为 dA/A。引入负反馈后放大倍数为 A_f，放大倍数的相对变化为 dA_f/A_f，则

$$dA_f=\frac{(1+AF)\ dA-AFdA}{(1+AF)^2}=\frac{dA}{(1+AF)^2} \qquad (5-2-9)$$

$$\frac{dA_f}{A_f}=\frac{1}{(1+AF)}\cdot\frac{dA}{A}$$

式（5-2-9）表明，在引入负反馈之后，虽然放大倍数从 A 减小到 A_f，降低至 $1/(1+AF)$，但当外界因素有相同的变化时，放大倍数的相对变化 dA_f/A_f 却只有无负反馈时的 $1/(1+AF)$，可见负反馈放大电路的稳定性提高了。注意电压负反馈使电压增益的稳定性提高；电流负反馈使电流增益的稳定性提高。不同的反馈类型对相应组态的增益的稳定性有所提高。

在深度负反馈条件下，对增益的稳定性也可以这样理解。深度负反馈条件下增益近似等于反馈系数的倒数，一般反馈网络是由电阻、电容等无源元件构成的，其稳定性优于有源元件，因此，深度负反馈时的放大倍数比较稳定。

（3）负反馈对输入电阻、输出电阻的影响

放大电路中引入负反馈后，能使输入电阻发生变化。带负反馈的放大电路的输入电阻取决于反馈网络与基本放大电路输入端的连接方式（串联还是并联），与采样对象（电流还是电压）无关。在串联负反馈的情况下，反馈电压 $\dot{U}_f$ 与输入电压 $\dot{U}_i$ 加在放大电路输入回路的两个点，且极性相同，这将导致输入电流 $\dot{I}_i$ 减小，从而使输入电阻 r_{if} 比无反馈时的输入电阻大。并联反馈的情况恰好相反。

放大电路中引入负反馈后，也能使输出电阻发生变化。输出电阻 r_{of} 增大还是减小与是电压反馈还是电流反馈有关。

电压负反馈可以稳定输出电压，使放大电路接近电压源，输出电压稳定，也就是放大电路带负载能力增强，相当于输出电阻减小。输出电阻小，输出电压在内阻上的电压降就小，输出电压稳定性就好，这与电压负反馈可使输出电压稳定是一致

的因果关系。理论推导可以证明，电压负反馈可以使输出电阻减少至 $1/(1+AF)$。

电流负反馈可以使输出电阻增加，这与电流负反馈可以稳定输出电流有关。输出电流稳定，使放大电路接近电流源，因此放大电路的输出电阻，即内阻增加，电流负反馈可使输出电流稳定与输出电阻增大是一致的因果关系。理论推导可以证明，电流负反馈可以使输出电阻增加 $(1+AF)$ 倍。

(4) 负反馈对通频带的影响——扩展频带

由于放大电路中的电抗元件和晶体管内部 PN 结的影响，放大电路的增益是频率的函数（见图 5-2-23）。在低频段和高频段放大倍数通常都要下降。当 $A(f)$ 下降到中频电压放大倍数 A_0 的 $1/\sqrt{2}$ 时，即

$$A(f_L) = A(f_H) = A_0/\sqrt{2} \approx 0.7A_0 \tag{5-2-10}$$

相应的频率 f_L 称为下限截止频率，f_H 称为上限截止频率，如图 5-2-23 所示。通频带 BW 定义为

$$BW = f_H - f_L \tag{5-2-11}$$

频率响应是放大电路的重要特征之一，而频带宽度是放大电路的技术指标。在某些场合上，往往要求有较宽的频带。引入负反馈是展宽频带的有效措施之一。由于在深度负反馈时，$A_f = A/(1+AF) \approx 1/F$，此时放大器的倍数只与反馈网络的参数有关。如果反馈网络里不含 L、C 等电抗元件，而仅由若干电阻构成，则可近似地认为反馈放大器的放大倍数为一常数，即可使频带增宽。

(5) 负反馈对非线性失真的影响

加入负反馈改善非线性失真，可通过图 5-2-24 加以说明。失真的反馈信号使净输入信号产生相反的失真，从而弥补了放大电路本身的非线性失真。

负反馈可以改善放大电路的非线性失真（减小失真，不能完全消除失真）且只能改善反馈环内产生的非线性失真。

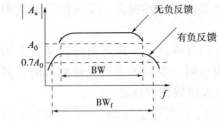

图 5-2-23 负反馈对通频带的影响

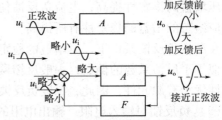

图 5-2-24 负反馈对非线性失真的影响

负反馈还可以对放大电路的噪声、干扰和温度漂移有一定抑制作用，其原理与负反馈抑制非线性失真一样。负反馈对放大电路噪声、干扰和温度漂移的抑制作用，只是对反馈环内产生的噪声、干扰和温度漂移有效，对反馈环外的无效。

负反馈对放大电路性能的影响见表 5-2-2。

表 5-2-2 负反馈对放大电路性能的影响

交流性能	电压串联负反馈	电压并联负反馈	电流串联负反馈	电流并联负反馈
输入电阻	增大	减小	增大	减小
输出电阻	减小	减小	增大	增大

交流性能	电压串联负反馈	电压并联负反馈	电流串联负反馈	电流并联负反馈
稳定性	稳定输出电压， 提高增益稳定性	稳定输出电压， 提高增益稳定性	稳定输出电流， 提高增益稳定性	稳定输出电流， 提高增益稳定性
通频带	展宽			
反馈环内非线性失真	减小			
反馈环内噪声、干扰	抑制			

📚 应用举例——练

【例5-2-2】 图5-2-16（a）所示放大电路与图5-2-17所示共发射极单管放大器实验电路比较，用示波器观察的输出电压波形在失真和幅度上有何不同？为什么？

解 图5-2-17中电路，R_E引入的是直流电流串联负反馈，对静态工作点具有稳定作用，不能改善交流性能，但图5-2-16（a）中电路，R_{E1}与R_{E2}引入了直流电流串联负反馈，同时R_{E1}还起到交流电流串联负反馈的作用，从而减小了非线性失真，但放大倍数下降了，即幅度上有所减小，但稳定性更好。

🛠 探究实践——做

试用示波器观察图5-2-16（a）与图5-2-17所示电路的输出波形。

5.2.3 多级放大电路与功率放大电路分析与测试

📖 知识迁移——导

图5-2-25所示电路为电子开关及分立功放原理图，其中T_1负责整机电源的开关，T_2是T_1的基极电流放大管。本功放电路有三级，主要由第一、二级（前级放

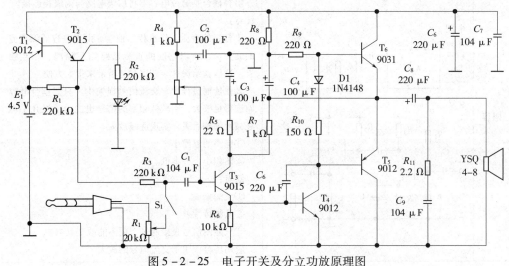

图5-2-25 电子开关及分立功放原理图

大 T_3、推动级放大 T_4）决定最大放大倍数，第三级（末级互补输出管 T_5、T_6）决定最大电流的驱动能力，给扬声器提供足够大的驱动电流。

✍ 问题聚焦——思

- 多级放大电路的基本耦合方式及其特点；
- 多级放大电路的静态分析、动态分析方法；
- 直接耦合放大电路的零点漂移及差分放大电路组成、工作原理；
- 功率放大电路的基本概念、分类；
- 甲乙类互补对称功率放大电路的结构、特点及工作原理。

✍ 知识链接——学

1. 多级放大电路及耦合方式

由一个晶体管组成基本放大电路，它们的电压放大倍数一般只有几十倍。但是在实际应用中，往往需要放大非常微弱的信号，上述的放大倍数是远远不够的。为了获得更高的电压放大倍数，可以把多个基本放大电路连接起来，组成"多级放大电路"，如图 5 – 2 – 26 所示。

图 5 – 2 – 26　多级放大电路的框图

放大电路中信号源与放大电路之间、两级放大电路之间、放大器与负载之间的连接方式称为耦合方式。放大电路级间的耦合需要保证各级有合适的 Q 点、传送信号波形不失真等要求，常用的耦合方式有直接耦合、阻容耦合和变压器耦合。表 5 – 2 – 3 所示为常用的三种耦合方式电路图及特点。

表 5 – 2 – 3　常用的三种耦合方式电路图及特点

项目	电　路　图	特　　点
阻容耦合	框图 示例	阻容耦合是通过电容器将后级电路与前级相连接。 优点： ①各级的直流工作点相互独立。由于电容器隔直流而通交流，所以它们的直流通路相互隔离、相互独立，这样就给设计、调试和分析带来很大方便。 ②在传输过程中，交流信号损失少。只要耦合电容器选得足够大，则较低频率的信号也能由前级几乎不衰减地加到后级，实现逐级放大。 ③电路的温漂小。 ④体积小、成本低。 缺点： ①无法集成。 ②低频特性差。 ③只能使信号直接通过，而不能改变其参数。 应用场合：用于交流信号的放大

160

项目	电路图	特点
变压器耦合	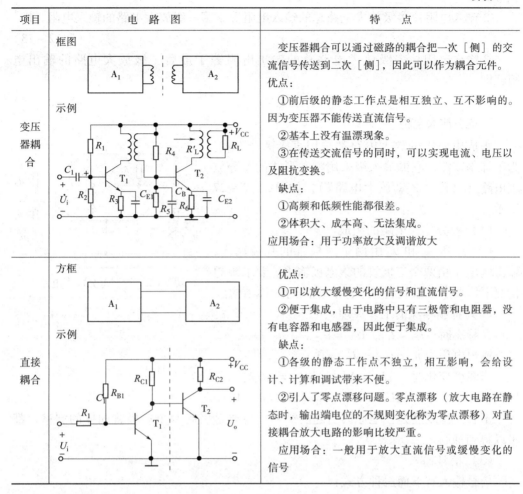	变压器耦合可以通过磁路的耦合把一次［侧］的交流信号传送到二次［侧］，因此可以作为耦合元件。 优点： ①前后级的静态工作点是相互独立、互不影响的。因为变压器不能传送直流信号。 ②基本上没有温漂现象。 ③在传送交流信号的同时，可以实现电流、电压以及阻抗变换。 缺点： ①高频和低频性能都很差。 ②体积大、成本高、无法集成。 应用场合：用于功率放大及调谐放大
直接耦合		优点： ①可以放大缓慢变化的信号和直流信号。 ②便于集成，由于电路中只有三极管和电阻器，没有电容器和电感器，因此便于集成。 缺点： ①各级的静态工作点不独立，相互影响，会给设计、计算和调试带来不便。 ②引入了零点漂移问题。零点漂移（放大电路在静态时，输出端电位的不规则变化称为零点漂移）对直接耦合放大电路的影响比较严重。 应用场合：一般用于放大直流信号或缓慢变化的信号

2. 多级放大电路分析计算方法

（1）静态分析

阻容耦合和变压器耦合电路的静态工作点分析与基本放大电路相同。直接耦合电路静态工作点的分析十分麻烦，学习时重点掌握解决问题的思路和方法，计算时可利用计算机辅助分析工具解决。

（2）动态分析

①电压放大倍数：n 级放大电路总的电压放大倍数等于各级电压放大倍数的乘积见式（5-2-12）。级间的相互关系表现为各级电路的输入电阻和输出电阻之间的关系。

$$\dot{A}_u = \dot{A}_{u1}\dot{A}_{u2}\cdots\dot{A}_{un} \tag{5-2-12}$$

解决这一问题的方法有两种：一种是把后级的输入电阻作为前级的负载电阻，通过后级的输入电阻反映后级对前级的影响；另一种是把前级的开路电压作为后级的信号源电压，前级的输出电阻作为后级的信号源内阻，通过前级的输出电阻反映前级对后级的影响。必须指出，这两种方法不能同时使用，如果计算前级放大倍数时把后级看作了前级的负载，计算后级放大倍数时就不能再考虑信号源内阻，反之相似。

②输入电阻：多级放大电路总的输入电阻等于第一级放大电路的输入电阻，即

$$r_i = r_{i1} \tag{5-2-13}$$

③输出电阻：多级放大电路总的输出电阻等于最后一级放大电路的输出电阻，即

$$r_o = r_{on} \tag{5-2-14}$$

3. 差分放大电路

集成电路中的放大电路都采用直接耦合方式。为了抑制零漂，它的输入级采用特殊形式的差分放大电路（又称"差动放大电路"），如图5-2-27所示。

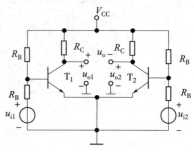

图5-2-27　差分放大电路

（1）差分放大电路的组成

信号电压u_{i1}和u_{i2}由两个三极管的基极输入，输出电压u_o由两个三极管的集电极输出。要求理想情况下，两个三极管特性一致，电路为对称结构。

（2）抑制零漂的工作原理

在静态时，$I_{C1} = I_{C2}$，$U_{C1} = U_{C2}$。

输出电压为$u_o = U_{C1} - U_{C2} = 0$。

当温度变化时，$\Delta I_{C1} = \Delta I_{C2}$，$\Delta U_{C1} = \Delta U_{C2}$。

所以，$u_o = (U_{C1} + \Delta U_{C1}) - (U_{C2} + \Delta U_{C2}) = 0$。

不管是温度还是其他原因引起的漂移，只要是引起两个三极管同样的漂移，都可以得到抑制。

（3）信号输入

信号输入有下面三种方式：

①共模输入：若两个输入信号u_{i1}和u_{i2}等大同相，即$u_{i1} = u_{i2}$，称为共模输入。差分放大电路对共模信号的抑制能力，就是抑制零点漂移的能力。

②差模输入：若两个输入信号u_{i1}和u_{i2}等大反相，即$u_{i1} = -u_{i2}$，称为差模输入。

输入差模信号时，由于u_{i1}、u_{i2}等大反相，则两三极管集电极电位也等大反相，即

$$\Delta U_{C1} = -\Delta U_{C2}$$

所以

$$u_o = \Delta U_{C1} - \Delta U_{C2} = 2\Delta U_{C1}$$

可见，差模信号作用下，差分放大电路的输出电压为单管输出电压变化量的2倍，即对差模信号有放大能力。

③比较输入：比较输入又称非差非共输入。u_{i1}和u_{i2}的大小不相等，极性也是任意的。对于任意一对比较信号，均可看成是一对共模信号和一对差模信号的叠加，其中

差模分量为

$$u_d = \frac{u_{i1} - u_{i2}}{2}$$

共模分量为

$$u_c = \frac{u_{i1} + u_{i2}}{2}$$

如对于 $u_{i1} = 3\ \text{mV} = 5\ \text{mV} - 2\ \text{mV}$，$u_{i2} = 7\ \text{mV} = 5\ \text{mV} + 2\ \text{mV}$，可以看成是一对 5 mV 的共模信号和一对 2 mV 的差模信号。

"差动（即差分），差动，有差才动"这也就是"差动"放大电路名称的由来。

（4）共模抑制比 K_{CMR}

设输入的共模信号为 u_{ic} 时，输出电压为 u_{oc}，则共模放大倍数为 $A_c = u_{oc}/u_{ic}$。

一个实际的差分放大电路，对差模信号和共模信号都有放大作用。但要求电路的差模电压放大倍数 A_d 越大越好，而共模电压放大倍数 A_c 越小越好，通常采用共模抑制比（K_{CMR}）来描述差分放大电路放大差模信号和抑制共模信号的能力。

共模抑制比定义为差模电压放大倍数 A_d 与共模电压放大倍数 A_c 之比，即

$$K_{CMR} = \frac{A_d}{A_c} \qquad (5-2-15)$$

或用对数形式表示为

$$K_{CMR} = 20\lg \left| \frac{A_d}{A_c} \right| \text{dB}$$

显然，共模抑制比 K_{CMR} 越大，表明差分放大电路放大差模信号和抑制共模信号的能力越强。一般的差分放大电路的共模抑制比约为 60 dB，较好的为 120 dB。

4. 功率放大电路

功率放大电路的作用是放大电路的输出级，以推动负载工作，例如使扬声器发声、继电器动作、仪表指针偏转、电动机旋转等。

（1）对功率放大器的要求

功率放大器和电压放大器是有区别的：电压放大器的主要任务是把微弱的电压信号进行放大，一般输入及输出的电压、电流都比较小，是小信号放大器，它消耗能量少，信号失真小，输出信号的功率小；功率放大器的主要任务是输出大的信号功率，它的输入、输出电压和电流都较大，是大信号放大器，它消耗能量多，信号容易失真，输出信号的功率大。这就决定了一个性能良好的功率放大器应满足下列几点基本要求：

①在不失真的情况下能输出尽可能大的功率，以满足负载的要求。为了得到足够大的输出功率，三极管工作时的电压和电流应尽可能接近极限参数。

②具有较高的工作效率。功率放大器是利用三极管的电流控制作用，把电源的直流功率转换成交流信号功率输出，由于三极管有一定的内阻，所以会有一定的功率损耗。把负载获得的功率 P_o 与电源提供的功率 P_E 之比定义为功率放大电路的转换效率 η，即

$$\eta = \frac{P_o}{P_E} \times 100\% \qquad (5-2-16)$$

显然，功率放大电路的转换效率越高越好。

③尽量减小非线性失真。功率大、动态范围大，由三极管的非线性引起的失真也大。因此，提高输出功率与减小非线性失真是有矛盾的，但是依然要设法尽可能

减小非线性失真。

④散热性能好。

（2）功率放大器的类型

①以三极管的静态工作点位置分类。常见的功率放大器按三极管静态工作点 Q 在交流负载线上的位置不同，可分为甲类、乙类和甲乙类三种。

a. 甲类功率放大器。工作在甲类工作状态的三极管，静态工作点 Q 选在交流负载线的中点附近。在输入信号的整个周期内，三极管都处于放大区内，输出的是没有削波失真的完整信号，它允许输入信号的动态范围较大，但其静态电流大、损耗大、效率低。

b. 乙类功率放大器。工作在乙类工作状态的三极管，静态工作点 Q 选在三极管放大区和截止区的交界处，即交流负载线和 $I_B = 0$ 的交点处。在输入信号的整个周期内，三极管半个周期工作在放大区，半个周期工作在截止区，放大器只有半波输出。乙类功率放大器的静态电流为零，故损耗小、效率高，但非线性失真太大。如果采用两个不同类型的三极管组合起来交替工作，则可以放大输出完整的、不失真的全波信号。

c. 甲乙类功率放大器。工作在甲乙类工作状态的三极管，静态工作点 Q 选在甲类和乙类之间。在输入信号的一个周期内，三极管有时工作在放大区，有时工作在截止区，其输出为单边失真的信号。甲乙类工作状态的电流较小，效率也比较高。

②以功率放大器输出端特点分类。功率放大器按输出端的特点可以分为：有输出变压器功放电路、无输出变压器功放电路（又称 OTL 功放电路）、无输出电容器功放电路（又称 OCL 功放电路）、桥接无输出变压器功放电路（又称 BTL 功放电路）。

（3）功率管的安全使用

就功率管而言，为了保证其安全使用，必须注意以下几个方面：

①避免发生集电结的击穿。

②避免集电结过热，集电极的功率损耗应低于最大容许值 P_{CM}。三极管的集电极容许损耗 P_{CM} 不是一个固定不变的值，它和器件的散热情况有关，根据环境温度和器件的散热装置不同而有所不同。

③功率管在工作时不能进入二次击穿区。

（4）互补对称功率放大电路及交越失真

单管甲类功率放大电路虽然简单，只需要一个功率管便可工作，但它的效率低，且为了实现阻抗匹配，需要用变压器，而变压器有体积大、质量大、频率特性差、耗费金属材料、加工制造麻烦等缺点，因而，目前一般不采用单管功率放大电路，而是采用 NPN 型管、PNP 型管各一只（两管特性一致）构成互补对称功率放大电路。

互补对称功率放大电路通过容量较大的电容器与负载耦合时，由于省去了变压器而被称为无输出变压器（Output Transformer Less）功放电路，简称 OTL 电路，OTL 电路采用单电源供电；若互补对称功率放大电路直接与负载相连，输出电容也省去，就成为无输出电容（Output Capacitor Less）功放电路，简称 OCL 电路，OCL 电路采用双电源供电。

图 5 - 2 - 28（a）所示是乙类 OCL 互补对称功放电路。其中功率管 T_1 和 T_2 分别为 NPN 型管和 PNP 型管，两管的基极和发射极相互连接在一起，信号从基极输入，从发射极输出，R_L 为负载。观察电路，可看出此电路没有基极偏置，所以 $u_{BE1} = u_{BE2} = u_i$。当 $u_i = 0$ 时，T_1 和 T_2 均处于截止状态。显然，该电路可以看成是由两个射极输出器级联而成的功放电路。

考虑到三极管发射结正向偏置时才导通，因此当信号处于正半周时，$u_{BE1} = u_{BE2} > 0$，T_2 截止，T_1 承担放大任务，有电流通过负载 R_L；而当信号处于负半周时，$u_{BE1} = u_{BE2} < 0$，T_1 截止，T_2 承担放大任务，仍有电流通过负载 R_L。

由于在输入电压 u_i 的幅度小于三极管输入特性曲线上的死区电压时，T_1、T_2 均不能导通，故 i_{C1}、i_{C2} 以及 i_L、u_o 的波形都将出现明显的交越失真，如图 5 - 2 - 28（b）所示。为了克服这个缺点，可以考虑采用甲乙类 OCL 互补对称功放电路，如图 5 - 2 - 29 所示。

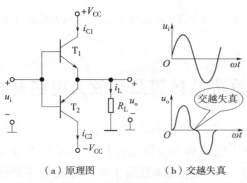

（a）原理图　（b）交越失真

图 5 - 2 - 28　乙类 OCL 互补对称功放电路

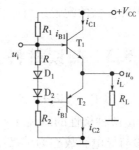

图 5 - 2 - 29　甲乙类 OCL 互补对称
功放电路

OCL 电路既改善了低频响应，又有利于实现集成化，因而得到了广泛的应用。OCL 电路存在的主要问题是，两个三极管的发射极直接连到负载电阻上，如果静态工作点失调或电路内元器件损坏，将有一个较大的电流长时间流过负载，可能造成电路损坏。为了避免出现此种情况，实际使用的电路中，常常在负载回路中接入熔丝作为保护措施。

应用举例——练

*【例 5 - 2 - 3】设图 5 - 2 - 30（a）所示电路的静态工作点合适，试画出它的交流等效电路，并写出 $\dot{A}_u$、r_i 和 r_o 的表达式。

解　该电路交流微变等效电路如图 5 - 2 - 30（b）所示。$\dot{A}_u$、r_i 和 r_o 的表达式分别为

$$\dot{A}_u = \dot{A}_{u1} \dot{A}_{u2} = \frac{(1 + \beta_1)(R_2 // R_3 // r_{be2})}{r_{be1} + (1 + \beta_1)(R_2 // R_3 // r_{be2})} \cdot \left(-\frac{\beta_2 R_4}{r_{be2}} \right)$$

$$r_i = r_{i1} = R_1 // \left[r_{be1} + (1 + \beta_1)(R_2 // R_3 // r_{be2}) \right]$$

$$r_o = r_{o2} = R_4$$

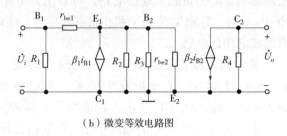

（a）两级放大电路图　　　　　　　　（b）微变等效电路图

图 5 - 2 - 30　【例 5 - 2 - 3】图

探究实践——做

综合电子制作：试分析图 5 - 2 - 25 所示电子开关及分立功放原理图的工作原理，并按相关参数的配置进行制作。

＊课题 5.3　阅读材料：场效应晶体管及其放大电路简介

场效应晶体管（Field Effect Transistor，FET）简称场效应管。一般的晶体管（三极管）由两种极性的载流子参与导电，因此称为双极型晶体管，而 FET 仅由多数载流子参与导电，故称为单极型晶体管。场效应晶体管属于电压控制型半导体器件，具有双极型晶体管的体积小、质量小、耗电少、寿命长等优点，还具有输入电阻高、热稳定性好、抗辐射能力强、噪声低、制造工艺简单、便于集成等特点。在大规模及超大规模集成电路中得到了广泛的应用。

场效应晶体管按其结构不同，可分为两大类：结型场效应晶体管和绝缘栅型场效应晶体管。目前应用最多的是以二氧化硅作为绝缘介质的金属 – 氧化物 – 半导体绝缘栅型场效应晶体管，简称 MOS 管。

MOS 管按其工作状态可分为增强型与耗尽型两类，每类又有 N 沟道和 P 沟道两种类型。下面以 N 沟道为例，简单说明绝缘栅场效应晶体管的工作情况。

1. N 沟道增强型 MOS 管

（1）结构

图 5 - 3 - 1 所示为 N 沟道增强型 MOS 管结构示意图和图形符号，它是在 P 型半导体上生成一层 SiO_2 薄膜绝缘层，然后用光刻工艺在 SiO_2 上刻两个孔，再在孔的位置扩散两个高掺杂的 N 型区，从 N 型区引出电极，一个是漏极 D，一个是源极 S。在源极和漏极之间的绝缘层上镀一层金属铝作为栅极 G。P 型半导体称为衬底，从衬底基片上引出一个电极，称为衬底电极 B。在分立元件中，常将电极 B 与源极 S 相连。这种场效应晶体管栅极与各电极之间是绝缘的，因此称为绝缘栅场效应晶体管，由于它是由金属氧化物和半导体组成，所以又称金属 – 氧化物 – 半导体绝缘栅型场效应晶体管，简称 MOS 管。

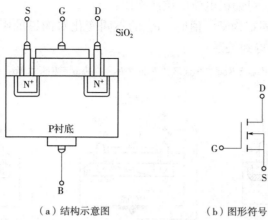

（a）结构示意图　　　　　　　　（b）图形符号

图 5 - 3 - 1　N 沟道增强型 MOS 管结构示意图和图形符号

（2）工作原理

MOS 管是利用栅 - 源电压的大小，来改变半导体表面感生电荷的多少，从而控制漏极电流的大小。

①栅 - 源电压的 u_{GS} 控制作用：

当 $u_{GS} = 0$，漏 - 源间是两个背靠背的二极管，在 D、S 之间加上电压（如 $u_{DS} = 10\ V$）时，在两个 N 型半导体组成的漏极与源极之间被一个 P 型的衬底隔开，形成两个串联的 PN 结，不具有原始沟道，不会在 D、S 间形成电流。

当 $0 < u_{GS} < U_T$ 时（U_T 称为开启电压），通过栅极和衬底间的电容作用，将靠近栅极下方的 P 型半导体中的空穴向下方排斥，出现了一薄层负离子的耗尽层。耗尽层中的少子电子将向表层运动，但数量有限，不足以形成沟道将漏极和源极沟通，所以仍然不足以形成漏极电流 i_D，如图 5 - 3 - 2（a）所示。

当 $u_{GS} > U_T$ 时，由于此时的栅极电压已经比较强，在靠近栅极下方的 P 型半导体表层中聚集较多的电子，可以形成沟道，将漏极和源极沟通，如图 5 - 3 - 2（b）所示。如果此时加有漏 - 源电压，就可以形成漏极电流 i_D。在栅极下方形成导电沟道中的电子，因与 P 型半导体的载流子空穴极性相反，故称为反型层。随着 u_{GS} 继续增加，i_D 将不断增加。在 $u_{GS} = 0\ V$ 时，$i_D = 0$，只有当 $u_{GS} > U_T$ 后才会出现漏极电流，这种 MOS 管称为增强型 MOS 管。

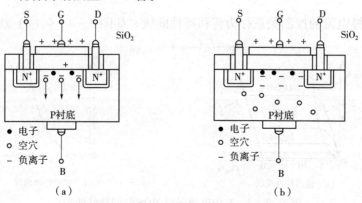

（a）　　　　　　　　　　　　（b）

图 5 - 3 - 2　栅 - 源电压对沟道的影响

②漏－源电压 u_{DS} 对漏极电流的控制作用：

当 $u_{GS} > U_T$，且固定为某一值时，u_{DS} 的不同变化对沟道的影响如图 5－3－3 所示。从图 5－3－3 中得到关系

$$u_{DS} = u_{DG} + u_{GS} = -u_{GD} + u_{GS}, \quad u_{GD} = u_{GS} - u_{DS}$$

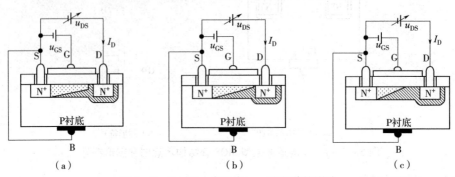

图 5－3－3　漏－源电压 u_{DS} 对沟道的影响

当 u_{DS} 较小时，相当 $U_{GD} > U_T$，沟道如图 5－3－3（a）所示，此时 u_{DS} 基本均匀降落在沟道中，沟道呈斜线分布。以 S 和 B 为参考，D 极的反向电压最大，耗尽层最宽，在 S 极反向电压为 0 V。在紧靠漏极处，沟道达到开启的程度以上，漏－源极间有电流通过。

当 u_{DS} 增加到 $u_{GD} = u_{GS} - u_{DS} = U_T$ 时，沟道如图 5－3－3（b）所示。这相当于 u_{DS} 增加使漏极处沟道的形状缩减到刚刚开启的情况，称为预夹断，此时的漏极电流 i_D 基本饱和。当 u_{DS} 增加到 $u_{GD} < U_T$ 时，沟道如图 5－3－3（c）所示，此时预夹断区域加长，伸向 S 极，u_{DS} 增加的部分基本降落在随之加长的夹断沟道上，i_D 基本趋于不变，进入饱和区。

（3）输出特性曲线和转移特性曲线

输出特性曲线是当 $u_{GS} > U_T$，且固定为某一值时，漏极电流 i_D 与漏－源电压 u_{DS} 之间的关系曲线族，如图 5－3－4（a）所示，即

$$i_D = f(u_{DS})\big|_{u_{GS} = 常数}$$

输出特性曲线的 i_D 起始部分称为可变电阻区，相当三极管的饱和区；中间 i_D 平行的区域称为恒流或放大区，相当于三极管的放大区；右侧曲线上翘的部分为击穿区。

u_{GS} 对漏极电流的控制关系称为转移特性曲线，如图 5－3－4（b）所示，即

$$i_D = f(u_{GS})\big|_{u_{DS} = 常数}$$

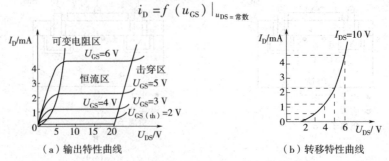

（a）输出特性曲线　　　　　　（b）转移特性曲线

图 5－3－4　N 沟道增强型 MOS 管的特性曲线

转移特性曲线的斜率 g_m 的大小反映了栅 – 源电压对漏极电流的控制作用。g_m 的量纲为 mA/V，所以 g_m 也称为跨导，单位为 mS（毫西［门子］）。

P 沟道增强型绝缘栅场效应晶体管是由 N 型硅作为衬底，扩散的两个 P 型区作为漏极和源极而构成，它工作原理与前一种相似，只是要调换电源的极性。

2. N 沟道耗尽型 MOS 管

（1）结构

N 沟道耗尽型 MOS 管的结构与 N 沟道增强型 MOS 管的结构基本相似，只是在 SiO_2 绝缘层中掺入了大量正离子。这些正离子对 P 型衬底中的电子具有吸引力，这些电子被吸引到栅极下方，形成一 N 型薄层，在漏极和源极间形成原始导电沟道。这种有原始导电沟道的晶体管，称为 N 沟道耗尽型 MOS 管，图形符号如图 5 – 3 – 5 所示。

（2）工作原理

耗尽型 MOS 管与增强型 MOS 管相比，结构变化不大，其控制特性却有明显的改进。在 u_{DS} 为常数的情况下：

当 $u_{GS} = 0$ 时，漏 – 源极之间已可导通，流过原始导电沟道的是饱和漏极电流 I_{DSS}；

当 $u_{GS} > 0$ 时，在 N 沟道内感应出更多的电子，使导电沟道变厚，使 i_D 增大，所以 i_D 随 u_{GS} 增大而增大；

当 $u_{GS} < 0$ 时，u_{GS} 抵消了绝缘层中正离子的作用，使导电沟道变薄，沟道电阻增加，使 i_D 变小，即 u_{GS} 越负 i_D 越小；当 u_{GS} 负到等于夹断电压 U_P 时，沟道被夹断，N 沟通耗尽型 MOS 管截止 $i_D \approx 0$。

（3）输出特性曲线和转移特性曲线

由以上分析可见，耗尽型 MOS 管不论栅极偏置于正、负或零栅极电压都能控制 i_D，这一特点使它的应用具有更大的灵活性。一般情况下，这类 MOS 管还是工作在负栅压状态，这时要根据不同 I_{DSS} 和 U_P（负值）来选用耗尽型管。N 沟道耗尽型 MOS 管的特性曲线如图 5 – 3 – 6 所示。

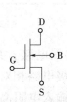

图 5 – 3 – 5　N 沟道耗尽型
　　MOS 管图形符号

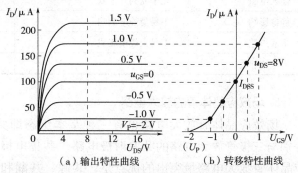

（a）输出特性曲线　　　（b）转移特性曲线

图 5 – 3 – 6　N 沟道耗尽型 MOS 管的特性曲线

3. MOS 管使用注意事项

①在 MOS 管中，有的产品将衬底引出（即有四个引脚），以便使用者视电路需要而任意连接。一般 P 型衬底应接低电位，N 型衬底应接高电位，因沟道不同而异。

但在特殊电路中，当源极的电位很高或很低时，为了减轻源－衬间电压对 MOS 管导电性能的影响，可将源极与衬底连在一起。

②通常场效应晶体管的漏极与源极可以互换，而其伏安特性没有明显变化。但有些产品出厂时已将源极和衬底连在一起，这时源极与漏极就不能再互换，使用时必须注意。

③场效应晶体管的栅－源电压不能接反，但可以在开路状态下保存。为保证其衬底与沟道之间恒为反偏，一般 N 沟道 MOS 管的衬底 B 极应接电路中的最低电位。还要特别注意可能出现栅极感应电压过高而造成绝缘层的击穿问题。所以，MOS 管在不使用时应避免栅极悬空，务必将各电极短接。

④焊接时，电烙铁必须有外接地线，以屏蔽交流电场，防止损坏 MOS 管，特别是焊接 MOS 管时，最好断电后再焊接。

4. 三极管和场效应晶体管的性能比较

三极管和场效应晶体管的性能比较见表 5 – 3 – 1。

表 5 – 3 – 1　三极管和场效应晶体管的性能比较

类型 项目	三 极 管	场效应晶体管
结构	NPN 型、PNP 型	结型：N 沟道、P 沟道 绝缘栅增强型：N 沟道、P 沟道 绝缘栅耗尽型：N 沟道、P 沟道
电极倒置	C、E 一般不可倒置使用	D、S 一般可倒置使用
载流子	多子扩散、少子漂移	多子漂移
输入量	电流输入	电压输入
控制	电流控电流源（β）	电压控电流源（g_m）
噪声	较大	较小
温度特性	受温度影响较大	较小，并有零温度系数点
输入电阻	几十欧到几千欧	几兆欧以上
静电影响	不易受静电影响	易受静电影响
集成工艺	不易大规模集成	适宜大规模和超大规模集成
大电流特性	好	次之

5. 场效应晶体管的放大电路

场效应晶体管放大电路也有三种基本组态即共源电路、共漏电路、共栅电路，分别与三极管放大电路的共发射极电路、共集电极电路、共基极电路相对应。场效应晶体管放大电路最突出的优点是，共源、共漏和共栅电路的输入电阻高于相应的共射、共集和共基电路的输入电阻。此外，场效应晶体管还有噪声低、温度稳定性好、抗辐射能力强等优于三极管的特点，而且便于集成。

含场效应晶体管放大电路的分析与三极管放大电路分析方法是相似的。如在小信号作用下，场效应晶体管工作在线性放大区时，也可采用微变等效模型代替场效应晶体管进行动态分析。图 5 – 3 – 7 所示为场效应晶体管微变等效电路。与三极管相比，输入电阻无穷大，相当于开路。VCCS 的电流源 $g_m\dot{U}_{GS}$ 还并联了一个输出电阻 r_{ds}，在三极管的简化模型中，因输出电阻很大，可视为开路，在此可暂时保留，其他部分与三极管放大电路情况一样。

下面以典型的分压式自偏压共源放大电路为例简单说明场效应晶体管电路分析与计算。

图 5-3-8 所示为共源组态分压偏置基本放大电路，图 5-3-8 中 R_{G1}、R_{G2} 是栅极偏置电阻，R 是源极电阻，R_D 是漏极负载电阻。与共发射极基本放大电路的 R_{B1}、R_{B2}、R_E 和 R_C 分别一一对应。

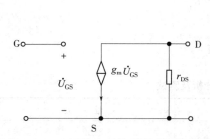 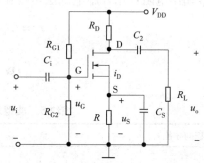

图 5-3-7　场效应晶体管微变等效电路　　图 5-3-8　共源组态分压偏置基本放大电路

（1）静态分析

比较共源放大电路和共射放大电路，它们只是在偏置电路和受控源的类型上有所不同。共源放大电路的直流通路如图 5-3-9（a）所示。由直流通路可写出下列方程

$$V_G = V_{DD}R_{G2} / (R_{G1} + R_{G2})$$
$$U_{GSQ} = V_G - V_S = V_G - I_{DQ}R$$
$$I_{DQ} = I_{DSS}[1 - (U_{GSQ}/U_P)]^2$$
$$U_{DSQ} = V_{DD} - I_{DQ}(R_D + R)$$

式中，夹断电压 U_P 及饱和漏极电流 I_{DSS} 通常为已知，于是可以解出 U_{GSQ}、I_{DQ} 和 U_{DSQ}。

（2）动态分析

场效应晶体管放大电路的动态分析与三极管放大电路动态分析相似，即将场效应晶体管等效为线性电路后，分析计算微变等效电路的输入电阻、输出电阻和电压放大倍数。图 5-3-9（b）所示为共源组态分压偏置电路的微变等效电路。

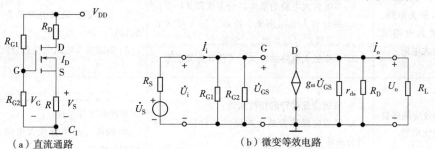

（a）直流通路　　　　　　　　　　（b）微变等效电路

图 5-3-9　共源组态分压偏置基本放大电路分析

模块 ⑤ 典型放大电路的分析及测试

171

①电压放大倍数：

输出电压为

$$\dot{U}_{\text{o}} = -g_{\text{m}}\dot{U}_{\text{GS}}\ (r_{\text{ds}}\ //\ R_{\text{D}}\ //\ R_{\text{L}})$$

r_{ds}很大，并联时一般可忽略。所以电压放大倍数为

$$A_u = -g_{\text{m}}\dot{U}_{\text{GS}}\ (r_{\text{ds}}\ //\ R_{\text{D}}\ //\ R_{\text{L}})\ /\dot{U}_{\text{GS}} = -g_{\text{m}}\ (r_{\text{ds}}\ //\ R_{\text{D}}\ //\ R_{\text{L}})\ = -g_{\text{m}}R_{\text{L}}'$$

②输入电阻：

$$r_{\text{i}} = \dot{U}_{\text{i}}/\dot{I}_{\text{i}} = R_{\text{G1}}\ //\ R_{\text{G2}}$$

③输出电阻：用外施电源法可得输出电阻为

$$r_{\text{o}} = \dot{U}_{\text{o}}'/\dot{I}_{\text{o}}' = r_{\text{ds}}\ //\ R_{\text{D}}$$

小　　结

模块5　典型放大电路分析及测试

知识与技能	重　点	难　点
半导体二极管、三极管	1. 二极管、三极管的伏安特性及主要参数； 2. 二极管的基本电路及分析方法； 3. 三极管工作状态的判断； 4. 二极管、三极管的检测与识别	1. PN结及其单向导电性的理解； 2. 三极管放大原理的理解
三极管基本放大电路	1. 共发射极放大电路的组成及工作原理； 2. 求静态工作点 Q； 3. 微变等效电路法分析三极管放大电路交流性能指标； 4. 三种接法放大电路的特点及应用场合； 5. 单管放大电路的测试	1. 静态工作点设置对波形的影响的理解； 2. 利用放大电路的组成原则判断放大电路能否正常工作； 3. 放大电路的微变等效电路的画法及交流性能指标的计算
放大电路中的负反馈	1. 负反馈的概念； 2. 各种反馈类型的判断； 3. 负反馈放大电路的四种基本组态的判断； 4. 负反馈对放大器性能的影响和改善	1. 反馈放大电路的四种基本组态的判断； 2. 深度负反馈放大电路放大倍数的分析； 3. 放大电路的频率响应，通频带的理解
多级放大电路、差分放大电路及功率放大电路	1. 多级放大电路的基本耦合方式及其特点； 2. 差分放大电路组成、特点、输入和输出方式及差模信号与共模信号的概念； 3. 功率放大电路的特点、工作状态及类型	1. 直接耦合放大电路静态工作点的设置； 2. 多级放大电路的动态分析方法；
＊场效应晶体管及其放大电路	1. 场效应晶体管的特性曲线； 2. 场效应晶体管放大电路的三种接法及场效应晶体管放大电路的特点	1. 场效应晶体管的工作原理及各工作区的工作条件； 2. 场效应晶体管放大电路小信号模型分析法

检 测 题

一、填空题

1. N 型半导体主要靠_____来导电；P 型半导体主要靠_____来导电。

2. PN 结具有_____性能，即加正向电压时，形成的正向电流_____；加反向电压时，形成的反向电流_____。

3. PN 结的正向接法时，P 型区接电源的_____极，N 型区接电源的_____极。

4. 检测二极管极性时，需用万用表欧姆挡的_____挡位。当检测时指针偏转度较大时，则红表笔接触的电极是二极管的_____极，黑表笔接触的电极是二极管的_____极。检测二极管好坏时，两表笔位置调换前后万用表指针偏转都很大时，说明该二极管已经_____；两表笔位置调换前后万用表指针偏转都很小时，说明该二极管已经_____。

5. 在判别锗、硅二极管时，当测出正向压降为_____时，将认为此二极管为锗二极管；当测出正向压降为_____时，将认为此二极管为硅二极管。

6. 稳压管是一种特殊物质制造的_____接触型_____二极管，正常工作应在特性曲线的_____区。

7. 三极管的三个电极分别称为_____极、_____极和_____极，它们分别用字母_____、_____和_____来表示。

8. 为了使三极管正常工作在放大状态，发射结必须加_____电压，集电结必须加_____电压。

9. 由三极管的输出特性可知，它可分为_____区、_____区和_____区三个区域。

10. 三极管具有电流放大作用的内部条件是：_____区的多数载流子浓度高、_____结的面积大、_____区尽可能薄；外部条件是：_____结正向偏置、_____结反向偏置。

11. 三极管被当作放大元件使用时，要求其工作在_____状态，而被当作开关元件使用时，要求其工作在_____状态和_____状态。

12. 按三极管在电路中不同的连接方式，可组成_____、_____、_____三种基本电路。

13. 共发射极放大电路的静态工作点设置较低，造成截止失真，其输出波形为_____削顶。若采用分压式偏置电路，通过_____调节_____，可达到改善输出波形的目的。

14. 将放大器_____的全部或部分通过某种方式回送到输入端，这部分信号称为_____信号。使放大器净输入信号减小，放大倍数也减小的反馈，称为_____反馈；使放大器净输入信号增加，放大倍数也增加的反馈，称为_____反馈。放大电路中常用的负反馈类型有_____负反馈、_____负反馈、_____负反馈和_____负反馈。

15. 负反馈对放大器的影响有：降低放大器的_____，提高放大信号的_____；减小_____失真；展宽_____；对输入电阻和输出电阻产生影响。

16. 电压放大器中的三极管通常工作在_____状态下，功率放大器中的三极管通常工作在_____参数情况下。功放电路不仅要求有足够大的_____，而且要求电路中还要有足够大的_____，以获取足够大的功率。

17. 三极管由于在长期工作过程中，受外界_____及电网电压不稳定的影响，即使输入信号为零时，放大电路输出端仍有缓慢的信号输出，这种现象称为_____漂移。克服_____漂移的最有效常用电路是_____放大电路。

18. 差分放大电路的差模信号是两个输入端信号的_____；共模信号是两个输入端信号的_____。

19. 多级放大器的极间耦合形式有三种，分别是_____耦合、_____耦合和_____耦合。

20. 常用的功率放大器按其工作状态可分为_____、_____和_____三类。

二、判断题

1. 二极管只要工作在反向击穿区，一定会被击穿损坏。　　　　　　（　　）

2. 在题2图所示电路中，断开或接上二极管D对电流表Ⓐ的读数没有影响。
　　　　　　　　　　　　　　　　　　　　　　　　　　　　（　　）

3. 有一个三极管接在电路中，今测得它的三个引脚电位分别为 -9 V、-6 V、-6.2 V，说明这个三极管是 PNP 型管。　　　　　　　　　　　　（　　）

4. 为了驱动灯泡D发光，可以采用题4图所示的电路。　　　　　（　　）

5. 题5图所示电路对交流正弦信号有电压放大作用。　　　　　　（　　）

6. 放大电路必须加上合适的直流电源才能正常工作。　　　　　　（　　）

7. 双极型晶体管是电流控件；单极型晶体管是电压控件。　　　　（　　）

8. 当三极管的集电极电流大于它的最大允许电流 I_{CM} 时，该管必被击穿。（　　）

9. 双极型晶体管和单极型晶体管的导电机理相同。　　　　　　　（　　）

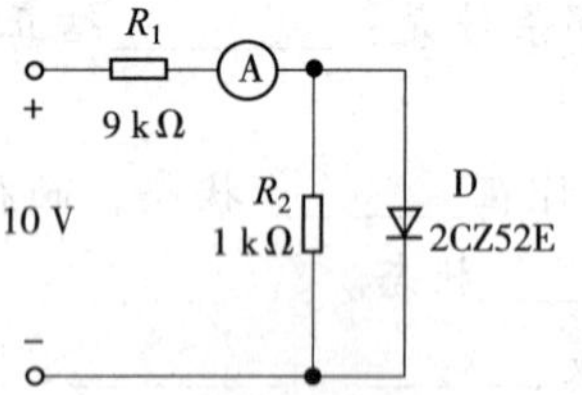

题2图 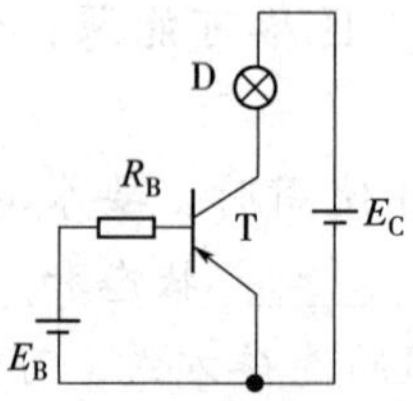　　　　　　题4图 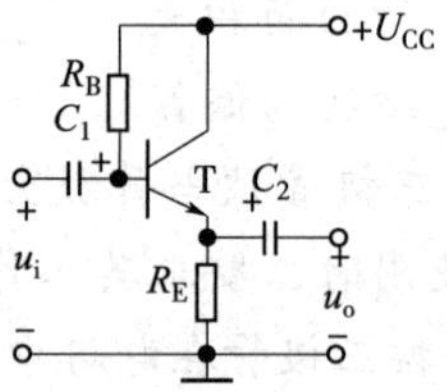　　　　　　题5图

10. 放大电路中的输入信号和输出信号的波形总是反相关系。　　（　　）

11. 分压式偏置共发射极放大电路是一种能够稳定静态工作点的放大器。（　　）

12. 设置静态工作点的目的是让交流信号叠加在直流量上，全部通过放大器。
　　　　　　　　　　　　　　　　　　　　　　　　　　　　（　　）

13. 微变等效电路不能进行静态分析，也不能用于功放电路分析。　（　　）

14. 电路中引入负反馈后，只能减小非线性失真，而不能消除失真。（　　）

15. 放大电路中的负反馈，对于在反馈环内产生的干扰、噪声和失真有抑制作用，但对输入信号中含有的干扰信号等没有抑制能力。　　　　　　（　　）

16. 差分放大电路能够有效地抑制零漂，因此具有很高的共模抑制比。（　　）

17. 甲类单管功率放大器的效率低，主要是其静态工作点选在交流负载线的中点，使静态电流 I_C 很大造成的。（　　）

18. 采用适当的静态起始电压，可达到消除功放电路中交越失真的目的。（　　）

三、选择题

1. 二极管的正极电位是 -20 V，负极电位是 -10 V，则该二极管处于（　　）。

    A. 反偏截止　　　　　　　　　　B. 正偏导通

    C. 反偏击穿　　　　　　　　　　D. 以上说法都不对

2. 稳压二极管的正常工作状态是（　　）。

    A. 导通状态　　　　　　　　　　B. 截止状态

    C. 反向击穿状态　　　　　　　　D. 任意状态

3. 今有两只稳压管 D_{Z1}（2CWl5，$U_z = 7$ V），D_{Z2}（2CWl6，$U_z = 9$ V）连成题3图所示电路，若 $U_i = 20$ V，稳压管正向压降 $U_D = 0.7$ V，则电路输出电压 U_o 是（　　）。

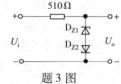

题 3 图

    A. 7.7 V　　　　　　　　　　　B. 9.7 V

    C. 16 V　　　　　　　　　　　　D. 4 V

4. 单极型半导体器件是（　　）。

    A. 二极管　　　　　　　　　　　B. 双极型晶体管

    C. 场效应晶体管　　　　　　　　D. 稳压管

5. 三极管超过（　　）所示极限参数时，必定被损坏。

    A. 集电极最大允许电流 I_{CM}　　　　B. 集–射极间反向击穿电压 $U_{(BR)CEO}$

    C. 集电极最大允许耗散功率 P_{CM}　　D. 三极管的电流放大倍数 β

6. 用万用表红表笔"＋"接触某正品三极管的一只引脚，黑表笔"－"分别接触另两只引脚时，测得的电阻均较小，则说明该三极管是（　　）。

    A. NPN 型　　　　　　　　　　　B. PNP 型

    C. 不能确定

7. 题7图示电路中，哪个三极管工作在放大区（　　）。

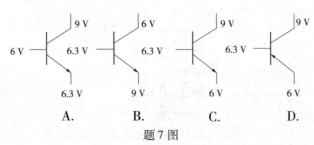

题 7 图

8. 电路如题8图所示，三极管工作在放大状态，欲使静态电流 I_C 减小，则应（　　）。

    A. 保持 V_{CC}、R_B 一定，减小 R_C

    B. 保持 V_{CC}、R_C 一定，增大 R_B

    C. 保持 R_B、R_C 一定，增大 V_{CC}

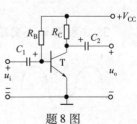

题 8 图

D. 保持 V_{CC}、R_C 一定，减小 R_B

9. 基极电流 i_B 的数值较大时，易引起静态工作点 Q 接近（　　）。

    A. 截止区   B. 饱和区

    C. 死区   D. 都有可能

10. 稳定放大器静态工作点的方法有（　　）。

    A. 增大放大器的电压放大倍数   B. 设置负反馈电路

    B. 设置正反馈电路   D. 增大输入信号的幅度

11. 欲使信号源输入电流减小，同时使输出电压稳定，电路中应引入（　　）。

    A. 串联电压负反馈   B. 并联电压负反馈

    C. 串联电流负反馈   D. 并联电流负反馈

12. 某三级放大器中，每级电压放大倍数为 10，则总的电压放大倍数为（　　）。

    A. 10   B. 100

    C. 1 000   D. 30

13. 为了克服互补功率放大器的交越失真，通常采取的措施是（　　）。

    A. 设置较高的工作点

    B. 加大输入信号

    C. 提高电源电压

    D. 基极设置一个小偏置，克服三极管死区电压

四、简答题

1. 放大电路中为何设置静态工作点？静态工作点的高、低对电路有何影响？

2. 指出题 2 图所示各放大电路能否正常工作，如不能，请校正并加以说明。

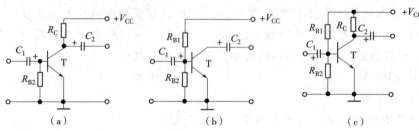

（a）   （b）   （c）

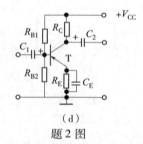

（d）

题 2 图

3. 三极管放大器输入为余弦波，输出波形如题 3 图所示，它们各是什么失真？

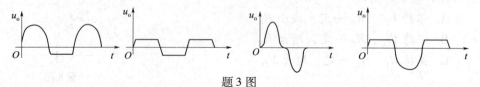

题 3 图

4. 说一说零点漂移现象是如何形成的？哪一种电路能够有效地抑制零点漂移？

5. 题 5 图所示电路中，耦合电容器和射极旁路电容器的容量足够大，在中频范围内，它们的容抗近似为零。试判断电路中反馈的极性和类型（正反馈、负反馈、直流反馈、交流反馈、电压反馈、电流反馈、串联反馈、并联反馈）。

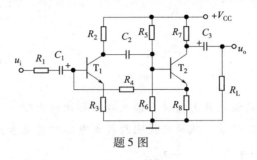

题 5 图

五、计算题

1. 写出题 1 图所示各电路的输出电压值，设二极管导通电压 $U_D = 0.7$ V。

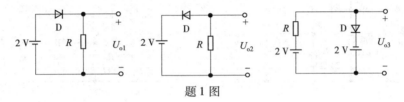

题 1 图

2. 题 2 图所示电路中，晶体管导通时 $U_{BE} = 0.7$ V，$\beta = 50$。试分析 V_{BB} 为 0 V、1 V、1.5 V 三种情况下 T 的工作状态及输出电压 u 的值。

3. 题 3 图所示电路中，试求放大电路的静态工作点 Q。

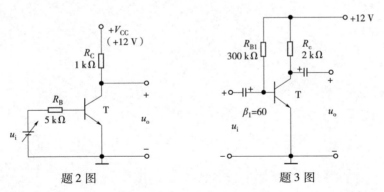

题 2 图　　　　　　　　题 3 图

4. 题 4 图（a）所示电路中，已知晶体管 $\beta = 100$，$r_{be} = 1$ kΩ，试求：

（1）电路的静态值 I_B，I_C，U_{CE}。

（2）如果输入正弦信号的有效值 $U_1 = 15$ mV，波形如题 4 图（b）所示，试定性画出输出电压波形。

（3）若想改善上述电路输出电压波形失真情况，应调整电路中哪一元件参数，如何调整？

5. 题 5 图所示电路中，已知 T_1，T_2 的 $\beta = 50$，$r_{be} = 1$ kΩ，试求：

（1）画出两个电路的微变等效电路。

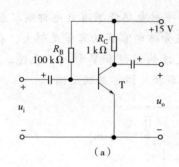

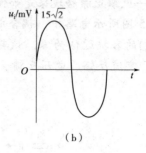

题 4 图

（2）计算两电路的电压放大倍数、输入电阻和输出电阻。

（3）根据以上计算结果，试简要说明两放大电路的特点和应用场合。

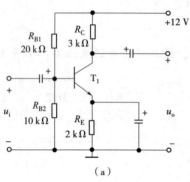

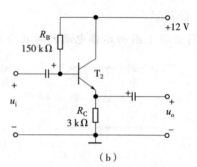

题 5 图

模块 6

集成运算放大电路及其他模拟集成电路的应用与测试

知识目标

1. 了解集成运算放大电路的组成、各部分的作用及集成运算放大电路的性能参数。

2. 理解集成运算放大器的理想化条件。

3. 熟练掌握"虚短"和"虚断"的概念；掌握集成运算放大电路的线性应用，特别是信号运算（比例、加法、减法）等运算电路。

4. 理解集成运算放大电路的非线性应用，特别是电压比较器。

5. 掌握单相半波、桥式整流的工作原理及各项指标的计算。

6. 掌握单相桥式整流电容滤波电路的工作原理及各项指标的计算；会选择整流二极管。

7. 理解带放大器的串联反馈式稳压电路的稳压原理。

8. 了解线性串联型稳压电路输出电压的计算，以及三端集成稳压电源的应用。

技能目标

1. 会识别集成运算放大器，并能描述集成运算放大器各引脚的功能。

2. 会测试集成运算放大器的主要指标。

3. 会测试由集成运算放大器组成的比例、加法、减法和积分等基本运算电路的功能。

4. 会测试单相桥式整流、电容滤波电路的特性。

情感目标

1. 培养学生理论联系实际的工作作风，逐步培养学生的创新能力。

2. 培养学生团队合作精神。

3. 锻炼学生搜集、查找信息和资料的能力。

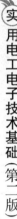

课题 6.1　集成运算放大器与集成运算放大电路应用

📖 知识与技能要点

- 集成运算放大器的组成、符号、类型及主要参数；
- 集成运算放大器的理想化条件；
- 集成运算放大器的两种工作状态及相应结论；
- 集成运算放大器在信号运算电路中的应用及测试；
- 集成运算放大器在信号处理与产生方面的应用及测试。

6.1.1　集成运算放大器简介与测试

📖 知识迁移——导

集成电路（integrated circuit）是应用半导体工艺，将二极管、三极管、电阻器、导线制造在一块硅片上的固体器件，具有体积小、质量小，引出线和焊接点少、寿命长、可靠性高、性能好等优点，同时成本低，便于大规模生产。按功能可分为数字集成电路和模拟集成电路。集成运算放大器作为最常用的一类模拟集成电路，广泛应用于测量技术、计算技术、自动控制、无线电通信等。图 6 - 1 - 1 是部分集成运算放大器的实物图。

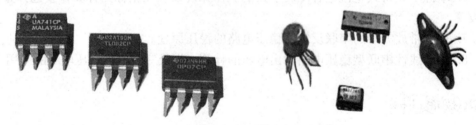

图 6 - 1 - 1　部分集成运算放大器的实物图

✍ 问题聚焦——思

- 集成运算放大器的组成、符号、类型及主要参数；
- 集成运算放大电路的基本分析方法。

🔍 知识链接——学

1. 集成运算放大器的组成

集成运算放大器实质上是一个具有高电压放大倍数的多级直接耦合放大电路，简称集成运放或运放。

集成运算放大器的类型很多，电路也各不相同，但从电路的总体结构上看，基本上是由输入级、中间放大级、输出级和偏置电路四个部分组成的，如图 6 - 1 - 2 所示。

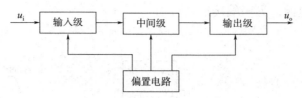

图 6 - 1 - 2　集成运算放大器的组成框图

（1）输入级

输入级提供同相关系和反相关系的两个输入端，电路形式为差分放大电路，要求输入电阻高，目的是减小放大电路的零点漂移，是提高集成运算放大器质量的关键部分。

（2）中间级

中间级主要完成对输入信号的放大，一般采用多级共射放大电路实现，使整个放大器具有足够高的电压放大倍数，能较好地改善基本组态放大器放大能力有限的不足。

（3）输出级

输出级能提供较高的输出功率、较低的输出电阻，一般由互补对称电路或射极输出器构成。

（4）偏置电路

偏置电路的作用是为上述电路提供合适的偏置电流，稳定各级的静态工作点，一般由各种恒流源电路组成。

2. 集成运算放大器的符号、类型及主要参数

（1）集成运算放大器的符号及引出端

如图 6 - 1 - 3 所示为集成运算放大器的相应引出端及图形符号，本书采用图 6 - 1 - 3（a）所示符号。

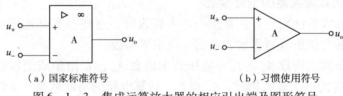

（a）国家标准符号　　　　　　　　　　（b）习惯使用符号

图 6 - 1 - 3　集成运算放大器的相应引出端及图形符号

集成运放共有五类引出端，其引脚的识别以缺口作为辨认标记（有的产品是以商标方向作为标记），标记朝上，逆时针数依次为 1 引脚、2 引脚、3 引脚……。以 uA741 为例，其引脚排列及封装形式如图 6 - 1 - 4 所示。

①输入端：集成运放有同相输入、反相输入及差分输入三种输入方式。输入端有两个，通常用"＋"表示同相端，即该端输入信号变化的极性与输出端相同；用"－"表示反相端，即该端输入信号变化的极性与输出端相异。从"－"和"＋"两个端输入称为差分输入（$u_{id} = u_- - u_+$），输出电压与差分输入电压相位相反。

②输出端：即放大信号的输出端，只有一个，通常为对地输出电压。

③电源端：集成运放为有源器件，工作时必须外接电源。一般有两个电源端，对双电源的集成运放，其中一个为正电源端，另一个为负电源端；对单电源的集成

运放，一端接正电源，另一端接地。

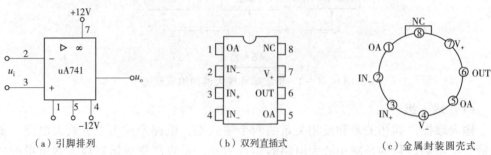

（a）引脚排列　　　　　（b）双列直插式　　　　（c）金属封装圆壳式

图 6 − 1 − 4　uA741 引脚排列及封装形式

④调零端：一般有两个引出端。将其接到电位器的两个固定端，而电位器的中心调节端接正电源端或负电源端。有些集成运放不设调零端，调零时需要外加调零电路。

⑤相位补偿（或校正）端：其引出端数目因型号不同而各异，一般为两个引出端，多者 3 ~ 4 个。有些型号的集成运放采用内部相位补偿的方法，所以不设外部相位补偿端。

（2）集成运算放大器的类型

集成运算放大器类型较多，型号各异，可分为通用型和专用型两大类。

①通用型：通用型集成运放的各项指标适中，基本上兼顾各方面应用，如 uA741。

②专用型：专用型集成运放主要有高输入阻抗型、高速型、高压型、大功率型、宽带型、低功耗型等多种类型。

通用型集成运放的价格便宜，便于替换，是应用最广的一种。在选择集成运放时，除非有特殊要求，一般都选用通用型。

（3）集成运算放大器的主要参数

集成运算放大器性能的好坏常用一些参数表征，这些参数是选用运算放大器的主要依据，下面介绍集成运算放大器的一些主要参数。

①开环电压放大倍数 A_{uo}。开环电压放大倍数 A_{uo}，是指集成组件没有外接反馈电阻（开环）时的电压放大倍数。A_{uo}愈大，运算电路的精度愈高，工作愈稳定，集成运放组件的 A_{uo} 很高，为 $10^4 \sim 10^7$。

②输入失调电压 U_{io}。在理想情况下，当输入信号为零时，输出电压 $u_o = 0$，但实际上，当输入信号为零时，输出电压 $u_o \neq 0$，在输入端加上相应的补偿电压使其输出电压为零，该补偿电压称为输入失调电压 U_{io}。U_{io} 一般为毫伏级。

③输入失调电流 I_{io}。当输入信号为零时，输入级两个差分端的静态电流之差称为输入失调电流 I_{io}，I_{io} 的存在，将在输入回路电阻上产生一个附加电压，使输入信号为零时，输出电压 $u_o \neq 0$，所以 I_{io} 愈小愈好，其值一般为几十纳安至几百纳安。

④差模输入电阻 r_{id} 和输出电阻 r_o。集成运放组件两个输入端之间的电阻 $r_{id} = \dfrac{\Delta U_{io}}{\Delta I_{id}}$，称为差模输入电阻。这是一个动态电阻，它反映了集成运放组件的差分输入

端向差模输入信号源所用电流的大小。通常希望 r_{id} 尽可能大一些。一般为几百千欧到几兆欧。

输出电阻 r_o 是指元件在开环状态下，输出端电压变化量与输出端电流变化量的比值。它的值反映了集成运算放大器带负载的能力，该值越小，带负载的能力越强，其值一般为几十欧到几百欧。

⑤共模抑制比 K_{CMR}。共模抑制比是衡量输入级各参数对称程度的标志，它的大小反映集成运算放大器抑制共模信号的能力，其定义见课题 5.2.3 中的差分放大电路部分。

3. 集成运放电路的基本分析方法

这里所谓"集成运放电路"是指由集成运放组成的各种应用电路，而不是集成运放器件的内部电路。由"理想运放"的概念出发，引出分析集成运放电路的基本方法。

（1）理想集成运算放大器（简称"理想运放"）

在分析集成运算放大器时，为了使问题分析简化，通常把它看成一个理想元件。理想集成运算放大器的主要条件如下：

①开环电压放大倍数 $A_{uo} \to \infty$；

②共模抑制比 $K_{CMR} \to \infty$；

③开环差模输入电阻 $r_{id} \to \infty$；

④开环共模输入电阻 $r_{ic} \to \infty$；

⑤开环输出电阻 $r_o \to 0$。

当然理想集成运算放大器是不存在的。但是由于实际集成运算放大器的参数接近理想集成运算放大器的条件，常可以把集成运算放大器看成理想元件。用分析理想集成运算放大器的方法，分析和计算实际集成运算放大器所得结果完全可以满足工程要求。

（2）集成运放电路的基本分析原则

集成运算放大器的开环电压放大倍数 A_{uo} 很大，即使加到两个输入端之间的信号很小，甚至只是受到一些外界干扰信号的影响，都会使输出达到饱和，而进入非线性状态。所以，集成运算放大器在开环或电路连接成正反馈的情况下应用时，均属于非线性应用。若要集成运算放大器工作于线性放大状态，器件外部必须有某种形式的负反馈网络。

①集成运算放大器线性应用分析原则（引进负反馈）。当集成运算放大电路引入负反馈时，集成运算放大器可视为工作在线性放大状态下的理想运放。根据理想运放的参数，工作在线性区时，可以得到下面两个重要特性：

a. 集成运算放大器同相输入端和反相输入端的输入电流等于零（"虚断"）。因为理想运放的 $r_{id} \to \infty$，所以由同相输入端和反相输入端流入集成运算放大器的信号电流为零，即

$$i_+ = i_- = 0 \qquad (6-1-1)$$

由此结论可知，理想运放的两个输入端不从外部电路取用电流，两个输入端之间好像断开一样，但又不能真正断开，故这种现象称为"虚断"。对于理想运放，无论它是工作在线性区，还是工作在非线性区，式（6-1-1）总是成立的。

b. 集成运算放大器同相输入端和反相输入端的电位相等("虚短")。把集成运算放大器作为一个线性放大元件应用,它的输出和输入之间应满足如下关系式

$$u_o = -A_{uo} (u_- - u_+) = -A_{uo} u_i \qquad (6-1-2)$$

由式(6-1-2)可知,在线性工作范围内,集成运算放大器两个输入端之间的电压为 $u_i = u_- - u_+$,而理想运放 $A_{+uo} \to \infty$,输出电压 u_o 又是一个有限值(不可能超过所供给的直流电源电压值),所以有 $u_i = u_- - u_+ = 0$,即

$$u_- = u_+ \qquad (6-1-3)$$

由此结论可知,理想运放同相输入端和反相输入端的电位相等,因此,两个输入端之间好像短接,但又不是真正的短路(即不能用一根导线把同相输入端和反相输入端短接起来),故这种现象称为"虚短"。理想运放工作在线性区时,"虚短"现象总是存在的。

应用上述两个结论,可以使集成运放电路的分析大大简化,因此,这两个结论是分析具体集成运放电路的依据。

②集成运算放大器非线性应用分析原则(开环,引进正反馈)。集成运算放大器由于开环放大倍数 A_{uo} 很高,如果不加负反馈电路,按照式(6-1-2)关系,当输入 u_- 稍高于 u_+,输出 u_o 就达到负饱和值 $-U_{OM}$;当输入 u_- 稍低于 u_+,输出 u_o 就达到正饱和值 $+U_{OM}$。也就是说输出电压 u_o 只有两种状态:$+U_{OM}$ 或 $-U_{OM}$,$u_- = u_+$ 是两种状态的转折点。

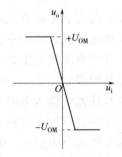

图 6-1-5 运算放大器的电压
传输特性

由集成运放工作于线性区与非线性区的特点可得出集成运放的电压传输特性(放大器输出信号和输入信号的关系曲线),如图 6-1-5 所示。

应用举例——练

【例 6-1-1】 图 6-1-6 为测试运算放大器输入失调电压、输入失调电流的原理电路。测量输入失调电压时,闭合开关 S_1 及 S_2,使电阻 R_B 短接,测量此时的输出电压 U_{o1} 即为输出失调电压,则输入失调电压为多少?

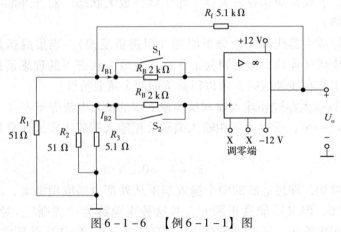

图 6-1-6 【例 6-1-1】图

解 当输入信号为零时输入失调电压 U_{io} 为输出端出现的电压折算到同相输入端的数值。由于"虚断"，R_1 与 R_f 可看成串联，则 $u_- = \dfrac{R_1}{R_1 + R_f} U_{o1}$；由于"虚短"，则

$$u_+ = u_- = U_{io} = \frac{R_1}{R_1 + R_f} U_{o1}$$

实际测出的 U_{o1} 可能为正，也可能为负，一般为 $1 \sim 5$ mV，对于高质量的集成运放 U_{io} 在 1 mV 以下。

测试中应注意：

①将集成运放调零端开路；

②要求电阻 R_1 和 R_2，R_3 和 R_f 的参数严格对称。

探究实践——做

集成运放在使用中常因以下三种原因被损坏：输入信号过大，使 PN 结击穿；电源电压极性接反或过高；输出端直接接"地"或接电源，此时，集成运放将因输出级功耗过大而损坏。因此，为使集成运放安全工作，应从这三方面设计保护电路。

设计参考电路：输入保护电路、输出保护电路及电源端保护电路分别如图 6-1-7~图 6-1-9 所示，请分析原理。

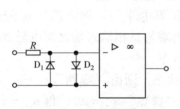

（a）防止输入差模信号幅值过大

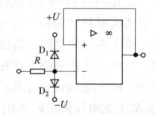

（b）防止输入共模信号幅值过大

图 6-1-7　输入保护电路

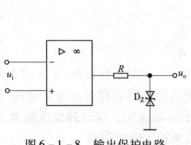

图 6-1-8　输出保护电路

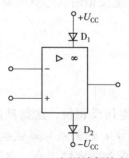

图 6-1-9　电源端保护电路

6.1.2　集成运放的线性应用及测试

知识迁移——导

通常集成运放与外部电阻器、电容器、半导体器件等构成闭环电路后，利用集成运放在线性区工作的特点，得出输入信号电压和输出信号电压的关系 $u_o = f(u_i)$，

模拟成数学运算关系 $y = f(x)$，实现多种数学运算，所以信号运算统称为模拟运算。尽管数字计算机的发展在许多方面替代了模拟计算机，但在物理量的测量、自动调节系统、测量仪表系统等领域模拟运算仍得到了广泛应用。

图 6 – 1 – 10 是由基本的运算电路组成的数据放大器的原理图。

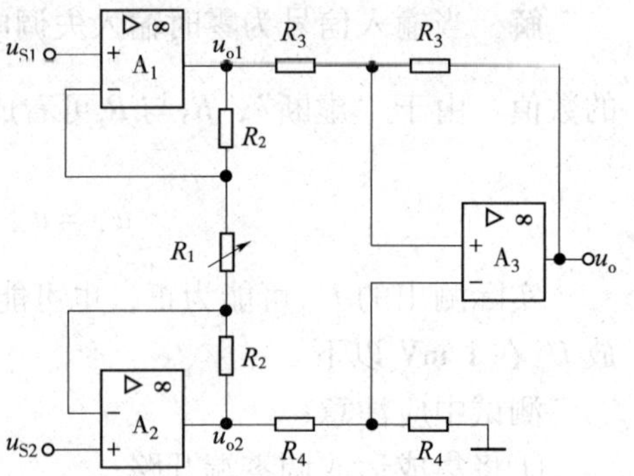

图 6 – 1 – 10　数据放大器的原理图

📝 问题聚焦——思

- 集成运放工作在线性区的典型应用电路；
- 集成运放线性应用电路的分析。

🔍 知识链接——学

1. 信号运算电路

（1）反相比例运算电路

①电路图。图 6 – 1 – 11 所示电路是反相输入运算电路中最基本的形式，称为反相输入比例运算放大电路（简称"反相比例运算电路"）。输入信号 u_i 经过电阻 R_1 加到集成的反相输入端与地之间，跨接在输出端与反相输入端之间电阻 R_f 引入了电压并联负反馈，其作用是使电路工作在线性状态。

②电路分析。由于集成运放工作在线性状态，则由"虚断" $i_+ = i_- = 0$，可得 R_1 与 R_f 串联，R' 上无电压降，$u_+ = 0$；再由"虚短" $u_- = u_+$，得 $u_- = u_+ = 0$，即集成运放输入端的电位等于"地"的电位，但又不是真正接地，这种现象称为"虚地"。"虚地"是反相输入运算电路的一个重要特点。于是可写出 $i_1 = \dfrac{u_i}{R_1} = -\dfrac{u_o}{R_f}$，则输出电压为

$$u_o = -\frac{R_f}{R_1}u_i \qquad\qquad (6 – 1 – 4)$$

式（6 – 1 – 4）表明，u_o 与 u_i 之间成比例关系，比例系数为 R_f/R_1；式中负号表示输出电压与输入电压反相位，这就是反相比例运算电路名称的由来。由式（6 – 1 – 4）可以看出，u_o 与 u_i 的关系与集成运放本身的参数无关，仅与外部电阻 R_1 和 R_f 有关，只要电阻的精度和稳定性很高，电路的精度和稳定性就很高。

当选取 $R_1 = R_f$ 时，$u_o = -u_i$，即 u_o 与 u_i 大小相等、相位相反，此时反相比例运算电路称为反相器或倒相器。

在图 6 – 1 – 11 电路中，同相输入端的外接电阻 R' 称为平衡电阻，它的作用是保证集成运放差分输入级输入端静态电路的平衡。集成运放工作时，它的两个输入端静态基极偏置电流将在电阻 R_1、R' 上分别产生压降，从而影响差分输入级的输入端电位，使得集成运放的输出端产生附加的偏移电压，亦即当外加信号 $u_i = 0$ 时，输出信号将不为零。当 $u_i = 0$，$u_o = 0$ 时，电阻 R_1 和 R_f 相当于并联，所以反相输入端

与"地"之间的等效电阻为 $R_1 /\!/ R_f$，因而平衡电阻（为了保持差分放大电路的对称结构，以反相输入端向左看去的等效电阻应等于由同相输入端向左看去的等效电阻） R' 应为 $R_1 /\!/ R_f$。

反相比例运算电路的输入阻抗为

$$r_i = \frac{u_i}{i_i} = \frac{u_i}{i_1} = \frac{R_1 i_1}{i_1} = R_1 \qquad (6-1-5)$$

③反相比例运算电路的特点：

a. 采用电压负反馈，输出电阻很小，带负载能力强；

b. 采用并联负反馈，输入电阻较小，设计参数需注意输入信号的负载能力；

c. 反相比例运算电路由于存在"虚地"，因此它的共模输入电压为零，对集成运放的共模抑制比要求低。

（2）同相比例运算电路

①电路图。同相比例运算电路如图 6-1-12 所示，输入信号 u_i 通过 R_2 加到集成运放的同相输入端，电阻 R_f 跨接在输出端与反相输入端之间，引入电压串联负反馈，使电路工作在线性状态。

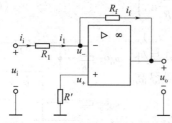

图 6-1-11 反相比例运算电路

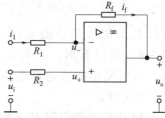

图 6-1-12 同相比例运算电路

②电路分析。由 $i_+ = i_- = 0$ 及 $u_- = u_+$ 得

$$u_i = u_+ = u_-$$

$$i_i = -\frac{u_-}{R_1} = i_f = \frac{u_i - u_o}{R_f}$$

于是由上述关系式得

$$u_o = \left(1 + \frac{R_f}{R_1}\right) u_+ = \left(1 + \frac{R_f}{R_1}\right) u_i \qquad (6-1-6)$$

式（6-1-6）表明，输出电压和输入电压成比例关系，比例系数为 $1 + R_f/R_1$，而且 u_o 与 u_i 同相位。为了保证差分输入级的静态平衡，电阻 $R_2 = R_1 /\!/ R_f$。

在图 6-1-12 所示电路中，假若 $R_1 = \infty$（即断开 R_1）如图 6-1-13（a）所示，由式（6-1-6）可知，这时电路的输出电压 u_o 等于输入电压 u_i，电路称为电压跟随器。电压跟随器有极高的输入电阻和极低的输出电阻，它在电路中能起到良好的隔离作用。假若再令 $R_2 = R_f = 0$，则电路成为另一种形式的电压跟随器，如图 6-1-13（b）所示。

③同相比例运算电路的特点：

a. 采用电压负反馈，输出电阻很小，带负载能力强；

b. 采用串联负反馈，输入电阻高，对输入信号的负载能力要求低；

c. 由于 $u_+ = u_- = u_i$，电路的共模输入信号高，对集成运放的共模抑制比要求高。

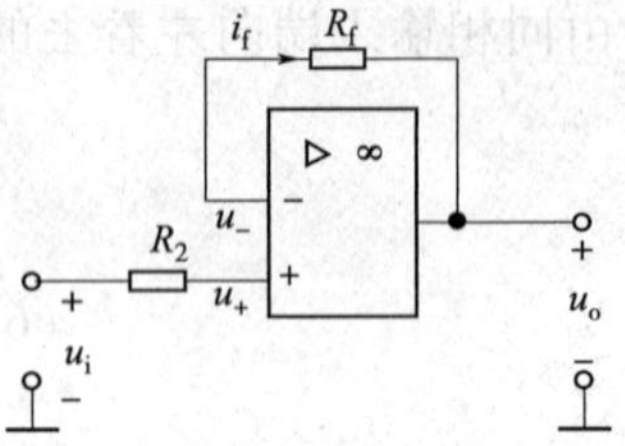

図中上部电路图

$$\text{(a)} \qquad\qquad\qquad\qquad \text{(b)}$$

图 6-1-13　电压跟随器

（3）反相加法运算电路

在图 6-1-11 所示电路的基础上增加若干个输入回路，就可以对多个输入信号实现代数相加运算，图 6-1-14 是具有两个输入信号的反相加法运算电路。

由叠加定理及反相比例运算电路输出电压表达式（6-1-4），可得反相加法运算电路输出电压为

$$u_\mathrm{o} = -\left(\frac{R_\mathrm{f}}{R_1}u_{\mathrm{i}1} + \frac{R_\mathrm{f}}{R_2}u_{\mathrm{i}2}\right) \tag{6-1-7}$$

显然，若 $R_\mathrm{f} = R_1 = R_2$，则 $u_\mathrm{o} = -(u_{\mathrm{i}1} + u_{\mathrm{i}2})$。由式（6-1-7）可以看出，$u_\mathrm{o}$ 与 u_i 的关系只与外部电阻有关，所以反相加法运算电路也能得到很高的运算精度和稳定性。

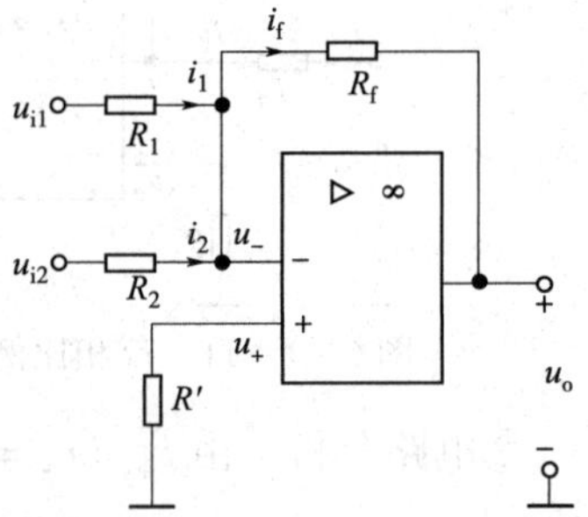

图 6-1-14 中的平衡电阻 $R' = R_1 /\!/ R_2 /\!/ R_\mathrm{f}$。

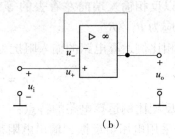

图 6-1-14　反相加法运算电路

（4）同相加法运算电路

在图 6-1-12 所示电路中增加若干个输入回路，可以对多个输入信号实现代数相加运算，图 6-1-15 是具有两个输入信号的同相加法运算电路。

由图 6-1-15 可得 $i_3 = \dfrac{u_{\mathrm{i}2} - u_+}{R_3}$，$i_2 = \dfrac{u_{\mathrm{i}1} - u_+}{R_2}$，由"虚断"得 $i_2 = -i_3$。

由以上各式可得

$$u_+ = \frac{R_3}{R_2 + R_3}u_{\mathrm{i}1} + \frac{R_2}{R_2 + R_3}u_{\mathrm{i}2}$$

代入式（6-1-6）得

$$u_\mathrm{o} = \left(1 + \frac{R_\mathrm{f}}{R_1}\right)u_+ = \left(1 + \frac{R_\mathrm{f}}{R_1}\right)\left(\frac{R_3}{R_2 + R_3}u_{\mathrm{i}1} + \frac{R_2}{R_2 + R_3}u_{\mathrm{i}2}\right) \tag{6-1-8}$$

从而实现了加法运算。图 6-1-5 中 $R_2 /\!/ R_3 = R_1 /\!/ R_\mathrm{f}$。

（5）减法运算电路

当集成运放的同相输入端和反相输入端都接有输入信号时，称为差分输入运算电路，如图 6-1-16 所示。由"虚短"与"虚断"分析电路可得

$$u_+ = u_- = \frac{R_3}{R_2 + R_3}u_{\mathrm{i}2}, \quad i_1 = \frac{u_{\mathrm{i}1} - u_-}{R_1} = i_\mathrm{f} = \frac{u_- - u_\mathrm{o}}{R_\mathrm{f}}$$

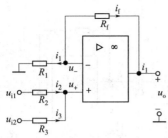

图 6 – 1 – 15　同相加法运算电路

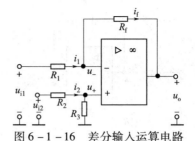

图 6 – 1 – 16　差分输入运算电路

综合以上几个关系式可得

$$u_o = \frac{R_3}{R_2 + R_3} u_{i2} \left(1 + \frac{R_f}{R_1} \right) - \frac{R_f}{R_1} u_{i1} \qquad (6 - 1 - 9)$$

当 $R_3 = R_f$，$R_2 = R_1$ 时

$$u_o = \frac{R_f}{R_1} (u_{i2} - u_{i1}) \qquad (6 - 1 - 10)$$

式（6 – 1 – 10）表明，输出电压 u_o 与两个输入电压的差值成正比。

在 $R_3 = R_f$，$R_2 = R_1$ 的条件下，电路也满足了两个输入端对平衡的要求。

若再有 $R_1 = R_f$ 的条件成立，则式（6 – 1 – 10）又可写成

$$u_o = u_{i2} - u_{i1} \qquad (6 - 1 - 11)$$

这时图 6 – 1 – 16 的电路就成为一个减法运算电路。

差分输入运算电路在测量与控制系统中得到了广泛应用。

（6）反相积分运算电路

把反相比例运算电路中的反馈电阻 R_f 换成电容 C_f 就构成了反相积分运算电路，如图 6 – 1 – 17 所示。根据"虚地"的特点，分析图 6 – 1 – 17 可得

$$i_1 = \frac{u_i - 0}{R_1} = \frac{u_i}{R_1} = i_C = i_f$$

$$u_o = -u_C = \frac{1}{C_f} \int i_C dt = -\frac{1}{R_1 C_f} \int u_i dt \qquad (6 - 1 - 12)$$

式（6 – 1 – 12）表明，u_o 与 u_i 是积分运算关系，式中负号反映 u_o 与 u_i 的相位关系。$R_1 C_f$ 称为积分时间常数，它的数值越大，达到某一值所需要的时间越长。当 $u_i = U$（直流）时，有 $u_o = -Ut/(R_1 C_f)$，输出电压 u_o 是时间 t 的一次函数。

用途：去除高频干扰；将方波变为三角波；移相；在模/数转换反相电路中将电压量变为时间量等。

（7）反相微分运算电路

如果把反相比例运算电路中的电阻 R_1 换成电容 C_1 就构成了反相微分运算电路，如图 6 – 1 – 18 所示，根据电路可以得到

$$i_1 = C_1 \frac{du_C}{dt} = C_1 \frac{du_i}{dt}$$

$$u_o = -i_f R_f = -i_1 R_f \qquad (6 - 1 - 13)$$

$$u_o = -R_f C_1 \frac{du_C}{dt} = -R_f C_1 \frac{du_i}{dt}$$

式中，$R_f C_1$ 称为微分时间常数。

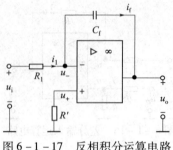

图 6-1-17 反相积分运算电路

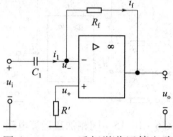

图 6-1-18 反相微分运算电路

由于微分电路对输入电压的突变很敏感,因此很容易引入干扰,实际应用时多采用积分负反馈来获得微分。

用途:去除高频干扰;将三角波变为方波、正弦波;移相;在模/数转换电路中将电压量变为时间量等。

*2. 信号处理电路——有源滤波器

滤波器就是一种选频电路,它能选出有用的信号,而抑制无用的信号,使一定频率范围的信号能顺利通过,衰减很小,而在此频率范围以外的信号不易通过,衰减很大。

滤波器的种类按信号性质可分为模拟滤波器和数字滤波器;按所用元件可分为无源滤波器和有源滤波器;按电路功能可分为低通滤波器、高通滤波器、带通滤波器、带阻滤波器;按阶数可分为一阶、二阶……高阶。这里只简要介绍一阶低通有源滤波器。

低通滤波能使低频信号顺利传输,而高频信号不能通过。其闭环放大倍数 A_f 与频率的关系称为幅频特性,如图 6-1-19 所示。

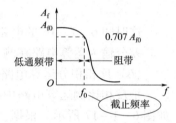

图 6-1-19 低通滤波器幅频特性图

图 6-1-20 (a) 所示是最基本的无源 RC 滤波器,它的输入/输出关系为

$$\frac{\dot{U}_o}{\dot{U}_i} = -\frac{\frac{1}{j\omega C}}{R + \frac{1}{j\omega C}} = \frac{1}{1 + j\frac{\omega}{\omega_0}} \tag{6-1-14}$$

式中,$\omega_0 = \dfrac{1}{RC}$。

图 6-1-20 (b) 所示是基本无源 RC 滤波器接到运算放大器同相输入端构成的有源低通滤波器。它的频率特性为

$$\dot{A}_f = \frac{\dot{U}_o}{\dot{U}_i} = \frac{1 + \frac{R_f}{R_1}}{1 + j\frac{\omega}{\omega_0}} = \frac{A_{f0}}{1 + j\frac{\omega}{\omega_0}} = \frac{A_{f0}}{1 + j\frac{f}{f_0}} \tag{6-1-15}$$

式中,$A_{f0} = 1 + \dfrac{R_f}{R_1}$;$\omega_0 = \dfrac{1}{RC}$;$f = \dfrac{\omega}{2\pi}$;$f_0 = \dfrac{\omega_0}{2\pi}$。

有源滤波器比无源滤波器精度高、稳定性好,所以应用比较广泛。

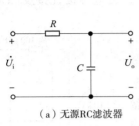

（a）无源RC滤波器

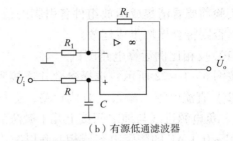

（b）有源低通滤波器

图 6-1-20　一阶低通滤波器

应用举例——练

【例 6-1-2】 求图 6-1-10 所示数据放大器的输出表达式，并分析 R_1 的作用。

解　u_{S1} 和 u_{S2} 为差模输入信号，为此 u_{o1} 和 u_{o2} 也是差模信号，R_1 的中点为交流零电位。集成运放 A_3 是双端输入放大电路，集成运放 A_1、A_2 都连成同相比例运算电路，而集成运放 A_3 构成减法运算电路，所以分别得到

$$u_{o1} = \left(1 + \frac{R_2}{R_1/2}\right) u_{S1}$$

$$u_{o2} = \left(1 + \frac{R_2}{R_1/2}\right) u_{S2}$$

$$u_{o1} = u_{o2} - u_{o1} = \left(1 + \frac{2R_2}{R_1}\right) (u_{S2} - u_{S1})$$

显然，调节 R_1 可以改变放大器的增益。数据放大器产品有 AD624、AD521 等，R_1 由引线连出，同时有一组 R_1 接成分压器形式，可通过选择连线接成多种的 R_1 阻值。

【例 6-1-3】 电压-电流和电流-电压变换器广泛应用于放大电路和传感器的连接处，是很有用的电子电路。图 6-1-21 所示为电流-电压变换电路，试写出输出电压表达式。

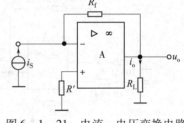

图 6-1-21　电流-电压变换电路

解　由"虚断"得，通过 R_f 的电流就是电源电流 i_S，则

$$u_o = -i_S R_f$$

可见输出电压与输入电流成比例，输出端的负载电流为

$$i_o = \frac{u_o}{R_L} = -\frac{i_S R_f}{R_L} = -\frac{R_f}{R_L} i_S$$

若 R_L 固定，则输出电流与输入电流成比例，此时该电路也可视为电流放大电路。

探究实践——做

测量由集成运放组成的比例、加法、减法等基本运算电路的功能。

参考方案：

实验设备：± 12 V 直流电源、函数信号发生器、交流毫伏表、直流电压表、集

成运算放大器 uA741×1、电阻器和电容器若干。

实验前要看清集成运放组件各引脚的位置；切忌正、负电源极性接反和输出端短路，否则将会损坏集成运放。

（1）反相比例运算电路测试

按图 6 − 1 − 22 所示，选择参数并连接实验电路，接通 ±12 V 直流电源，输入端对地短路，进行调零和消振（在正、负电源进线与地之间接上几十微法的电解电容器和 0.01 ~ 0.1 μF 的陶瓷电容器相并联以减小电源引线的影响）。

输入 $f = 100$ Hz，$U_i = 0.5$ V 的正弦交流信号，测量相应的 u_o，并用示波器观察 u_o 和 u_i 的相位关系，记入表 6 − 1 − 1。

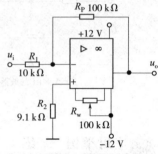

图 6 − 1 − 22　反相比例运算
电路测试图

表 6 − 1 − 1　反相比例运算电路的测试结果

u_i/V	u_o/V	u_i 波形	u_o 波形	A_u	
				实测值	计算值

（2）同相比例运算电路测试

①按图 6 − 1 − 23（a）连接实验电路。实验方法同反相比例运算电路步骤。

②将图 6 − 1 − 23（a）中的 R_1 断开，得图 6 − 1 − 23（b）所示电路，重复步骤①。

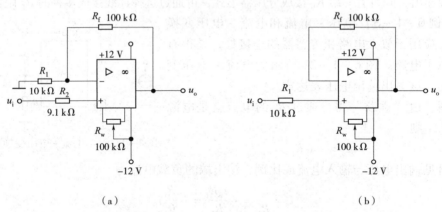

（a）　　　　　　　　　　　　　　　　　（b）

图 6 − 1 − 23　同相比例运算电路测试图

（3）反相加法运算电路测试

①按图 6 − 1 − 24 连接实验电路，进行调零和消振。

②输入信号采用直流信号，图 6 − 1 − 25 所示电路为简易可调直流信号源，由实验者自行完成。实验时要注意选择合适的直流信号幅度以确保集成运放工作在线性区。用直流电压表测量输入电压 U_{i1}、U_{i2} 及输出电压 U_o，记入表 6 − 1 − 2。

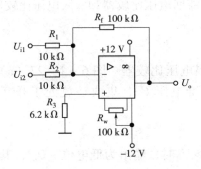

图 6 - 1 - 24　反相加法运算电路测试图

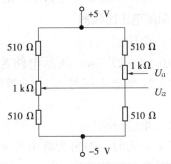

图 6 - 1 - 25　简易可调直流信号源

表 6 - 1 - 2　反相加法运算电路测试结果

U_{i1}/V				
U_{i2}/V				
U_o/V				

（4）减法运算电路测试

①按图 6 - 1 - 26 连接实验电路，进行调零和消振。

②采用直流输入信号，测试步骤同反相加法运算电路。

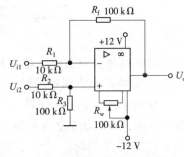

6.1.3　集成运放的非线性应用及测试

图 6 - 1 - 26　减法运算电路测试图

📖 **知识迁移——导**

集成运放不仅可以实现信号的运算处理，当它工作在非线性区时还可以进行信号的产生、变换和整形等处理，这就是集成运放应用更广泛的一个原因。下面介绍的电压比较器是集成运放的非线性典型应用电路之一，它可用于报警器电路、过零检测电路、模拟电路与数字电路接口、波形变换等场合。

✍️ **问题聚焦——思**

● 电压比较器的基本概念、工作原理及典型的工作电路。

🔍 **知识链接——学**

电压比较器的基本功能是比较两个或多个模拟输入量的大小，并将比较结果由输出状态反映出来。电压比较器的输入信号是连续变化的模拟量，而输出只有高电平或低电平两种可能的状态。从电路结构来看，集成运放经常处于开环状态，有时为了使输入、输出特性在状态转换时更加快速，以提高比较精度，也可在电路中引入正反馈，因而集成运放工作于非线性状态。

电压比较器通常可分为单限电压比较器、滞回电压比较器和双限电压比较器等。

1. 单限电压比较器

（1）电路图

图 6 - 1 - 27（a）所示电路为简单的单限电压比较器。图 6 - 1 - 27（a）中，反相输入端接输入信号 u_i，同相输入端接基准电压 U_R，集成运放处于开环工作状态。

（2）电路分析

当 $u_i < U_R$ 时，输出为高电位 $+U_{om}$；当 $u_i > U_R$ 时，输出为低电位 $-U_{om}$，其传输特性如图 6 - 1 - 27（b）所示。

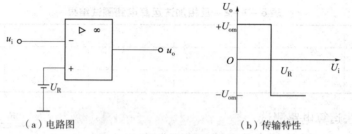

（a）电路图   （b）传输特性

图 6 - 1 - 27　单限电压比较器

由图可见，只要输入电压相对于基准电压 U_R 发生微小的正负变化时，输出电压 u_o 就在负的最大值到正的最大值之间作相应变化。

如用于波形变换比较器，当比较器的输入电压 u_i 是正弦波信号，若 $U_R = 0$，则每过零一次，输出状态就要翻转一次（又称为过零电压比较器），如图 6 - 1 - 28（a）所示。在 u_i 正半周时，$u_i > 0$，则 $u_o = -U_{om}$；负半周时，$u_i < 0$，则 $u_o = +U_{om}$。若 U_R 为一恒压，只要输入电压在基准电压 U_R 处稍有正负变化，输出电压 u_o 就在负的最大值到正的最大值之间作相应变化，如图 6 - 1 - 28（b）所示。

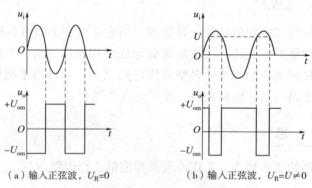

（a）输入正弦波，$U_R=0$ （b）输入正弦波，$U_R=U\neq0$

图 6 - 1 - 28　正弦波变换方波

（3）阈值电压

使电压比较器输出电压 u_o 从一个电平跳变为另一个电平所对应的输入电压称为阈值电压，又称门限电压，用字母 U_T 表示。例如，图 6 - 1 - 28（a）$U_T = 0$，图 6 - 1 - 28（b）$U_T = U_R$。

简单的电压比较器结构简单、灵敏度高，但是抗干扰能力差（当输入信号在 U_R 处上下波动时，输出电压会出现多次翻转），因此要对它进行改进。改进后的电压比较器主要有滞回电压比较器和双限电压比较器（又称窗口电压比较器），本书只介绍滞回电压比较器。

2. 滞回电压比较器

（1）电路图

滞回电压比较器如图 6-1-29（a）所示。

（2）电路分析

该电路的同相输入端电压 u_+，由 u_o 和 U_R 共同决定，根据叠加定理有

$$u_+ = \frac{R_1}{R_1 + R_f} u_o + \frac{R_f}{R_1 + R_f} U_R$$

由于集成运放工作在非线性区，输出只有高低电平两个电压 U_{OM} 和 $-U_{OM}$，因此当输出电压为 U_{OM} 时，u_+ 的上门限值和下门限值分别为

$$u_{TH} = \frac{R_1}{R_1 + R_f} U_{OM} + \frac{R_f}{R_1 + R_f} U_R$$

$$u_{TL} = -\frac{R_1}{R_1 + R_f} U_{OM} + \frac{R_f}{R_1 + R_f} U_R$$

开始时，$u_o = U_{OM}$，当 u_i 由负向正变化，且使 u_i 稍大于 U_{TL} 时，u_o 由 U_{OM} 跳变为 $-U_{OM}$，电路输出翻转一次；当 u_i 由正向负变化，回到 U_{TL} 时，由于此时阈值为 U_{TH}，电路输出并不翻转，只有在 u_i 稍小于 U_{TH} 时，u_o 由 $-U_{OM}$ 跳变为 U_{OM}，电路输出才翻转一次。

当 u_i 再次由负向正变化到 U_{TH} 时，电路输出也不翻转，只有在 u_i 稍大于 U_{TH} 时，u_o 由 U_{OM} 再次跳变为 $-U_{OM}$，电路输出又翻转一次。可见，电路的输入/输出关系曲线具有滞回特性，故这种电路称为滞回电压比较电路。

其传输特性如图 6-1-29（b）所示。图 6-1-30 为 $U_R = 0$，输入为正弦波时，滞回电压比较器的输入/输出波形。

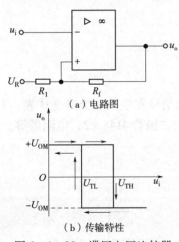

（a）电路图

（b）传输特性

图 6-1-29 滞回电压比较器

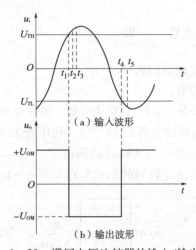

（a）输入波形

（b）输出波形

图 6-1-30 滞回电压比较器的输入/输出波形

（3）电路特点

滞回电压比较器具有如下特点：当输入信号发生变化且通过阈值电压时，输出电压会发生翻转，阈值电压也随之变换到另一个阈值电压；当输入电压反向变化而

通过导致刚才翻转那一瞬间的阈值电压时，输出不会发生翻转，直到 u_i 继续变化到另一个阈值电压时，才能翻转，出现转换迟滞。把上阈值电压与下阈值电压之差称为回差电压（简称"回差"），即

$$\Delta U = U_{TH} - U_{TL}$$

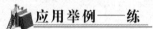 **应用举例——练**

【例 6-1-4】比较器电路如图 6-1-31（a）所示，$U_R = 3$ V，集成运放输出的饱和电压为 $\pm U_{OM}$，试求：

① 画出传输特性；

② 若 $u_i = 6\sin\omega t$ V，画出 u_o 的波形。

解 阈值电压 $U_T = U_R$，传输特性如图 6-1-31（b）所示。输入/输出波形如图 6-1-31（c）所示。

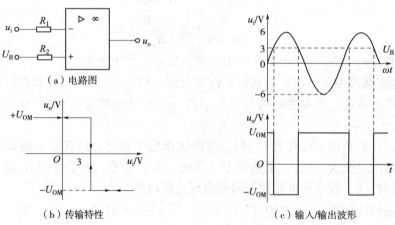

（a）电路图 （b）传输特性 （c）输入/输出波形

图 6-1-31 【例 6-1-3】图

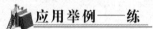 **探究实践——做**

电压比较器的测试。

参考方案：

实验设备：±12 V 直流电源、直流电压表、函数信号发生器、交流毫伏表、双踪示波器、运算放大器 uA741×2、稳压管 2CW231×1、二极管 4148×2、电阻器等。

（1）过零电压比较器的测试

过零电压比较器的测试电路如图 6-1-32 所示。

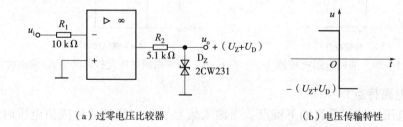

（a）过零电压比较器 （b）电压传输特性

图 6-1-32 过零电压比较器的测试电路

①接通 ±12 V 电源。

②测量 u_i 悬空时的 u_o 值。

③u_i 输入 500 Hz、幅值为 2 V 的正弦信号，观察并记录 $u_i \rightarrow u_o$ 波形。

④改变 u_i 幅值，测量传输特性曲线。

（2）反相滞回电压比较器的测试

反相滞回电压比较器测试电路如图 6-1-33
所示。

①按图 6-1-33 接线，u_i 接 +5 V 可调直流
电源，测出 u_o 由 $+U_{OM} \rightarrow -U_{OM}$ 时 u_i 的临界值。

②同上，测出 u_o 由 $-U_{OM} \rightarrow +U_{OM}$ 时 u_i 的临
界值。

③u_i 输入 500 Hz、幅值为 2 V 的正弦信号，
观察并记录 $u_i \rightarrow u_o$ 波形。

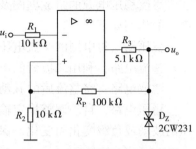

图 6-1-33 反相滞回电压比较器
测试电路

课题 6.2 其他常用模拟集成电路的认识与测试

知识与技能要点

- 直流稳压电源的组成及每一部分的作用；
- 单相半波、桥式整流的工作原理及各项指标的计算；
- 桥式整流电容滤波电路的工作原理及各项指标的计算；
- 串联反馈式稳压电路的稳压原理及输出电压的计算；
- *三端集成稳压电源的应用。

6.2.1 单相整流、滤波、稳压电路及测试

知识迁移——导

模拟集成电路的种类较多，除了以上介绍的几种，其他常用的还有音频放大器、
压控振荡器、FM 解调器、频率合成器、模拟乘法器、三端稳压器。

任何电子设备都需要直流电源供电，而三端集成稳压器是专门用于实现直流稳
压电路的模拟集成电路芯片，本书只简单介绍三端集成稳压器。为了更好地理解三
端集成稳压器及其应用，先重点介绍基本的单相整流、滤波、稳压电路。

问题聚焦——思

- 直流稳压电源的组成及各部分作用；
- 整流滤波电路的分析与计算；
- *稳压电路的稳压原理。

1. 直流稳压电源的组成

直流稳压电源的组成框图及各单元电路的输出电压波形如图 6 - 2 - 1 所示。各部分的作用如下：

变压器：将电网的交流电压变换成所需的整流电压。

整流电路：利用二极管的单向导电性，将交流电变成单向变化的脉动电流。

滤波电路：将整流后的脉动电压中的交流成分滤掉，减小脉动，使之平滑。

稳压电路：自动调整稳定输出的直流电压，使输出的直流电压不因输入电网电压的波动或负载变化而变化，保持稳定。

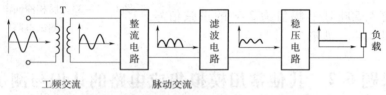

图 6 - 2 - 1　直流稳压电源的组成框图及各单元电路的输出电压波形

2. 整流电路

（1）单相半波整流电路

①工作原理。图 6 - 2 - 2（a）所示为单相半波整流电路图。

在变压器二次绕组电压 u_2 为正半周时，二极管导通，则负载上的电压 u_o、二极管的管压降 u_D、流过负载的电流和二极管的电流 i_D 分别为：$u_o = u_2$，$u_D = 0$，$i_o = i_D = u_2/R_L$

在 u_2 负半周时，二极管截止，则相应有 $u_o = 0$，$u_D = u_2$，$i_o = i_D = 0$

它的整流波形图如图 6 - 2 - 2（b）所示，因为电路中的二极管只在交流的半个周期导通，才有电流流过负载，因此它被称为半波整流电路。

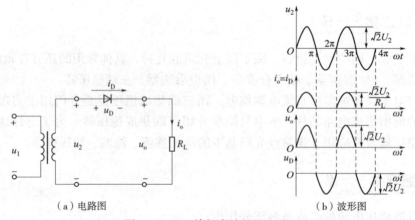

（a）电路图　　　　　（b）波形图

图 6 - 2 - 2　单相半波整流电路

②直流电压和直流电流的计算。根据图 6 - 2 - 2（b）可知，输出电压在一个周期内，只有正半周导电，在负载上得到的是半个正弦波。负载上输出平均电压由式

$$U_o = U_L = \frac{1}{2\pi}\int_0^\pi \sqrt{2}U_2\sin\omega t d(\omega t) \text{ 得}$$

$$U_o = U_L = \frac{\sqrt{2}}{\pi}U_2 = 0.45U_2 \qquad (6-2-1)$$

式中，U_2 为变压器二次输出电压的有效值。

输出直流电流即流过二极管的电流为

$$I_D = I_0 = 0.45\frac{U_2}{R_L} \qquad (6-2-2)$$

二极管所能承受的最大反向电压为 $U_{Rmax} = \sqrt{2}U_2$。

③选管原则。根据二极管的电流和二极管所能承受的最大反向电压进行选择，即二极管的最大整流电流 $I_F \geqslant I_D$；它的最大反向工作电压 $U_R \geqslant U_{Rmax} = \sqrt{2}U_2$。为了保证二极管能可靠地工作，在选管时，应留有余量。

半波整流电路结构简单，使用元件少，但存在较大的缺点：输出直流电压低，波形脉动大，输出功率小，且工作时只利用了电源的半个周期，变压器利用率低。因此，只适合小功率整流用，对整流性能指标要求不高的场合。

（2）单相桥式整流电路

①工作原理。图 6 - 2 - 3（a）所示为单相桥式整流电路图。

在 u_2 正半周时，二极管 D_1、D_3 导通，在负载电阻上得到正半周正弦波；在 u_2 负半周时，二极管 D_2、D_4 导通，在负载电阻上得到仍是正半周正弦波，即流过负载的电流方向一致。单相桥式整流电路的波形图如图 6 - 2 - 3（b）所示。

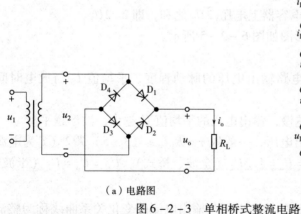

（a）电路图

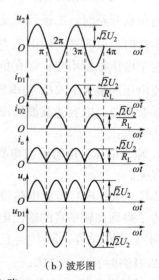

（b）波形图

图 6 - 2 - 3 单相桥式整流电路

②直流电压和直流电流的计算。根据图 6 - 2 - 3（b）可知，输出电压是单相脉动电压，输出电压的平均值为

$$U_o = U_L = \frac{1}{\pi}\int_0^\pi \sqrt{2}U_2\sin\omega t d(\omega t) = \frac{2\sqrt{2}}{\pi}U_2 = 0.9U_2$$

流过负载的平均电流为

$$I_L = 0.9 \frac{U_2}{R_L}$$

流过二极管的平均电流为

$$I_D = \frac{1}{2}I_L = 0.45 \frac{U_2}{R_L}$$

二极管所能承受的最大反向电压为

$$U_{Rmax} = \sqrt{2}U_2$$

3. 滤波电路

滤波电路利用电抗性元件对交、直流阻抗的不同，实现滤波。电容器对直流开路，对交流阻抗小，所以电容器应该并联在负载两端；电感器对直流阻抗小，对交流阻抗大，因此电感器应与负载串联。经过滤波电路后，既可保留直流分量，又可滤掉一部分交流分量，改变了交、直流成分的比例，减小了电路的脉动系数，改善了直流电压的质量。

（1）电容滤波电路

①电路图。下面以单相半波整流滤波电路为例进行说明。电容滤波电路如图 6 - 2 - 4所示。

②滤波原理：

$u_2 > u_C$ 时，二极管导通，电源在给负载 R_L 供电的同时也给电容器充电，u_C 增加，$u_o = u_C$；

$u_2 < u_C$ 时，二极管截止，电容器通过负载 R_L 放电，u_C 按指数规律下降，$u_o = u_C$。

当负载开路时，二极管承受的最高反向电压为 $U_{Rmax} = 2\sqrt{2}U_2$。因为在交流电压的正半波时，电容器上的电压充到等于交流电压的最大值 $\sqrt{2}U_2$，由于开路，不能放电，这个电压维持不变；而在负半周的最大值时，截止二极管上所承受的反向电压为交流电压的最大值 $\sqrt{2}U_2$ 与电容器上电压 $\sqrt{2}U_2$ 之和，即 $2\sqrt{2}U_2$。

③波形图。电容滤波波形图如图 6 - 2 - 5 所示。

④特点：

a. 输出电压。电容滤波电路输出电压的脉动程度、平均值 U_o 与放电时间常数 $R_L C$ 有关。

$R_L C$ 越大，电容器放电越慢，输出电压的平均值 U_o 越大，波形越平滑。

为了得到比较平直的输出电压，一般取 $\tau = R_L C \geq$ （3 ~ 5）$T/2$（T 为电源电压的周期）。近似估算，取 $U_C = U_o = 1.2U_2$（全波、桥式），$U_C = U_o = U_2$（半波）。当负载 R_L 开路时，$U_o \approx \sqrt{2}U_2$。

b. 外特性曲线。整流电路的输出电压与输出电流的变化关系曲线称为整流电路的外特性曲线。图 6 - 2 - 6 所示为电容滤波外特性曲线。从图 6 - 2 - 6 中可知，采用电容滤波时，输出电压受负载变化影响较大，即带负载能力较差。

因此，电容滤波适合于要求输出电压较高、负载电流较小且负载变化较小的场合。

c. 流过二极管的电流。由图 6 - 2 - 5 可知，二极管的导通时间短（导通角小于180°），但在一个周期内电容器的充电电荷等于放电电荷，即通过电容器的电流平均值为零，可见在二极管导通期间电流 i_D 的平均值近似等于负载电流的平均值 I_o，因此 i_D 的峰值必然较大，产生冲击，容易使二极管损坏，因而在选择二极管时要考虑到这点。

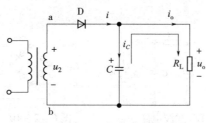

图 6 - 2 - 4　电容滤波电路

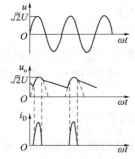

图 6 - 2 - 5　电容滤波波形图

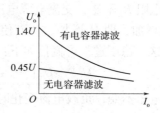

图 6 - 2 - 6　电容滤波外特性曲线

（2）电感电容滤波（LC 滤波）电路

①电路图。利用储能元件电感器的电流不能突变的性质，把电感器与整流电路的负载相串联，也可以起到滤波的作用。图 6 - 2 - 7 所示是电感电容滤波电路。

②滤波原理。对直流分量：$X_L = 0$，L 相当于短路，电压大部分降在 R_L 上；对谐波分量，f 越高，X_L 越大，电压大部分降在 L 上。因此，在负载上得到比较平滑的直流电压。

LC 滤波适合于要求电流较大、输出电压脉动较小的场合，更适合用于高频场合。

此外，还有典型的 π 形 LC 滤波电路，滤波效果比 LC 滤波电路更好，但二极管的冲击电流较大，如图 6 - 2 - 8 所示。

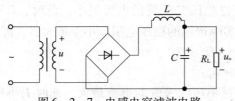

图 6 - 2 - 7　电感电容滤波电路

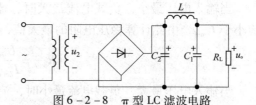

图 6 - 2 - 8　π 型 LC 滤波电路

π 形 RC 滤波电路，比 π 形 LC 滤波电路的体积小、成本低，如图 6 - 2 - 9 所示。R 愈大，C_2 愈大，滤波效果愈好。但 R 增大，将使直流压降增加，主要适用于负载电流较小而又要求输出电压脉动很小的场合。

4. 稳压电路

整流滤波电路输出电压不稳定的主要原因来自负载变化与电网电压波动。

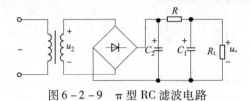

（1）稳压二极管稳压电路

①电路图。稳压二极管稳压电路如图 6-2-10 所示，由稳压二极管 D_z 和限流电阻 R 组成。稳压二极管在电路中应为反向串联，它与负载电阻 R_L 并联后，再与限流电阻 R 串联。

图 6-2-9　π 型 RC 滤波电路　　　　图 6-2-10　稳压二极管稳压电路

②工作原理。根据电路图可知

$$U_o = U_Z = U_i - U_R = U_i - I_R R$$

$$I_R = I_o + I_Z$$

负载电阻 R_L 不变，交流电源电压波动时的稳压情况：输入电压 U_i 的增加，必然引起 U_o 的增加，即 U_Z 增加，从而使 I_Z 增加，I_R 增加，使 U_R 增加，从而使输出电压 U_o 减小。这一稳压过程可概括如下：

$$U_i\uparrow \rightarrow \underline{U_o\uparrow \rightarrow U_Z\uparrow \rightarrow I_Z\uparrow \rightarrow I_R\uparrow \rightarrow U_R\uparrow \rightarrow U_o\downarrow}$$

电源电压不变，负载电流变化时的稳压情况：负载电流 I_o 的增加，必然引起 I_R 的增加，即 U_R 增加，从而使 $U_Z = U_o$ 减小，I_Z 减小。I_Z 的减小必然使 I_R 减小，U_R 减小，从而使输出电压 U_o 增加。这一稳压过程可概括如下：

$$I_o\uparrow \rightarrow I_R\uparrow \rightarrow U_R\uparrow \rightarrow U_Z\downarrow \ （U_o\downarrow）\rightarrow I_Z\downarrow \rightarrow I_R\downarrow \rightarrow U_R\downarrow \rightarrow U_o\uparrow$$

由以上分析可知，稳压二极管电路是由稳压二极管 D_z 的电流调节作用和限流电阻 R 的电压调节作用互相配合实现稳压的。

③电路参数的选择。在选择元件时，应首先知道负载所要求的输出电压 U_o，负载电流 I_L 的最小值 I_{Lmin} 和最大值 I_{Lmax}，输入电压 U_i 的波动范围。

a. 稳压电路输入电压 U_i 的选择：$U_i = （2 \sim 3）U_o$；

b. 稳压二极管的选择：$U_Z = U_o$，$I_{Zm} = （1.5 \sim 3）I_{Lmax}$；

c. 限流电阻 R 的选择：稳压二极管稳压电路的稳压性能与稳压二极管击穿特性的动态电阻有关，与稳压电阻 R 的阻值大小有关。稳压电阻的计算如下：

当输入电压最小，负载电流最大时，流过稳压二极管的电流最小。此时，I_Z 不应小于 I_{Zmin}，由此计算稳压电阻的最大值，实际选用的稳压电阻应小于最大值，即

$$R_{max} = \frac{U_{imin} - U_Z}{I_{Zmin} + I_{Lmax}}$$

当输入电压最大，负载电流最小时，流过稳压二极管的电流最大。此时 I_Z 不应超过 I_{Zmax}，由此可计算稳压电阻的最小值，即

$$R_{min} = \frac{U_{imax} - U_Z}{I_{Zmax} + I_{Lmin}}$$

$$R_{min} < R < R_{max}$$

稳压二极管在使用时，一定要串入限流电阻，不能使它的功耗超过规定值，否则会造成损坏。

④稳压二极管稳压电路的特点。稳压二极管稳压电路具有电路结构简单、负载短路时稳压极管不会损坏等优点，但同时也有输出电压不能调节、负载电流变化范围小、稳压性能差、输出电阻大等缺点。下面介绍具有放大环节的串联型稳压电路。

（2）串联型稳压电路

①电路组成。实用的串联型稳压电路包含调整元件、比较放大电路、基准电压电路和采样电路四部分。

图6-2-11所示是典型的以集成运放为放大环节的串联型稳压电路。

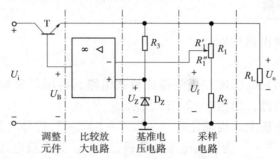

图6-2-11　以集成运放为放大环节的串联型稳压电路

②稳压原理。由图6-2-11所示电路可得

$$U_- = U_f = \frac{R_1'' + R_2}{R_1 + R_2}U_o \qquad U_+ = U_Z \qquad U_B = A_{uo}\left(U_Z - U_f\right)$$

当由于电源电压或负载电阻的变化使输出电压 U_o 变化时，采样电路把 U_o 的变化采样加到集成运放的反相输入端，由于同相输入端接稳定的基准电压 U_Z，故集成运放输出端电压的变化只反映采样电压 U_f 的变化；输出电压加到调整管 T 的基极，使 T 的管压降变化，以补偿 U_o 的变化，维持 U_o 基本不变。稳压过程如下：

$$U_i\uparrow \to U_o\uparrow \to U_f\uparrow \to U_B\downarrow \to I_C\downarrow \to U_{CE}\uparrow \to U_o\downarrow$$

由于引入的是串联电压负反馈，故称为串联型稳压电路。

③输出电压调节范围的计算。由图6-2-11所示电路可得

$$U_o \approx U_B = \left(1 + \frac{R_1'}{R_2 + R_1''}\right)U_Z$$

调节 R_1 显然可以改变输出电压。

由于集成运放调节方便，电压放大倍数很高，输出阻抗较低，因而可以获得极其优良的稳压特性，应用很广泛。

应用举例——练

【例】桥式整流电路如图6-2-12所示，$U_2 = 20$ V，$R_L = 40$ Ω，$C = 1\,000$ μF。试求：

①正常时，直流输出电压 U_o。

②如果电路中一个二极管开路，U_o 是否为正常值的一半？

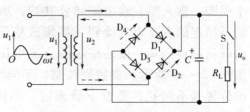

图6-2-12　桥式整流电路

③当测得直流输出电压 U_o 为下列数值时，可能出现了什么故障？

A. $U_o = 18$ V；B. $U_o = 28$ V；C. $U_o = 9$ V。

解 ①正常时，$U_o = 1.2U_2 = 1.2 \times 20$ V $= 24$ V。

②此时，$U_o = (0.45 \sim 1.4)U_2$（取决于负载大小）。

③A. $U_o = 18$ V $= 0.9U_2$，可能是滤波电容器开路；

B. $U_o = 28$ V $= \sqrt{2}U_2$，可能是负载电阻开路；

C. $U_o = 9$ V $= 0.45U_2$，可能是一个二极管开路，且电容器开路。

探究实践——做

全桥整流桥堆的识别与检测。

参考方案：

整流桥堆是把四只硅整流二极管接成桥式电路，再用环氧树脂（或绝缘塑料）封装而成的半导体器件，如图 6-2-13 所示。

大多数的整流全桥上，均标注有 " + "" – "" ~ " 符号（其中 " + " 为整流后输出电压的正极，" – " 为输出电压的负极，" ~ " 为交流电压输入端），很容易确定出各电极。

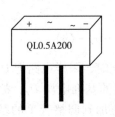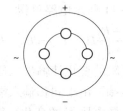

图 6-2-13　全桥整流桥堆的外形

检测时，采用二极管的判定方法可以检查全桥整流桥堆的质量。通过分别测量 " + " 极与两个 " ~ " 极、" – " 极与两个 " ~ " 极之间各整流二极管的正、反向电阻值是否正常，即可判断该全桥整流桥堆是否损坏。若测得全桥二极管的正、反向电阻值均为 0 或均为无穷大，则可判断该二极管已击穿或开路损坏。

*6.2.2　三端集成稳压器及其应用电路简介

1. 三端集成稳压器及其图形符号、外形、引脚功能

将串联稳压电源和保护电路集成在一起就是集成稳压器，内部设有过热、过电流和过电压保护电路。早期的集成稳压器外引脚较多，现在的集成稳压器只有三个引脚：输入端、输出端和公共端，所以称为三端集成稳压器。将整流滤波后的不稳定的直流电压接到三端集成稳压器输入端，经三端集成稳压器后，在输出端就可得到某一值的稳定的直流电压。三端集成稳压器的图形符号及封装如图 6-2-14 所示。要特别注意，不同型号、不同封装的集成稳压器，三个引脚的位置是不同的，要查手册确定，不同封装的外形及引脚功能如图 6-2-15 所示。

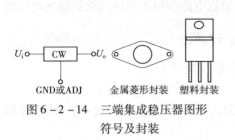

U_i ○─| CW |─○ U_o		

GND或ADJ　　　金属菱形封装　　　塑料封装

图 6 - 2 - 14　三端集成稳压器图形
符号及封装

输出端
公共端
输入端
W7800系列稳压器外形

输出端
输入端
公共端
W7900系列稳压器外形

图 6 - 2 - 15　三端集成稳压器不同封装
的外形及引脚功能

2. 三端集成稳压器的分类

三端稳压集成器因其输出电压、电流的形式不同有不同的分类。

（1）根据输出电压能否调整分类

三端集成稳压器的输出电压有固定输出电压和可调输出电压之分。

固定输出电压是由制造厂预先调整好的，输出为固定值。例如，7805 型三端集成稳压器，输出为固定 +5 V。

可调输出电压式三端集成稳压器输出电压可通过少数外接元件在较大范围内调整，通过调节外接元件值可获得所需的输出电压。例如，CW317 型三端集成稳压器，输出电压可以在 12 ~ 37 V 范围内连续可调。

（2）根据输出电压的正、负分系列

固定式有正稳压系列（78 × ×）及负稳压系列（79 × ×）。在 78 和 79 后，两位数字有 05、06、08、09、12、15、18、24 共八个挡，表示输出电压的大小，其中字头 78 表示输出电压为正值，例如 7805，后面数字表示输出电压的稳压值为 +5 V；而字头 79 表示输出电压为负值，例如 7905，表示输出电压的稳压值为 － 5 V。

可调式亦可分为正稳压 17 系列和负稳压 37 系列。

（3）根据输出电流分挡

三端集成稳压器的输出电流有大、中、小之分，并分别由不同符号表示。输出为小电流，代号"L"，例如 78L × ×，最大输出电流为 0.1 A；输出为中电流，代号"M"，例如 78M × ×，最大输出电流为 0.5 A；输出为大电流，代号"S"，例如 78S × ×，最大输出电流为 2 A。

3. 三端集成稳压器的应用电路

（1）固定输出三端集成稳压器基本应用电路

固定输出三端集成稳压器基本应用电路如图 6 - 2 - 16 所示。图 6 - 2 - 16 中 C_1 用以抑制过电压，抵消因输入连接线过长产生的电感效应并消除自激振荡；C_2 用以改善负载的瞬态响应，即瞬时增减负载电流时不致引起输出电压有较大的波动。C_1、C_2 一般选涤纶电容器，容量为 0.1 μF 至几微法。

由基本应用电路可构成同时输出正负电压电路，

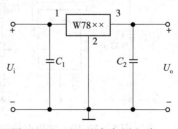

图 6 - 2 - 16　基本应用电路

如图 6 - 2 - 17 所示。

（2）扩展输出电压的应用电路

①提高输出电压电路如图 6 - 2 - 18 所示。根据电路图可得稳压电路的输出电压为

$$U_o = \left(1 + \frac{R_2}{R_1}\right)U_{XX} + I_Q R_2$$

式中：U_{XX}——三端集成稳压器 W78×× 的标称输出电压；

I_Q——三端集成稳压器静态电流。

一般来说，R_1 上流过的电流 I_{R1} 应大于 $5I_Q$，若 R_1、R_2 阻值较小，则可忽略 $I_Q R_2$，则

$$U_o = \left(1 + \frac{R_2}{R_1}\right)U_{XX}$$

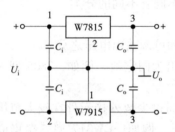

图 6 - 2 - 17 同时输出正负电压电路

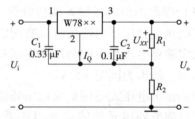

图 6 - 2 - 18 提高输出电压电路

②输出电压可调电路如图 6 - 2 - 19 所示。

当电位器滑动端在最上端时，R_1 两端的电压为 U_{XX}，可得最大输出电压

$$U_{omax} = \frac{R_1 + R_2 + R_P}{R_1}U_{XX}U_{XX}$$

当电位器滑动端在最下端时，R_1 和 R_P 串联两端的电压为 U_{XX}，可得最小输出电压

$$U_{omin} = \frac{R_1 + R_2 + R_P}{R_1 + R_P}U_{XX}$$

故输出电压调节范围为

$$\frac{R_1 + R_2 + R_P}{R_1 + R_P}U_{XX} < U_o < \frac{R_1 + R_2 + R_P}{R_1}U_{XX}$$

③扩展输出电流电路如图 6 - 2 - 20 所示。

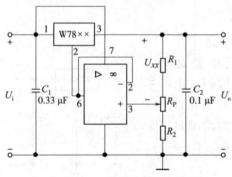

图 6 - 2 - 19 输出电压可调电路

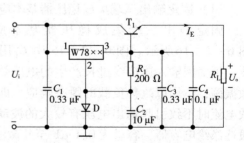

图 6 - 2 - 20 扩展输出电流电路

输出电压 U_o 仍由三端集成稳压器的输出值来决定（$U_o = U_{XX} - U_{BE1}$），而输出电流 I_o 则是稳压电路输出电流的 β 倍（β 为三极管 T_1 的电流放大倍数）。二极管 D 用来补偿三极管 T_1 的 U_{BE1} 因温度变化对输出的影响。

（3）三端集成稳压器组成恒流源电路

由固定输出三端集成稳压器组成的恒流源电路如图 6 - 2 - 21 所示。

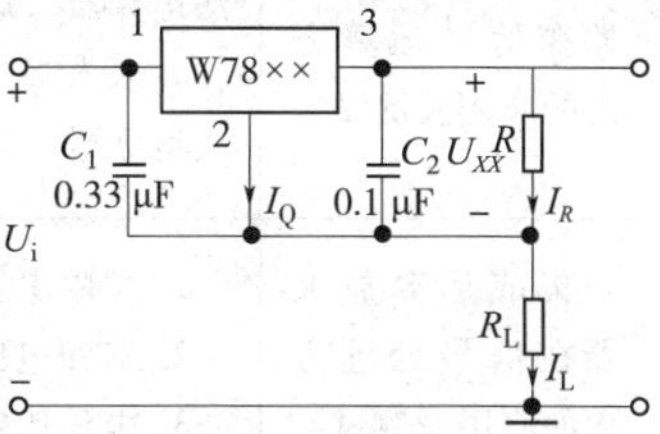

由图 6 - 2 - 21 可知，R 两端为三端集成稳压器的输出，只要 R 元件电阻值精确，则电流 I_R 也是稳定的。负载中的电流为

图 6 - 2 - 21　恒流源电路

$$I_L = I_O = I_R + I_Q = \frac{U_{XX}}{R} + I_Q$$

上式表明：负载电流 I_L 不受 R_L 变动的影响，即实现恒流输出。在实际应用中，一般选择输出电压低的三端集成稳压器，如 W7805，这主要是为了提高效率。

4. 三端集成稳压器使用注意事项

三端集成稳压器虽然应用电路简单，外围元件很少，但若使用不当，同样会出现稳压器被击穿或稳压效果不良的现象，所以在使用中必须注意以下几点：

①要防止产生自激振荡。三端集成稳压器内部电路放大级数多，开环增益高，工作于闭环深度负反馈状态，若不采取适当补偿移相措施，则在分布电容、电感的作用下，电路可能产生高频寄生振荡，从而影响稳压器的正常工作。

图 6 - 2 - 21 所示电路中的 C_1 及 C_2 就是为防止自激振荡而必须加的防振电容器。

②要防止稳压器损坏。虽然三端集成稳压器内部电路有过电流、过热及调整管安全工作区等保护功能，但为防止稳压器损坏，需防止输入端对地短路、防止输入端和输出端接反、防止输入端滤波电路断路、防止输出端与其他高电压电路连接、稳压器接地端不得开路。

当三端集成稳压器输出端加装防自激电容器时，万一输入端发生短路时，该电路的放电电流将使稳压器内的调整管损坏。为防止这种现象的发生，可在输出与输入端之间接一大电流二极管。

实际使用中，读者可以查阅有关手册，按需要参数选用。

小　结

模块6　集成运算放大电路及其他模拟集成电路的应用与测试

知识与技能	重　点	难　点
集成运算放大器简介及识别	1. 集成运放的结构特点、各部分的作用、外部接线图、图形符号及引脚的识别； 2. 理想运算放大器工作的两种状态及相应的结论	理想运算放大器工作的两种状态及相应结论的理解与运用

模块 6　电路的应用与测试　集成运算放大电路及其他模拟集成

207

续表

知识与技能	重　点	难　点
集成运算放大器在信号运算方面的应用及测试	1. 反相比例运算器、同相比例运算器、加法运算器、减法运算器输出电压的计算； 2. 反相比例运算器、同相比例运算器、加法运算器、减法运算器功能的测试	运算放大电路的分析
集成运算放大器在信号处理方面的应用及测试	1. 单限电压比较器传输特性及应用； 2. 滞回电压比较器传输特性及应用； 3. 电压比较器的测试	滞回电压比较器传输特性的理解及电压比较器的测试
单相整流、滤波、稳压电路及测试	1. 直流电源的组成及各部分的作用； 2. 半波整流、桥式整流电路的连接，整流电压输出波形、输出电压平均值、整流管的电流平均值及每管最高反向电压； 3. 电容滤波电路及特点； 4. 稳压二极管稳压电路、工作条件； 5. 串联型稳压电路的组成及输出电压计算	1. 单相整流、滤波电路的测试； 2. 滤波电路的滤波原理； 3. 稳压电路稳压过程的分析； 4. 串联型稳压电路输出电压的计算

检 测 题

一、填空题

1. 集成运放主要由_____、_____、_____、_____四部分组成。

2. 若要集成运放工作在线性区，则必须在电路中引入_____反馈；若要集成运放工作在非线性区，则必须在电路中引入_____反馈或者在_____状态下。

3. 集成运放工作在线性区的特点：_____等于零和_____等于零；工作在非线性区的特点：一是输出电压只具有_____状态和净输入电流等于_____；在集成运放电路中，集成运放工作在_____区，电压比较器工作在_____区。

4. 理想集成运放的 $A_{uo} =$ _____，$r_i =$ _____，$r_o =$ _____，$K_{CMR} =$ _____。

5. 集成运放的非线性应用常见的有_____、_____和_____发生器。

6. 直流电源是由变压器、_____、_____、_____四部分组成。

7. 硅稳压管稳压电路利用二极管_____特性，其电流变化时，_____的特点，组成稳压电路。

8. 实用的串联型稳压电路包含_____、_____、_____、_____四部分。

二、判断题

1. 运算电路中一般均引入负反馈。（　　）

2. 在运算电路中，集成运放的反相输入端均为"虚地"。（　　）

3. 凡是运算电路都可利用"虚短"和"虚断"的概念求解运算关系。（　　）

4. "虚短"就是两点并不真正短接，但具有相等的电位。（　　）

5. "虚地"是指该点与"地"点相接后，具有"地"点的电位。（　　）

6. 集成运放在开环状态下，输入与输出之间存在线性关系。　　　　　（　　）

7. 各种比较器的输出只有两种状态。　　　　　　　　　　　　　　　（　　）

8. 一般情况下，在电压比较器中，集成运放不是工作在开环状态，就是仅仅引入了正反馈。　　　　　　　　　　　　　　　　　　　　　　　　　　（　　）

9. 在输入电压从足够低逐渐增大到足够高的过程中，单限电压比较器和滞回电压比较器的输出电压均只跃变一次。　　　　　　　　　　　　　　　（　　）

10. 整流电路可将正弦电压变为脉动的直流电压。　　　　　　　　　　（　　）

11. 电容滤波电路适用于小负载电流，而电感滤波电路适用于大负载电流。
　　　　　　　　　　　　　　　　　　　　　　　　　　　　　　（　　）

12. 在单相桥式整流电容滤波电路中，若有一只整流管断开，输出电压平均值变为原来的一半。　　　　　　　　　　　　　　　　　　　　　　　（　　）

三、选择题

1. 集成运放电路采用直接耦合方式是因为（　　）。
 A. 可获得很大的放大倍数
 B. 可使温漂小
 C. 集成工艺难以制造大容量电容器

2. 集成运放的输入级采用差分放大电路是因为可以（　　）。
 A. 减小温漂   B. 增大放大倍数   C. 提高输入电阻

3. 为增大电压放大倍数，集成运放的中间级多采用（　　）。
 A. 共射放大电路   B. 共集放大电路   C. 共基放大电路

4. 由集成运放组成的电路中，工作在非线性状态的电路是（　　）。
 A. 反相放大器   B. 差分放大器   C. 电压比较器

5. 欲实现 $A_u = -100$ 的放大电路，应选用（　　）。
 A. 反相比例运算电路 B. 同相比例运算电路 C. 积分运算电路

6. 题 6 图所示集成运放应用电路中，若 $U_i = 1\ \text{V}$，则输出电压 U_o 为（　　）。
 A. 1 V   B. −1 V   C. 2 V

7. 要实现 $U_o = -5U_3 - 10U_2 - U_1$ 运算，则选用（　　）。
 A. 反相比例运算电路
 B. 同相比例运算电路
 C. 反相加法运算电路

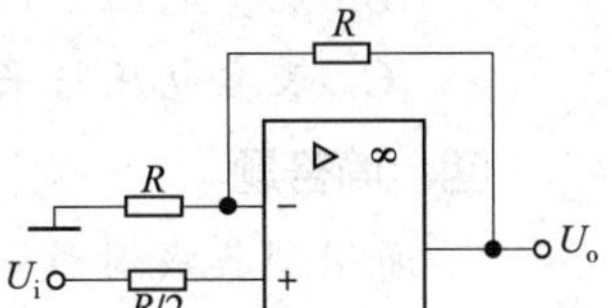

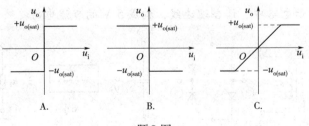

题 6 图

8. 开环工作的理想运放的同相输入时的电压传输特性为题 8 图所示中的（　　）。

A.   B.   C.

题 8 图

9. 题 9 图所示电路中，其电压放大倍数等于（　　）。

　　A. 1　　　　　　　　　B. 2　　　　　　　　　C. 0

10. 题 10 图所示电路中，输入电压为 u_i，则输出电压 u_o 为（　　）。

　　A. u_i　　　　　　　　B. $2u_i$　　　　　　　C. 0

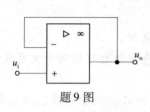

题 9 图

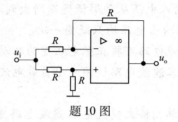

题 10 图

11. 题 11 图所示理想运放组成的运算电路的电压放大倍数为（　　）。

　　A. -11　　　　　　　B. -10　　　　　　　C. 11

12. 题 12 图所示电路中，输入电压 $u_i = 10\sin\omega t$ mV，则输出电压 u_o 为（　　）。

　　A. 正弦波　　　　　　　B. 方波　　　　　　　　C. 三角波

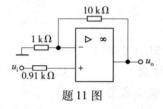

题 11 图

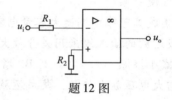

题 12 图

13. 直流稳压电源中，滤波电路的目的是（　　）。

　　A. 将交流变为直流

　　B. 将高频变为低频

　　C. 将交、直流混合量中的交流成分滤掉

14. 串联型稳压电路中的放大环节所放大的对象是（　　）。

　　A. 基准电压

　　B. 采样电压

　　C. 基准电压与采样电压之差

四、简答题

1. 通用型集成运放一般由几部分电路组成？每一部分常采用哪种基本电路？通常对每一部分性能的要求分别是什么？

2. 何谓"虚地"？何谓"虚短"？在什么输入方式下才有"虚地"？若把"虚地"真正接"地"，集成运放能否正常工作？

3. 题 3 图所示电路中，请合理连线，构成 5 V 的直流电源。

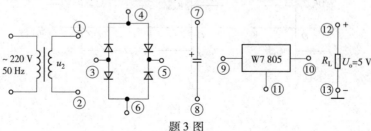

题 3 图

五、计算题

1. 题 1 图所示为应用集成运放组成的测量电阻的原理电路，试写出被测电阻 R_x 与电压表电压 U_o 的关系。

2. 题 2 图所示电路中，已知 $R_1 = 2\ \text{k}\Omega$，$R_f = 5\ \text{k}\Omega$，$R_2 = 2\ \text{k}\Omega$，$R_3 = 18\ \text{k}\Omega$，$U_i = 1\ \text{V}$，试求输出电压 U_o。

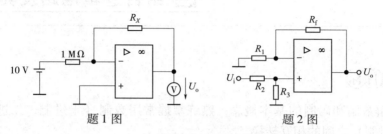

题 1 图　　　　　　　题 2 图

3. 题 3 图所示电路中，已知电阻 $R_f = 5R_1$，输入电压 $U_i = 5\ \text{mV}$，求输出电压 U_o。

4. 题 4 图所示电路中，其稳压管的稳定电压 $U_{Z1} = U_{Z2} = 6\ \text{V}$，正向压降忽略不计，输入电压 $u_i = 5\sin\omega t\ \text{V}$，参考电压 $U_R = 1\ \text{V}$，试画出输出电压 u_o 的波形。

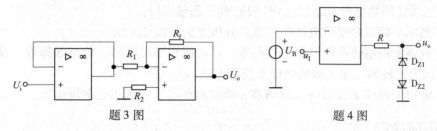

题 3 图　　　　　　　题 4 图

5. 试分析题 5 图所示桥式整流电路中的二极管 D_2 或 D_4 断开时负载电压的波形。如果 D_2 或 D_4 接反，后果如何？如果 D_2 或 D_4 因击穿或烧坏而短路，后果又如何？

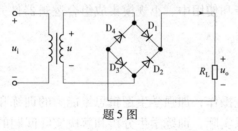

题 5 图

组合逻辑电路及其测试

课题 7.1　逻辑代数基础及逻辑门电路测试

知识与技能要点

- 模拟信号与数字信号的区别，数字电路的分类。
- 数制和码制，常用数制间的转换。
- 基本逻辑关系与逻辑门电路功能测试。

- 逻辑代数基本公式、定律。
- 逻辑函数的代数化简法与卡诺图化简法。
- 集成逻辑门电路功能测试及应用。

7.1.1 数字电路基础和计数体制概论

知识迁移——导

图7-1-1所示为模拟式万用表和数字式万用表外形。模拟式仪表指示参数一般用指针偏转角度大小来表示，指示读数较困难，准确性也较差，而数字式仪表可直接用数字表示数据的真实值，它是由数字电路实现的。

图7-1-1　模拟式万用表和数字式万用表外形

问题聚焦——思

- 数字电路的优点、类别及应用场合；
- 数制与码制的概念，常用计数制的相互转换。

知识链接——学

1. 数字电路基础

（1）模拟信号与数字信号的区别

接收、处理和传递模拟信号的电子电路称为模拟电路，如放大电路、滤波器、信号发生器等。模拟电路注重的是电路输出、输入信号间的大小和相位关系。

模拟信号与数字信号的区别见表7-1-1。

表7-1-1　模拟信号与数字信号的区别

模 拟 信 号	数 字 信 号
在时间上和数值上连续的信号	在时间上和数值上不连续的（即离散的）信号
例如：电视的图像和伴音信号，由某种物理量（如温度、压力）转化成的电信号	例如：电子表的秒信号，由计算机键盘输入计算机的信号，生产中自动记录零件个数的计数信号等

（2）数字电路的分类

用来实现数字信号的产生、变换、运算、控制等功能的电路称为数字电路。数字电路注重的是二值信息（"0"和"1"）输入、输出之间的逻辑关系。

①按电路结构不同可分为，分立元件电路和集成电路两大类。根据集成密度不同，数字集成电路可分为小规模（SSI，每片数十个器件）、中规模（MSI，每片数百个器件）、大规模（LSI，每片数千个器件）和超大规模（VLSI，每片多于1万个

器件）数字集成电路。

②按所用器件制作工艺的不同可分为，双极型（TTL型）和单极型（MOS型）两类。

③按照电路的结构和工作原理的不同可分为，组合逻辑电路和时序逻辑电路两类。

（3）数字电路的优点

数字电路的工作信号是二进制信息，它设计方便、成本低廉、便于集成和系列化生产，同时工作可靠、稳定性好、精度高、速度快、抗干扰能力强。另外，数字电路的模块化开放性结构使其功率损耗低，有利于维护和更新。

2. 数制与码制

（1）进位计数制

①进位制：顾名思义，就是一种按进位方式实现计数的制度。表示数时，仅用一位数码往往不够用，必须用进位计数的方法组成多位数码。多位数码每一位的构成以及从低位到高位的进位规则称为进位计数制，简称进位制。

②基数：进位制的基数，就是在该进位制中可能用到的数码个数。如二进制有0和1两个数码，其基数为2；十进制有0~9十个数码，其基数为10。

③位权（位的权数）：在某一进位制的数中，每一位的大小都对应着该位上的数码乘上一个固定的数，这个固定的数就是这一位的权数。位权是各种计数制中基数的幂。

十进制数的权展开式：

如 $(5555)_{10} = 5 \times 10^3 + 5 \times 10^2 + 5 \times 10^1 + 5 \times 10^0$。

又如 $(209.04)_{10} = 2 \times 10^2 + 0 \times 10^1 + 9 \times 10^0 + 0 \times 10^{-1} + 4 \times 10^{-2}$。

其中，10^3、10^2、10^1、10^0、10^{-1}、10^{-2} 称为十进制的权。各数位的权是10的幂。

任意一个十进制数都可以表示为各个数位上的数码与其对应的权的乘积之和，称为权展开式。

表7－1－2列出了不同基数的进位制数，常用的进位制有十进制、二进制、八进制和十六进制。

表7－1－2　不同基数的进位制数

十进制	二进制	八进制	十六进制	十进制	二进制	八进制	十六进制
0	0000	0	0	8	1000	10	8
1	0001	1	1	9	1001	11	9
2	0010	2	2	10	1010	12	A
3	0011	3	3	11	1011	13	B
4	0100	4	4	12	1100	14	C
5	0101	5	5	13	1101	15	D
6	0110	6	6	14	1110	16	E
7	0111	7	7	15	1111	17	F

（2）不同数制间的转换

①非十进制数转换为十进制数——按权展开求和。具体方法：将一个非十进制数按权展开成一个多项式，每项是该位数码与相应权值之积，把此多项式中的数码和权用等值十进制数表示，所得结果就是转换后该数的十进制数。

如：$(101.01)_2 = 1 \times 2^2 + 0 \times 2^1 + 1 \times 2^0 + 0 \times 2^{-1} + 1 \times 2^{-2} = (5.25)_{10}$

$(207.04)_8 = 2 \times 8^2 + 0 \times 8^1 + 7 \times 8^0 + 0 \times 8^{-1} + 4 \times 8^{-2} = (135.0625)_{10}$

$(D8.A)_2 = 13 \times 16^1 + 8 \times 16^0 + 10 \times 16^{-1} = (216.625)_{10}$

②十进制数转换为非十进制数。具体方法：将其整数部分和小数部分分别转换，再将结果合并为目的数制形式。

a. 整数部分的转换：采用基数连除法（除基取余法）。即用目的数制的基数去除十进制整数，第一次除得的余数为目的数的最低位，所得到的商再除以该基数，所得余数为目的数的次低位，依此类推，继续上面的过程，直到商为 0 时，所得余数为目的数的最高位。

如 $(13)_{10} = (\quad)_2$。

$$
\begin{array}{r|l}
2 & 13 \\
2 & 6 \\
2 & 3 \\
2 & 1 \\
& 0
\end{array}
\quad
\begin{array}{l}
\cdots\cdots\cdots 1 \cdots b_0 \\
\cdots\cdots\cdots 0 \cdots b_1 \\
\cdots\cdots\cdots 1 \cdots b_2 \\
\cdots\cdots\cdots 1 \cdots b_3
\end{array}
\quad
\text{读取二进制数顺序} \uparrow
$$

因此 $(13)_{10} = (1101)_2$。

b. 小数部分的转换：采用基数连乘法（乘基取整法）。即用该小数乘目的数制的基数，第一次乘得的结果的整数部分为目的数小数的最高位，其小数部分再乘基数，所得的结果的整数部分为目的数小数的次最高位，依此类推，直到小数部分为 0 或达到要求精度为止。

如 $(0.562)_{10} = (\quad)_2$，误差 $< 2^{-6}$。

$$
\begin{array}{ll}
0.562 \times 2 = 1.124 & 1 \quad b_1 \\
0.124 \times 2 = 0.248 & 0 \quad b_2 \\
0.248 \times 2 = 0.496 & 0 \quad b_3 \\
0.496 \times 2 = 0.992 & 0 \quad b_4 \\
0.992 \times 2 = 1.984 & 1 \quad b_5 \\
0.984 \times 2 = 1.968 & 1 \quad b_6
\end{array}
\quad \text{读数顺序} \downarrow
$$

因此 $(0.562)_{10} = (0.100011)_2$。

③二进制数转换为八进制或十六进制数：将二进制数由小数点开始，整数部分向左，小数部分向右，转换为八进制时每三位分成一组，转换为十六进制时每四位分成一组，不够位补零，则每组二进制数便对应一位八进制或十六进制数。

如 $(101101.1001)_2 = (101, 101.100, 100)_2 = (55.44)_8$

$(101101.1001)_2 = (0010, 1101.1001)_2 = (2D.9)_{16}$。

④八进制数、十六进制数转换为二进制数：将每位八进制数用三位二进制数表示，每位十六进制数用四位二进制数表示即可。

如 $(27.46)_8 = (10111.10011)_2$。

模块 7 组合逻辑电路及其测试

$(17.98)_{16} = (10\ 111.100\ 11)_2$。

（3）二进制代码

数字系统只能识别 0 和 1，怎样才能表示更多的数码、符号、字母呢？用编码可以解决此问题。所谓编码就是用一定规则组合而成的若干位二进制码来表示数或字符（字母或符号）。用于表示十进制数码、字母、符号等信息的一定位数的二进制数称为二进制代码。

①二 – 十进制代码：用四位二进制数来表示十进制数中的 0 ~ 9 十个数码，简称 BCD 码。

用四位自然二进制码中的前十个码字来表示十进制数码，因各位的权值依次为 8、4、2、1，故称 8421 BCD 码，属于有权码；同理，2421 码（5421 码）的权值依次为 2（5）、4、2、1，也属于有权码；余 3 码由 8421 码加 0011 得到，属于无权码。

②可靠性代码：

a. 格雷码（葛莱码、循环码）：格雷码是一种循环码，其特点是任何相邻的两个码字，仅有一位代码不同，其他位相同。

b. 奇偶校验码：奇偶校验码是在计算机存储器中广泛采用的可靠性代码，它由若干个信息位加一个校验位所构成，其中校验位的取值将使整个代码（包括信息位和校验位）中"1"的个数为奇数或偶数。若"1"的个数为奇数，称为奇校验；若"1"的个数为偶数，称为偶校验。

常用 BCD 码和格雷码的表示见表 7 – 1 – 3。

表 7 – 1 – 3　常用 BCD 码和格雷码的表示

十进制数	8421 码	余 3 码	2421（A）码	2421（B）码	5421 码	格雷码
0	0000	0011	0000	0000	0000	0000
1	0001	0100	0001	0001	0001	0001
2	0010	0101	0010	0010	0010	0011
3	0011	0110	0011	0011	0011	0010
4	0100	0111	0100	0100	0100	0110
5	0101	1000	0101	1011	1000	0111
6	0110	1001	0110	1100	1001	0101
7	0111	1010	0111	1101	1010	0100
8	1000	1011	1110	1110	1011	1100
9	1001	1100	1111	1111	1100	1101
权	8421	无权	2421	2421	5421	无权

注：BCD 码不是二进制数的大小，而是十进制数的二进制代码，是人与数字系统联系的一种中间表示。

（4）数的原码、反码和补码

实际生活中表示数的时候，一般都把正数前面加一个" + "号，负数前面加一个" – "号，但是在数字设备中，机器是不认识这些的，于是就把" + "号用"0"表示，" – "号用"1"表示，即把符号数字化。

在计算机中，数据是以补码的形式被存储的，所以补码在计算机语言的教学中有比较重要的地位，而讲解补码必然涉及原码、反码。原码、反码和补码是把符号位和数值位一起编码的表示方法，也是机器中数的表示方法，这样表示的"数"便于机器的识别和运算。

①原码：原码的最高位是符号位，数值部分为原数的绝对值，一般机器码的后面加字母 B。

如 $[+0]_原 = 0\ 0000000\ B$；　　　　$[-0]_原 = 1\ 0000000\ B$；

　　$[+127]_原 = 0\ 1111111\ B$；　　　$[-127]_原 = 1\ 1111111\ B$。

显然，八位二进制原码的表示范围为 $-127 \sim 127$。

②反码：正数的反码与其原码相同，负数的反码是对其原码逐位取反所得，在取反时注意符号位不能变。

如 $[+0]_反 = 0\ 0000000\ B$；　　　　$[-0]_反 = 1\ 1111111\ B$。

　　$[+127]_反 = 0\ 1111111\ B$；　　　$[-127]_反 = 1\ 0000000\ B$。

显然，八位二进制反码的表示范围为 $-127 \sim +127$。

③补码：正数的补码与其原码相同，负数的补码是在其反码的末位加1，符号位不变。

如补码的数"0"只有一种形式，即 $[0]_补 = 0\ 0000000\ B$；

　　$[+127]_补 = 0\ 1111111\ B$；　　　$[-128]_补 = 1\ 0000000\ B$。

显然，八位二进制补码的表示范围为 $-128 \sim +127$。

④原码、补码、反码三者的比较：对原码、补码、反码三者进行比较，可以看出，它们之间既有共同点，又有不同之处，为了更好地了解这三种机器码的特点，见表7-1-4总结。表7-1-4给出了字长 $n = 4$ 时，二进制整数原码、反码、补码的对应关系。

表7-1-4　二进制整数原码、反码、补码的对应关系

二进制整数	原　码	反　码	补　码
+0000	0000	0000	0000
+0001	0001	0001	0001
+0010	0010	0010	0010
+0011	0011	0011	0011
+0100	0100	0100	0100
+0101	0101	0101	0101
+0110	0110	0110	0110
+0111	0111	0111	0111
-0000	1000	1111	0000
-0001	1001	1110	1111
-0010	1010	1101	1110
-0011	1011	1100	1101
-0100	1100	1011	1100

模块 7 组合逻辑电路及其测试

二进制整数	原　码	反　码	补　码
−0101	1101	1010	1011
−0110	1110	1001	1010
−0111	1111	1000	1001
−1000	—	—	1000

a. 对于正数，三种码的表示形式一样；对于负数，三种码的表示形式不一样。

b. 三种码最高位都是符号位：0 表示正数，1 表示负数。

c. 根据定义，原码和反码各有两种 0 的表示形式，而补码表示 0 有唯一的形式。

d. 原码和反码表示的数的范围是相对于 0 对称的，表示的范围也相同；而补码表示的数的范围相对于 0 是不对称的，表示的范围和原码、反码也不同。这是由于当字长为 n 位时，它们都可以有 2^n 个编码，但原码和反码表示 0 用了两个编码，而补码表示 0 只用了一个编码。于是，同样字长的编码，补码可以多表示一个负数，这个负数在原码和反码中是不能表示的。

应用举例——练

【例 7 − 1 − 1】　将下列各进制的数转化为十进制数。

$(1011.101)_2$；$(567)_8$；$(5AD)_{16}$。

解　$(1011.101)_2 = \left[1 \times (2)^3 + 0 \times (2)^2 + 1 \times (2)^1 + 1 \times (2)^0 + 1 \times (2)^{-1} + 0 \times (2)^{-2} + 1 \times (2)^{-3} \right]_{10}$

$= (8 + 2 + 1 + 0.5 + 0.125)_{10} = (11.625)_{10}$。

$(567)_8 = 5 \times 8^2 + 6 \times 8^1 + 7 \times 8^0 = (375)_{10}$。

$(5AD)_{16} = 5 \times 16^2 + 10 \times 16^1 + 13 \times 16^0 = (1\,453)_{10}$。

【例 7 − 1 − 2】　将 $(44.375)_{10}$ 转换成二进制数。

解　整数部分——除 2 取余法　　　　　小数部分——乘 2 取整法

所以，$(44.375)_{10} = (101100.011)_2$。

【例 7 − 1 − 3】　求十进制数 − 13 的原码、反码和补码。

解　十进制数 − 13 的原码为 $[-13]_原 = 10001101$ B。

其反码为 $[-13]_{反} = 11110010$ B。

其补码为 $[-13]_{补} = 11110011$ B。

探究实践——做

观察模拟式万用表和数字式万用表读数，总结各自特点。

7.1.2 基本逻辑关系及运算和逻辑函数的化简

知识迁移——导

在数字电路中，无论是组合逻辑电路的分析与设计还是时序逻辑电路的分析与设计，都会涉及类似数学中代数表达式，如交通信号灯故障检查电路的制作与调试。交通信号灯在正常情况下：红灯（R）亮——停车；黄灯（Y）亮——准备；绿灯（G）亮——通行；正常时只有一个灯亮，如果灯全不亮或全亮或两个灯同时亮，都是故障。满足这些条件的逻辑表达式为 $L = \overline{R}\,\overline{Y}\,\overline{G} + \overline{R}YG + R\overline{Y}G + RY\overline{G} + RYG$，并可化简为 $L = \overline{\overline{R}\,\overline{Y}\,\overline{G} \cdot RG \cdot YG \cdot RY}$，这就涉及基本逻辑关系及逻辑函数的化简问题。

问题聚焦——思

- 基本的逻辑关系、逻辑运算；
- 逻辑代数的基本公式、定律及规则；
- 逻辑函数的化简。

知识链接——学

事件发生的条件与结果之间应遵循的规律称为逻辑。一般来讲，事件的发生条件与产生的结果均为有限个状态，每一个和结果有关的条件都有满足或不满足的可能，在逻辑中可以用"1"或"0"表示。显然，逻辑关系中的 1 和 0 并不是体现的数值大小，而是体现的某种逻辑状态。

日常生活中我们会遇到很多结果完全对立而又相互依存的事件，如开关的通断、电位的高低、信号的有无、工作和休息等，显然这些都可以表示为二值变量的"逻辑"关系。

如果在逻辑关系中用"1"表示高电平，"0"表示低电平，则为正逻辑；如果用"1"表示低电平，"0"表示高电平，则为负逻辑。本书不加特殊说明均采用正逻辑。

在实际中，我们遇到的逻辑问题是多种多样的，但无论问题是复杂还是简单，它们都可以用"与""或""非"三种基本的逻辑运算把它们概括出来，下面分别讲解。

1. 基本逻辑函数及运算

基本的逻辑关系：与、或、非三种逻辑。数字系统中，所有的逻辑关系均可以用基本的三种逻辑来实现（如同十进制数总可以用 10 个数字和小数点表示出来一样）。

（1）与逻辑

当决定某事件的全部条件同时具备时，结果才会发生，这种因果关系称为"与"逻辑，又称逻辑乘。

逻辑表达式中符号"·"表示逻辑"与"（或逻辑"乘"），在不发生混淆时，此符号可略写。与逻辑运算符号级别最高。

图 7-1-2 所示电路中，开关 A、B 串联控制灯泡 F，两个开关必须同时接通，灯才亮。其逻辑表达式为

$$F = AB$$

"与"逻辑中输入与输出的一一对应关系，不但可用逻辑乘公式 $F = ABC$ 表示，还可以用表格形式列出，称为真值表，表 7-1-5 为三变量"与"逻辑真值表。

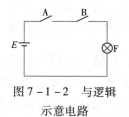

图 7-1-2　与逻辑示意电路

表 7-1-5　三变量"与"逻辑真值表

A	B	C	F	A	B	C	F
0	0	0	0	1	0	0	0
0	0	1	0	1	0	1	0
0	1	0	0	1	1	0	0
0	1	1	0	1	1	1	1

观察"与"逻辑真值表，可以把输入与输出的一一对应关系总结为"有 0 出 0，全 1 出 1"。

实现与逻辑的电路称为与门。图 7-1-3 所示为与门的图形符号。

（2）或逻辑

当决定某事件的全部条件都不具备时，结果不会发生；但只要一个条件具备，结果就会发生，这种因果关系称为"或"逻辑，又称逻辑加。

逻辑表达式中符号"+"表示逻辑"或"（或逻辑"加"），或逻辑运算符号级别比与低。

图 7-1-4 所示电路中，开关 A、B 并联控制灯泡 F，两个开关只要任何一个接通，灯就亮。其逻辑表达式为

$$F = A + B$$

图 7-1-3　与门的图形符号

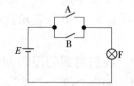

图 7-1-4　或逻辑示意电路

"或"逻辑中输入与输出的一一对应关系，不但可用逻辑加公式 $F = A + B + C$ 表示，也可以用真值表 7-1-6 表达。

A	B	C	F	A	B	C	F
0	0	0	0	1	0	0	1
0	0	1	1	1	0	1	1
0	1	0	1	1	1	0	1
0	1	1	1	1	1	1	1

观察"或"逻辑真值表，可以把输入与输出的一一对应关系总结为"有1出1，全0出0"。

实现或逻辑的电路称为或门。或门的图形符号如图7−1−5所示。

（3）非逻辑

当某事件相关条件不具备时，结果必然发生；但条件具备时，结果不会发生，这种因果关系称为"非"逻辑，又称逻辑非。

非逻辑指的是逻辑的否定。如图7−1−6所示电路，当决定事件（F灯亮）发生的条件（A开关闭合）满足时，事件不发生；条件不满足时，事件反而发生。其逻辑表达式为：

$$F = \overline{A}$$

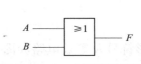

图7−1−5　或门的图形符号

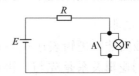

图7−1−6　非逻辑示意电路

变量上方的横杠"—"表示逻辑"非"，0非是1；1非是0。

逻辑"非"的真值表见表7−1−7。由真值表可见非门功能为"见0出1，见1出0"。

实现非逻辑的电路称为非门。非门的图形符号如图7−1−7所示。

表7−1−7　逻辑"非"的真值表

A	F
1	0
0	1

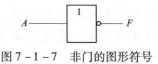

图7−1−7　非门的图形符号

2. 几种导出的逻辑及运算（即复合逻辑运算）

（1）与非

先与后非，逻辑表达式为 $F = \overline{AB}$。

观察逻辑"与非"的真值表（见表7−1−8），可以把输入与输出的一一对应关系总结为"有0出1，全1出0"。

实现"与非"逻辑的电路称为与非门。与非门的图形符号如图7−1−8所示。

表 7 - 1 - 8　逻辑"与非"的真值表

A	B	F
0	0	1
0	1	1
1	0	1
1	1	0

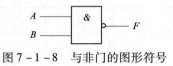

图 7 - 1 - 8　与非门的图形符号

（2）或非

先或后非，逻辑表达式为 $F = \overline{A + B}$。

观察逻辑"或非"的真值表（见表 7 - 1 - 9），可以把输入与输出的一一对应关系总结为"有 1 出 0，全 0 出 1"。

实现"或非"逻辑的电路称为或非门。或非门的图形符号如图 7 - 1 - 9 所示。

表 7 - 1 - 9　逻辑"或非"的真值表

A	B	F
0	0	1
0	1	0
1	0	0
1	1	0

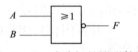

图 7 - 1 - 9　或非门的图形符号

（3）与或非

先与再或后非，逻辑表达式为 $F = \overline{AB + CD}$。

与或非的逻辑关系是先与、再或、后非，图形符号及等效电路如图 7 - 1 - 10 所示。

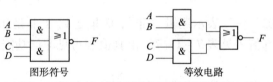

图形符号　　　　　　　　等效电路

图 7 - 1 - 10　与或非门的图形符号及等效电路

（4）异或

逻辑表达式为 $F = \overline{A}B + A\overline{B} = A \oplus B$。

异或逻辑关系：输入逻辑变量 A、B 不相同时，输出 F 为 1；否则为 0（见表 7 - 1 - 10）。

实现"异或"逻辑的电路称为异或门，异或门的图形符号如图 7 - 1 - 11 所示。

表 7 - 1 - 10　逻辑"异或"的真值表

A	B	F
0	0	0
0	1	1
1	0	1
1	1	0

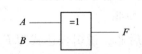

图 7 - 1 - 11　异或门的图形符号

（5）同或

逻辑表达式为 $F = \overline{A}\,\overline{B} + AB = A \odot B$

同或逻辑关系：输入逻辑变量 A、B 相同时，输出 F 为 1；否则为 0（见表 7 – 1 – 11）。

实现"同或"逻辑的电路称为同或门，同或门的图形符号如图 7 – 1 – 12 所示。

表 7 – 1 – 11　逻辑"同或"的真值表

A	B	F
0	0	1
0	1	0
1	0	0
1	1	1

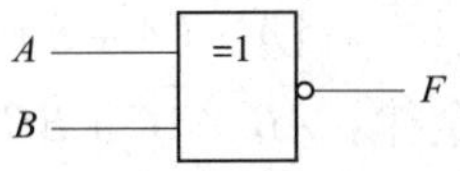

图 7 – 1 – 12　同或门的逻辑符号

比较异或逻辑和同或逻辑真值表可知，异或函数与同或函数在逻辑上互为反函数，即

$$A \oplus B = \overline{A \odot B} \quad \text{或} \quad \overline{A \oplus B} = A \odot B$$

3. 逻辑代数基本公式、定律及规则

逻辑代数亦称布尔代数、开关代数，它是按一定的逻辑关系进行运算的代数，是分析和设计数字电路的数学工具。

（1）逻辑代数的基本公式

①逻辑常量运算公式：

a. 与运算：$0 \cdot 0 = 0$，$0 \cdot 1 = 0$，$1 \cdot 0 = 0$，$1 \cdot 1 = 1$

b. 或运算：$0 + 0 = 0$，$0 + 1 = 1$，$1 + 0 = 1$，$1 + 1 = 1$

c. 非运算：$\overline{1} = 0$，$\overline{0} = 1$

②逻辑变量、常量运算公式：

a. 0 – 1 律：$\begin{cases} A + 0 = A \\ A \cdot 1 = A \end{cases}$，$\begin{cases} A + 1 = 1 \\ A \cdot 0 = 0 \end{cases}$

b. 互补律：$A + \overline{A} = 1$，$A \cdot \overline{A} = 0$

c. 等幂律：$A + A = A$，$A \cdot A = A$

d. 双重否定律：$\overline{\overline{A}} = A$

（2）逻辑代数的基本定律

①与普通代数相似的定律：

a. 交换律：$\begin{cases} A \cdot B = B \cdot A \\ A + B = B + A \end{cases}$

b. 结合律：$\begin{cases} (A \cdot B) \cdot C = A \cdot (B \cdot C) \\ (A + B) + C = A + (B + C) \end{cases}$

c. 分配律：$\begin{cases} A \cdot (B + C) = A \cdot B + A \cdot C \\ A + B \cdot C = (A + B) \cdot (A + C) \end{cases}$

利用真值表很容易证明这些公式的正确性。如利用表 7 – 1 – 12 可证明 $A \cdot B = B \cdot A$。

表 7-1-12 真 值 表

A	B	$A \cdot B$	$B \cdot A$	A	B	$A \cdot B$	$B \cdot A$
0	0	0	0	1	0	0	0
0	1	0	0	1	1	1	1

②吸收律与冗余律：

a. 吸收律：$\begin{cases} A + A \cdot B = A \\ A \cdot (A+B) = A \end{cases}$, $\begin{cases} A \cdot (\overline{A} + B) = A \cdot B \\ A + \overline{A} \cdot B = A + B \end{cases}$

b. 冗余律：$AB + \overline{A}C + BC = AB + \overline{A}C$

③摩根定律：

反演律（摩根定律）：$\begin{cases} \overline{A \cdot B} = \overline{A} + \overline{B} \\ \overline{A + B} = \overline{A} \cdot \overline{B} \end{cases}$

（3）逻辑代数的三个重要规则

①代入规则：任何一个含有变量 A 的等式，如果将所有出现 A 的位置（包括等式两边）都用同一个逻辑函数代替，则等式仍然成立。这个规则称为代入规则。例如：

已知等式 $\overline{AB} = \overline{A} + \overline{B}$，用函数 $Y = AC$ 代替等式中的 A，根据代入规则，等式仍然成立，即有

$$\overline{(AC)\ B} = \overline{AC} + \overline{B} = \overline{A} + \overline{B} + \overline{C}$$

②反演规则：对于任何一个逻辑表达式 Y，如果将表达式中的所有"·"换成"＋"，"＋"换成"·"，"0"换成"1"，"1"换成"0"，原变量换成反变量，反变量换成原变量，那么所得到的表达式就是函数 Y 的反函数 $\overline{Y}$（又称补函数）。这个规则称为反演规则。例如：

$$Y = A\overline{B} + C\overline{D}E \qquad \longrightarrow \qquad \overline{Y} = (\overline{A} + B)(\overline{C} + D + \overline{E})$$
$$Y = \overline{A + B + \overline{C} + D + \overline{E}} \qquad \longrightarrow \qquad \overline{Y} = \overline{A} \cdot \overline{\overline{B}} \cdot C \cdot \overline{D} \cdot \overline{\overline{E}}$$

③对偶规则：对于任何一个逻辑表达式 Y，如果将表达式中的所有"·"换成"＋"，"＋"换成"·"，"0"换成"1"，"1"换成"0"，而变量保持不变，则可得到的一个新的函数表达式 Y'，Y' 称为函数 Y 的对偶函数。这个规则称为对偶规则。例如：

$$Y = A\overline{B} + C\overline{D}E \qquad \longrightarrow \qquad Y' = (A + \overline{B})(C + \overline{D} + E)$$
$$Y = \overline{A + B + \overline{C} + D + \overline{E}} \qquad \longrightarrow \qquad Y' = \overline{A \cdot B \cdot \overline{C} \cdot D \cdot \overline{E}}$$

对偶规则的意义在于：如果两个函数相等，则它们的对偶函数也相等。利用对偶规则，可以使要证明及要记忆的公式数目减少一半。例如：

$$AB + \overline{A}B = A \qquad \longrightarrow \qquad (A + B)(A + \overline{B}) = A$$
$$A(B+C) = AB + AC \qquad \longrightarrow \qquad A + BC = (A+B)(A+C)$$

注意：在运用反演规则和对偶规则时，必须按照逻辑运算的优先顺序进行：先括号，接着与运算，然后或运算，最后非运算，否则容易出错。

4. 逻辑函数的化简

逻辑函数的表达式和逻辑电路是一一对应的，表达式越简单，用逻辑电路去实

现也越简单。

在传统的设计方法中，通常以与或表达式定义最简表达式，其标准是表达式中的项数最少，每项含的变量也最少。这样用逻辑电路去实现时，用的逻辑门最少，每个逻辑门的输入端也最少。另外，还可提高逻辑电路的可靠性和速度。

在现代设计方法中，多采用可编程的逻辑器件进行逻辑电路的设计。设计并不一定追求最简单的逻辑函数表达式，而是追求设计简单方便、可靠性好、效率高。但是，逻辑函数的化简仍是需要掌握的重要基础技能。

（1）逻辑代数化简法

逻辑代数化简法就是利用逻辑代数的基本公式和规则对给定的逻辑函数表达式进行化简。常用的逻辑代数化简法有吸收法、消去法、并项法、配项法。

①吸收法：利用公式 $A + AB = A$，吸收多余的与项进行化简。例如：
$$F = \bar{A} + \bar{A}BC + \bar{A}BD + \bar{A}E = \bar{A} \cdot (1 + BC + BD + E) = \bar{A}$$

②消去法：利用公式 $A + \bar{A}B = A + B$，消去与项中多余的因子进行化简。例如：
$$F = A + \bar{A}B + \bar{B}C + \bar{C}D = A + B + \bar{B}C + \bar{C}D = A + B + C + \bar{C}D = A + B + C + D$$

③并项法：利用公式 $A + \bar{A} = 1$，把两项并成一项进行化简。例如：
$$F = A\overline{BC} + AB + A \cdot (\overline{\overline{BC} + B}) = A \cdot (\overline{BC} + B + \overline{\overline{BC} + B}) = A$$

④配项法：利用公式 $A + \bar{A} = 1$，把一个与项变成两项再和其他项合并进行化简。例如：
$$
\begin{aligned}
F &= \bar{A}B + \bar{B}C + B\bar{C} + A\bar{B} \\
&= \bar{A}B \cdot (C + \bar{C}) + \bar{B}C \cdot (A + \bar{A}) + B\bar{C} + A\bar{B} \\
&= \bar{A}BC + \bar{A}B\bar{C} + A\bar{B}C + \bar{A}\bar{B}C + B\bar{C} + A\bar{B} \\
&= A\bar{B} \cdot (C + 1) + \bar{A}C \cdot (B + \bar{B}) + B\bar{C} \cdot (\bar{A} + 1) \\
&= A\bar{B} + \bar{A}C + B\bar{C}
\end{aligned}
$$

⑤有时对逻辑函数表达式进行化简，可以几种方法并用，综合考虑。例如：
$$
\begin{aligned}
F &= \bar{A}BC + AB\bar{C} + A\bar{B}C + ABC \\
&= \bar{A}BC + ABC + AB\bar{C} + ABC + A\bar{B}C + ABC \\
&= AB \cdot (C + \bar{C}) + AC \cdot (B + \bar{B}) + BC \cdot (A + \bar{A}) \\
&= AB + AC + BC
\end{aligned}
$$

在这个例子中就使用了配项法和并项法两种方法。

（2）卡诺图化简法

由于代数化简法要求对公式很熟悉，同时还需要掌握一定的化简技巧，而且化简的结果还很难确定是否为最简与或表达式，而用卡诺图化简逻辑函数时，有确定的化简步骤和规则，可直观判断化简结果是否为最简与或表达式。因此，卡诺图化简逻辑函数应用十分广泛。但由于五变量及以上逻辑函数的卡诺图很复杂，一般不用卡诺图化简，所以，卡诺图一般用于化简四变量及以下的逻辑函数。

①最小项和最小项表达式：

a. 最小项。如果一个具有 n 个变量的逻辑函数的"与项"包含全部 n 个变量，每个变量以原变量或反变量的形式出现，且仅出现一次，则这种"与项"被称为最小项。

对两个变量 A、B 来说，可以构成四个最小项：$\overline{A}\,\overline{B}$、$\overline{A}B$、$A\,\overline{B}$、$AB$；对三个变量 A、B、C 来说，可构成八个最小项：$\overline{A}\,\overline{B}\,\overline{C}$、$\overline{A}\,\overline{B}C$、$\overline{A}B\,\overline{C}$、$A\,\overline{B}C$、$\overline{A}BC$、$A\,\overline{B}C$、$AB\,\overline{C}$、$ABC$；同理，对 n 个变量来说，可以构成 2^n 个最小项。

为了方便，最小项通常用符号 m_i 表示，其中 i 是最小项的编号，是一个十进制数。确定 i 的方法是，首先将最小项中的变量按顺序 A，B，C，…排列好，再将最小项中的原变量用 1 表示，反变量用 0 表示，这时它表示的二进制数对应的十进制数就是该最小项的编号。例如：对三变量的最小项来说，ABC 的编号是 7，符号用 m_7 表示；$A\,\overline{B}C$ 的编号是 5，符号用 m_5 表示。

b. 最小项表达式。如果一个逻辑函数表达式是由最小项构成的与或式，则这种表达式称为逻辑函数的最小项表达式，又称标准与或式。

例如：$F = \overline{A}BC\,\overline{D} + ABC\,\overline{D} + ABCD$ 是一个四变量的最小项表达式。

对一个最小项表达式可以采用简写的方式，例如：

$$F = \overline{A}B\overline{C} + A\overline{B}C + ABC$$
$$= m_2 + m_5 + m_7 = \sum m(2,5,7)$$

要写出一个逻辑函数的最小项表达式，可以有多种方法，但最简单的方法是先给出逻辑函数的真值表，将真值表中能使逻辑函数取值为 1 的各个最小项相或即可。

【例 7 – 1 – 4】 已知三变量逻辑函数：$F = AB + BC + AC$，试写出 F 的最小项表达式。

解 首先画出 F 的真值表，见表 7 – 1 – 13，将表 7 – 1 – 13 中能使 F 为 1 的最小项相或可得下式

$$F = \overline{A}BC + A\overline{B}C + AB\overline{C} + ABC$$
$$= \sum m(3,5,6,7)$$

表 7 – 1 – 13 $F = AB + BC + AC$ 的真值表

A	B	C	$F = AB + BC + AC$	A	B	C	$F = AB + BC + AC$
0	0	0	0	1	0	0	0
0	0	1	0	1	0	1	1
0	1	0	0	1	1	0	1
0	1	1	1	1	1	1	1

②相邻最小项。只有一个变量互为反变量的两个最小项，称为相邻最小项，简称相邻项。如 ABC 和 $AB\,\overline{C}$，$\overline{A}\,\overline{B}\,C$ 和 $\overline{A}BC$ 等。

③卡诺图及结构特点：

a. 卡诺图。卡诺图其实质是真值表的一种特殊排列形式，二变量和三变量的卡诺图如图 7 – 1 – 13、图 7 – 1 – 14 所示。n 个变量的逻辑函数有 2^n 个最小项，每个最小项对应一个小方格，所以，n 个变量的卡诺图由 2^n 个小方格构成，这些小方格按一定的规则排列。

在图 7 – 1 – 13 所示卡诺图的上边线，用来表示小方格的列，第一列小方格表示 A 的非，第二列小方格表示 A；变量 B 为另一组，表示在卡诺图的左边线，用来表示小方格的行，第一行小方格表示 B 的非，第二行小方格表示 B。如果原变量用 1

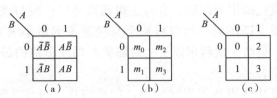

图 7 – 1 – 13   二变量卡诺图

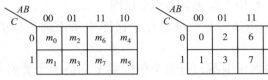

图 7 – 1 – 14   三变量卡诺图

表示，反变量用 0 表示，在卡诺图上行和列的交叉处的小方格就是输入变量取值对应的最小项。如每个最小项用符号表示，则卡诺图如图 7 – 1 – 13（b）所示，最小项也可以简写成编号，如图 7 – 1 – 13（c）所示。

　　b. 卡诺图的结构特点。对于 n 个变量的逻辑函数，其全部最小项共有 2^n 个，而卡诺图便是将这些最小项的逻辑相邻变为几何位置相邻的方格图，而且每一个方格表示一个最小项。在卡诺图中，最上和最下的方格相邻，最左和最右的方格也相邻。

　　④用卡诺图化简逻辑函数的步骤：

　　a. 建立以逻辑变量构成的方格图。

　　b. 填卡诺图。逻辑函数值为 1 的最小项所代表的方格填 1；否则，填 0 或不填。如何填"1"可分以下几种情况：

- 利用真值表画出卡诺图。如果已知逻辑函数的真值表，画出卡诺图是十分容易的。对应逻辑变量取值的组合，函数值为 1 时，在小方格内填 1；函数值为 0 时，在小方格内填 0（也可以不填）。例如，逻辑函数 F 的真值表如表 7 – 1 – 14 所示，其对应的卡诺图如图 7 – 1 – 15 所示。

表 7 – 1 – 14   逻辑函数 F 的真值表

A	B	C	F	A	B	C	F
0	0	0	1	1	0	0	1
0	0	1	0	1	0	1	1
0	1	0	1	1	1	0	0
0	1	1	0	1	1	1	0

- 利用最小项表达式画出卡诺图。当逻辑函数是以最小项形式给出时，可以直接将最小项对应的卡诺图小方格填 1，其余的填 0。这是因为任何一个逻辑函数等于其卡诺图上填 1 的最小项之和。例如，对三变量的逻辑函数：$F = \sum m(0,2,4,5)$，其卡诺图同样如图 7 – 1 – 15 所示。

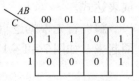

图 7 – 1 – 15   逻辑函数 F 的卡诺图

- 通过一般与或式画出卡诺图。有时逻辑函数是以一般与或式形式给出的，在这种情况下画卡诺图时，可以将每个与项覆盖的最小项对应的小方格填1，重复覆盖时，只填一次就可以了。对那些与项没覆盖的最小项对应的小方格填0或者不填。

如果逻辑函数以其他表达式形式给出，如或与式、与或非形式、或与非形式，或者是多种形式的混合表达式，这时可将表达式变换成与或式再画卡诺图，也可以写出表达式的真值表，利用真值表再画出卡诺图。

c. 合并相邻项。为清楚起见，通常在卡诺图中采用画包围圈的方法合并相邻项。合并规则如下：

- 将相邻的1方格画包围圈，但每个包围圈1方格的个数必须为2^n个（$n = 0$, 1, 2, …）。
- 已被圈过的1方格可重复被圈，但新的包围圈必须有未被圈的1方格。
- 包围圈的个数尽量少，这样，逻辑函数的与项最少。
- 包围圈尽量大，这样，消去的变量数多。

d. 写出最简与或表达式。将每个包围圈合并的结果进行逻辑加。

卡诺图相邻项合并的规律："留同去异"。

两个相邻项合并时，消去一个变量，合并结果为共有变量；四个相邻项合并时，消去两个变量，合并结果为共有变量；八个相邻项合并时，消去三个变量，合并结果为共有变量。其余依此类推。

【例7－1－5】 已知逻辑函数F的真值表如表7－1－15所示，写出逻辑函数的最简与或表达式。

表7－1－15 逻辑函数F的真值表

A	B	C	F	A	B	C	F
0	0	0	0	1	0	0	1
0	0	1	1	1	0	1	1
0	1	0	0	1	1	0	1
0	1	1	0	1	1	1	0

解 首先根据真值表画出卡诺图，将填有1并具有相邻关系的小方格圈起来，如图7－1－16所示，根据卡诺图可写出最简与或表达式为

$$F = A\overline{C} + \overline{B}C$$

【例7－1－6】 化简四变量逻辑函数$F = \overline{A}\,\overline{B}C + A\,\overline{B}C + B\,\overline{C}\,D + ABC$为最简与或表达式。

解 首先根据逻辑表达式画出F的卡诺图，将填有1并具有相邻关系的小方格圈起来，如图7－1－17所示，根据卡诺图可写出最简表达式为

$$F = AC + \overline{B}C + B\overline{C}\,D$$

（3）包含无关项的逻辑函数的化简

对一个逻辑函数来说，如果针对逻辑变量的每一组取值，逻辑函数都有一个确定的值相对应，则这类逻辑函数称为完全描述逻辑函数。但是，从某些实际问题归

纳出的逻辑函数，输入变量的某些取值对应的最小项不会出现或不允许出现，也就是说，这些输入变量之间存在一定的约束条件。那么，这些不会出现或不允许出现的最小项称为**约束项**，其值恒为0。还有一些最小项，无论取值0还是取值1，对逻辑函数代表的功能都不会产生影响。那么，这些取值任意的最小项称为**任意项**。约束项和任意项统称**无关项**，包含无关项的逻辑函数称为非完全描述逻辑函数。无关最小项在逻辑表达式中用 $\sum d(\cdots)$ 表示，在卡诺图上用"ϕ"或"×"表示，化简时既可代表0，也可代表1。

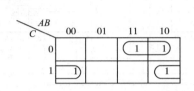
图7-1-16 【例7-1-5】的卡诺图

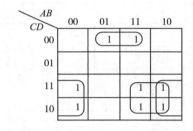
图7-1-17 【例7-1-6】的卡诺图

在化简包含无关项的逻辑函数时，由于无关项可以加进去，也可以去掉，都不会对逻辑函数的功能产生影响，因此利用无关项就可能进一步化简逻辑函数。

【例7-1-7】 化简三变量逻辑函数 $F = \sum m(0,4,6) + \sum d(2,3)$ 为最简与或表达式。

解 首先根据逻辑表达式画出 F 的卡诺图，如图7-1-18所示。如果按不包含无关项化简，最简表达式为

$$F = A\overline{C} + \overline{B}\,\overline{C}$$

当有选择地加入无关项后，可扩大卡诺圈的范围，如图7-1-18所示，使表达式更简练，即

$$F = \overline{C}$$

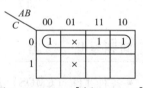
图7-1-18 【例7-1-7】的卡诺图

应用举例——练

【例7-1-8】 化简函数 $F = A\overline{B} + BD + \overline{A}D$。

解 ①逻辑代数法化简

$$F = A\overline{B} + (B + \overline{A})D = A\overline{B} + D\,\overline{A\overline{B}} = A\overline{B} + D$$

②卡诺图法化简

由画出的卡诺图（见图7-1-19）同样可以得到表达式 $F = A\overline{B} + D$。

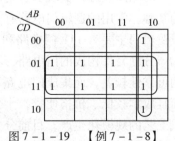
图7-1-19 【例7-1-8】的卡诺图

探究实践——做

试画出表示【例7-1-8】函数的逻辑电路图。

7.1.3　集成门电路认识及其使用

知识迁移——导

图7-1-20所示为符合一定逻辑要求设计的交通信号灯故障检查电路的接线图，其中用到了四个TTL集成与非门芯片。

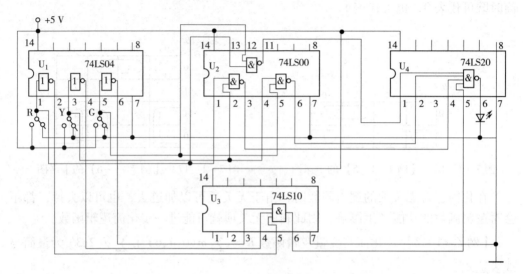

图7-1-20　交通信号灯故障检查电路的接线图

问题聚焦——思

- 各种TTL（CMOS）逻辑门的逻辑功能、图形符号、输出逻辑函数表达式；
- TTL与非门的主要外特性与参数，正确使用集电极开路门（OC门）和三态输出门。

知识链接——学

门电路是用以实现各种基本逻辑关系的电子电路，它是组成其他功能数字电路的基础。常用的逻辑门电路有与门、或门、非门、与非门、或非门和异或门等。集成逻辑门主要有TTL门电路和CMOS门电路。

分立元件构成的门电路，不但元件多、体积大，而且连线和焊点多，因而电路的可靠性较差，而集成门电路不但体积小、质量小、功耗小、速度快、可靠性高，而且成本较低、价格便宜，十分方便于安装和调试。随着电子技术的飞速发展及集成工艺的规模化生产，目前分立元件门电路已经被集成门电路所替代。

按导电类型和开关元件的不同，集成门电路可分为双极型集成逻辑门和单极型集成逻辑门两大类。

1.TTL集成门电路

逻辑电路的输入端和输出端都采用了半导体晶体管，称为Transistor－Transistor－

Logic（晶体管－晶体管－逻辑电路），简称 TTL，TTL 集成逻辑门是目前应用最广泛的集成电路。

（1）TTL 与非门

①TTL 与非门电路结构及原理。如图 7－1－21 所示，因为该电路的输出高低电平分别为 3.6 V 和 0.3 V，所以在下面的分析中假设输入高低电平也分别为 3.6 V 和 0.3 V。

a. 输入全为高电平 3.6 V 时。T_2、T_3 导通，$V_{B1} = 0.7\ V \times 3 = 2.1\ V$，从而使 T_1 的发射结因反偏而截止。此时 T_1 的发射结反偏，而集电结正偏，称为倒置放大工作状态。

由于 T_3 饱和导通，输出电压为 $V_0 = V_{CES3} \approx 0.3\ V$。

这时 $V_{E2} = V_{B3} = 0.7\ V$，而 $V_{CE2} = 0.3\ V$，故有 $V_{C2} = V_{E2} + V_{CE2} = 1\ V$。1 V 的电压作用于 T_4 的基极，使 T_4 和二极管 D 都截止，如图 7－1－22 所示。

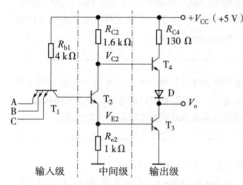

图 7－1－21　TTL 与非门电路结构

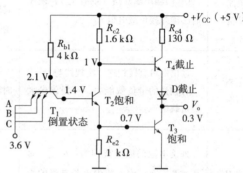

图 7－1－22　输入全为高电平时的工作情况图

可见实现了与非门的逻辑功能之一：输入全为高电平时，输出为低电平。

b. 输入有低电平 0.3 V 时。该发射结导通，T_1 的基极电位被钳位到 $V_{B1} = 1\ V$。T_2、T_3 都截止。由于 T_2 截止，流过 R_{c2} 的电流仅为 T_4 的基极电流，这个电流较小，在 R_{c2} 上产生的压降也较小，可以忽略，所以 $V_{B4} \approx V_{CC} = 5\ V$，使 T_4 和 D 导通，则有

$$V_o \approx V_{CC} - V_{BE4} - V_D = (5 - 0.7 - 0.7)\ V = 3.6\ V$$

可见实现了与非门的逻辑功能的另一方面：输入有低电平时，输出为高电平。如图 7－1－23 所示。

综合上述两种情况，该电路满足与非的逻辑功能，是一个与非门。

②集成与非门示例。如图 7－1－24 所示为 74LS00 四个二输入与非门外形图及外引脚排列图（顶视图），使用时注意缺口位置及认读方向。

（2）TTL 集电极开路门（OC 门）和三态输出门

TTL 集电极开路门（OC 门）和三态输出门，使用广泛，它们的性能见表 7－1－16所示。

图 7－1－23　输入有低电平时的工作情况

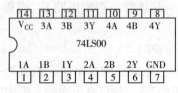

（a）外形图　　　　　　　（b）引脚图

图 7 - 1 - 24　74LS00 与非门外形图及引脚图

表 7 - 1 - 16　OC 门和三态输出门比较

项目	集电极开路门（OC 门）	三态输出门
电路结构	OC 门输出端开路（没有 T_4），使用时必须外接负载电阻 R_L	三态输出门输出电路结构和一般 TTL 与非门相同，其输出高电平、低电平、高阻三种状态，由输入控制信号（EN 或 $\overline{EN}$）决定
主要用途	输出端可直接相连，实现线与。有较强的带负载能力，可提供较大的负载电流	不需要外接电阻负载，输出端可直接相连，但任何时刻只允许一个三态输出门被选通，处于工作状态。主要用以实现分时数据传输和双向数据传输
使用注意	外接电阻的取值范围为：$R_{L(min)} \leqslant R_L \leqslant R_{L(max)}$，为了减少负载电流的影响，通常 R_L 取值接近 $R_{L(min)}$ 比较合适	三态输出门有两种输入控制信号。控制端为 EN，$EN=1$，处于工作状态；$EN=0$，为高阻态。控制端为 $\overline{EN}$，$\overline{EN}=0$，处于工作状态，$\overline{EN}=1$，为高阻态

OC 门及三态门的图形符号如图 7 - 1 - 25 和图 7 - 1 - 26 所示。

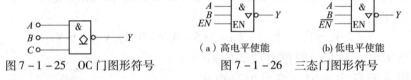

图 7 - 1 - 25　OC 门图形符号　　　图 7 - 1 - 26　三态门图形符号

（3）TTL 集成逻辑门电路的使用注意事项

①电源：对于各种集成电路，使用时一定要在推荐的工作条件范围内，否则将导致性能下降或损坏器件。

②门电路多余输入端的处理：

a. TTL 与非门多余输入端的处理：

• 多余输入端悬空。由于容易引入外来干扰，因此，一般不采用。

• 多余输入端接 V_{CC} 或接高电平。

• 多余输入端和有用输入端并联。

b. TTL 或非门多余输入端的处理：

• 多余输入端和有用输入端并联。

• 多余输入端直接接地。

③输出端：具有推拉输出结构的 TTL 门电路的输出端不允许直接并联使用。输出端不允许直接接电源 V_{CC} 或直接接地。

2. CMOS 集成逻辑门电路

和 TTL 集成逻辑门电路相比，CMOS 集成逻辑门电路的主要优点是：功耗极小，噪声容限大（抗干扰能力强），逻辑摆幅大，电源电压变化范围宽。

CMOS 集成逻辑门电路的使用注意事项

①电源：对于各种集成电路，使用时一定要在推荐的工作条件范围内，否则将导致性能下降或损坏器件。

②输入端：CMOS 集成逻辑门电路多余的输入端不允许悬空，否则电路将不能正常工作。

a. CMOS 与非门多余输入端的处理：

• 多余输入端应接 V_{DD}，不允许悬空。

• 多余输入端和有用输入端并联。

b. CMOS 或非门多余输入端的处理：

• 多余输入端和有用输入端并联。

• 多余输入端通过电阻 R_1 接地。CMOS 门电路是电压控制器件，栅极电流为 0，无论 R_1 为多大，其上电压都为 0 V

③输出端：输出端不允许直接与电源 V_{DD} 或与地（V_{SS}）相连。

应用举例——练

【例 7 - 1 - 9】　认识四输入二与非门 74LS20。

①观看二四输入 TTL 与非门 74LS20 外形，观察其有多少个引脚，引脚顺序如何识读。

②根据图 7 - 1 - 27 所示的 74LS20 外引脚排列图，正确区分两个与非门的输入、输出端。

探究实践——做

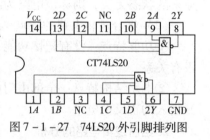

图 7 - 1 - 27　74LS20 外引脚排列图

①上网查找各种 TTL 和 CMOS 集成逻辑门电路的型号及功能、引脚图。

②测试 TTL 集成逻辑门电路 74LS00、74LS04、74LS20、74LS32、74LS10 的逻辑功能。

③测试 CMOS 集成逻辑门电路 CC4011、CC4012、CC4081、CC4069 的逻辑功能。

课题 7.2　组合逻辑电路的分析、设计及测试

知识与技能要点

• 小规模集成电路组成的组合逻辑电路的分析方法和设计方法；
• 常用中规模集成组合逻辑电路的功能和使用方法。

7.2.1 小规模集成电路组成的组合逻辑电路的分析、设计及电路功能的测试

知识迁移——导

图 7-2-1 是用基本门电路实现某一逻辑功能的组合逻辑电路，又如图 7-1-20 交通信号灯故障检查电路，从设计者的逻辑要求到逻辑电路功能的实现，都要涉及组合逻辑电路的分析与设计。

问题聚焦——思

- 组合逻辑电路的概念及特点；
- 组合逻辑电路的分析与设计方法；
- 小规模集成电路构成的组合逻辑电路功能测试。

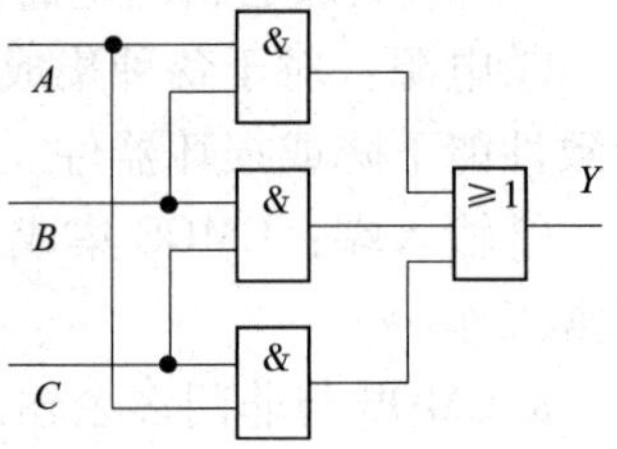

图 7-2-1 某一组合逻辑电路

知识链接——学

1. 组合逻辑电路概念及特点

（1）组合逻辑电路的定义

如逻辑电路在任一时刻的输出状态只取决于该时刻输入状态的组合，而与电路原来的状态无关，则称该电路为组合逻辑电路。

（2）组合逻辑电路的特点

①功能特点：没有记忆功能，输出信号只取决于输入信号，与电路过去的状态没有关系。

②电路结构特点：全部由门电路组合而成，只有输入到输出的通路，没有输出到输入的正反馈电路。

2. 组合逻辑电路的分析

根据给定的逻辑电路，找出其输出信号和输入信号之间的逻辑关系，确定电路逻辑功能的过程称为组合逻辑电路的分析。

组合逻辑电路的一般分析步骤如下：

①根据已知逻辑电路图用逐级递推法写出对应的逻辑函数表达式；

②用公式法或卡诺图法对写出的逻辑函数式进行化简，得到最简逻辑表达式；

③根据最简逻辑表达式，列出相应的逻辑电路真值表；

④根据真值表找出电路可实现的逻辑功能并加以说明，以理解电路的作用。

【例 7-2-1】 分析图 7-2-2 所示电路的逻辑功能。

解 ①写逻辑表达式：

$$Y_1 = \overline{\overline{A} \cdot \overline{B}}$$

$$Y_2 = \overline{A \cdot B}$$

$$Y_3 = \overline{\overline{AB} \cdot \overline{C}}$$

$$Y = \overline{\overline{\overline{A} \cdot \overline{B}} \cdot \overline{AB} \cdot \overline{C}}$$

②化简：

$$Y = \overline{\overline{\overline{A} \cdot \overline{B}} \cdot \overline{\overline{AB} \cdot \overline{C}}}$$

$$= \overline{A}\,\overline{B} + \overline{AB}\,\overline{C}$$

$$= \overline{A}\,\overline{B} + (\overline{A} + \overline{B})\,\overline{C}$$

$$= \overline{A}\,\overline{B} + \overline{A}\,\overline{C} + \overline{B}\,\overline{C}$$

③列真值表，如表 7 - 2 - 1 所示。

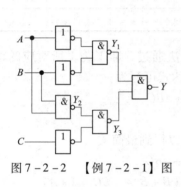

图 7 - 2 - 2 【例 7 - 2 - 1】图

表 7 - 2 - 1 【例 7 - 2 - 1】真值表

A	B	C	Y
0	0	0	1
0	0	1	1
0	1	0	1
0	1	1	0
1	0	0	1
1	0	1	0
1	1	0	0
1	1	1	0

④分析功能：由真值表看出，当输入 A、B、C 中 1 的个数小于 2 时，输出 Y 为 1；否则为 0。

3. 组合逻辑电路的设计

根据给定的逻辑功能，画出实现该功能的逻辑电路的过程称为组合逻辑电路的设计。

组合逻辑电路的设计可按以下步骤进行：

①逻辑抽象：即分析设计要求，确定输入逻辑变量、输出量，并分别赋予"0"和"1"含义。

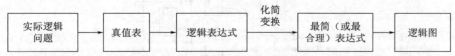

②列真值表：在分析的基础上列出真值表。

③写逻辑表达式：将真值表中输出为 1 所对应的各个最小项进行逻辑加得到逻辑表达式（也可将输出为 0 的各最小项进行逻辑加，但所得的表达式应为原输出变量的非）。

④化简、变换逻辑函数：由真值表写出的逻辑函数，可根据需要用卡诺图法或代数法进行化简变换。此步骤的目的是使所形成的逻辑电路简化或符合特定要求。

⑤画逻辑电路图。根据化简后的逻辑函数表达式，画出符合要求的逻辑电路图。

【例 7 - 2 - 2】 设计一个三人表决电路，最少两人同意结果才可通过，只有一人同意则结果被否定。试用与非门实现逻辑电路。

解 ①逻辑抽象：分析设计要求，确定逻辑变量。设 A、B、C 分别代表三个人，用 Y 表示表决结果。则根据题意 A、B、C 分别是电路的三个输入端，同意为 1，不同意为 0。Y 是电路的输出端，通过为 1，否定为 0。

②列真值表，如表 7 - 2 - 2 所示。

表 7 - 2 - 2　　**【例 7 - 2 - 2】真值表**

A	B	C	Y	A	B	C	Y
0	0	0	0	1	0	0	0
0	0	1	0	1	0	1	1
0	1	0	0	1	1	0	1
0	1	1	1	1	1	1	1

③写逻辑表达式。由表 7 - 2 - 2 可知，能使表决通过，即 Y 为 1 所对应的输入变量最小项是：$\overline{A}BC$、$A\overline{B}C$、$AB\overline{C}$、ABC。故其表达式可写为

$$Y = \overline{A}BC + A\overline{B}C + AB\overline{C} + ABC$$

④化简、变换逻辑表达式。

上式是最小项与或表达式，可进行逻辑化简，以得到最简式。

$$Y = \overline{A}BC + A\overline{B}C + AB\overline{C} + ABC$$
$$= AB(C+\overline{C}) + AC(B+\overline{B}) + BC(A+\overline{A})$$
$$= AB + AC + BC$$

上式为最简与或表达式，若要求用与非门表示，则可进一步变换为

$$Y = AB + AC + BC = \overline{\overline{AB} \cdot \overline{AC} \cdot \overline{BC}}$$

⑤画逻辑电路图，如图 7 - 2 - 3 所示。

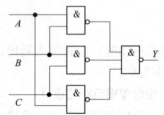

图 7 - 2 - 3　　**【例 7 - 2 - 2】逻辑电路图**

 **应用举例——练**

【例 7 - 2 - 3】 分析图 7 - 2 - 4 所示电路的逻辑功能。

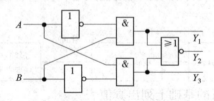

图 7 - 2 - 4　　**【例 7 - 2 - 3】图**

解 ①写逻辑表达式，化简。

此电路有三个输出端，要分别写出逻辑表达式。

$$Y_1 = \overline{A}B, \qquad Y_3 = A\overline{B}, \qquad Y_2 = \overline{Y_1 + Y_3} = \overline{\overline{A}B + A\overline{B}} = AB + \overline{A}\,\overline{B}$$

②列真值表，见表7-2-3。

表7-2-3 【例7-2-3】真值表

A	B	Y_1	Y_2	Y_3	A	B	Y_1	Y_2	Y_3
0	0	0	1	0	1	0	0	0	1
0	1	1	0	0	1	1	0	1	0

③分析功能：此电路是一位数值比较器，功能为

$Y_1 = 1$：$A < B$ 时；$Y_2 = 1$：$A = B$ 时；$Y_3 = 1$：$A > B$ 时。

【例7-2-4】 设计一个二进制加法电路，要求有两个加数输入端、一个求和输出端和一个进位输出端。

解 ①分析设计要求，确定逻辑变量。这是一个可完成一位二进制加法运算的电路，设两个加数分别为 A 和 B，输出和为 S，进位输出为 C。

②列真值表。根据一位二进制加法运算规则及所确定的逻辑变量，可列出真值表如表7-2-4所示。

表7-2-4 【例7-2-4】真值表

A	B	S	C	A	B	S	C
0	0	0	0	1	0	1	0
0	1	1	0	1	1	0	1

③写逻辑表达式。$S = A\overline{B} + \overline{A}B = A \oplus B$，$C = A \cdot B$。

④画逻辑电路图：如图7-2-5所示。

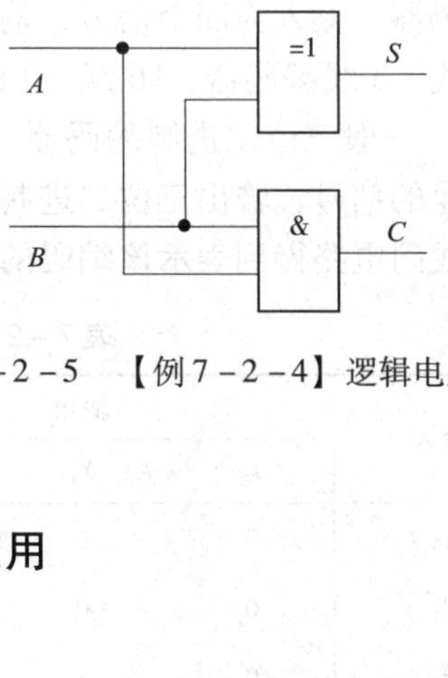

探究实践——做

请按照图7-1-20交通信号灯故障检查电路的接线图进行连线，验证其逻辑功能。

图7-2-5 【例7-2-4】逻辑电路图

7.2.2 常见中规模集成组合逻辑器件及其应用

知识迁移——导

图7-2-6所示为一用组合逻辑电路组成的数字钟，其中用到许多逻辑电路芯片，如第一排有六个数码管，第二排为六个译码器，第三排并行的六个芯片为编码器，它们在电路中承担什么功能，又是如何工作的呢？

问题聚焦——思

- 编码，常用中规模集成编码器功能及测试；
- 译码，常用中规模集成译码器功能及测试；

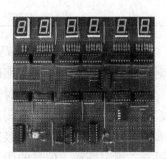

图7-2-6 数字钟制作电路

- 数据选择器，常用中规模集成数据选择器功能及测试；
- 中规模集成逻辑器件实现组合逻辑函数。

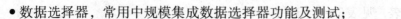知识链接——学

在各类数字系统中有一些组合逻辑电路大量被使用。为了方便，目前已将这些电路的设计标准化，并由厂家制成了中、小规模单片集成电路产品，其中包括编码器、译码器、数据选择器、运算器、比较器、奇偶校验器/发生器等。这些集成电路具有通用性强、兼容性好、功耗小、工作稳定等优点，所以被广泛采用。

1. 编码器

（1）编码及编码器的概念

编码是将具有特定含义的信息按一定的规则编成相应二进制代码的过程，编码器就是为了实现编码功能的电路，即被编信号→编码器→二进制代码。

（2）编码器的分类

编码器可分为二进制编码器和二－十进制编码器，而它们又都可分为一般编码器与优先编码器。其中，二进制编码是用0、1代码来表示给定的数字、字符或信息。而二－十进制编码（BCD码）是用四位二进制数表示一位十进制数。

①二进制编码器。用 n 位二进制数码对 2^n 个输入信号进行编码的电路称为二进制编码器。输入为四个信号，输出为两个代码，则称为4线－2线编码器；此外还有8线－3线编码器、16线－4线编码器等。

a. 一般三位二进制编码器。表7－2－5为三位二进制编码器的真值表，输入8个互斥的信号，输出三位二进制代码，可由组合逻辑电路设计的一般步骤，用小规模集成门电路得到表示该编码的逻辑电路图，此处略。

表7－2－5　三位二进制编码器真值表

输入	输出			输入	输出		
	Y_2	Y_1	Y_0		Y_2	Y_1	Y_0
I_0	0	0	0	I_4	1	0	0
I_1	0	0	1	I_5	1	0	1
I_2	0	1	0	I_6	1	0	0
I_3	0	1	1	I_7	1	1	1

b. 三位二进制优先编码器。一般编码器输入信号之间是互相排斥的，在任何时刻只允许一个输入端请求编码，否则输出发生混乱。

优先编码器是允许同时输入数个编码信号，并只对其中优先权最高的信号进行编码输出的电路。优先编码器的输入信号有不同的优先级别，多于一个信号同时要求编码时，只对其中优先级别最高的信号进行编码。因此，在编码时必须根据轻重缓急，规定好输入信号的优先级别。三位二进制优先编码器真值表如表7－2－6所示，I_7 的级别最高，当 I_7 需要编码时，低级别信号的请求不予理睬。

表 7 -2 -6　三位二进制优先编码器真值表

输　入								输　出		
I_7	I_6	I_5	I_4	I_3	I_2	I_1	I_0	Y_2	Y_1	Y_0
1	×	×	×	×	×	×	×	1	1	1
0	1	×	×	×	×	×	×	1	1	0
0	0	1	×	×	×	×	×	1	0	1
0	0	0	1	×	×	×	×	1	0	0
0	0	0	0	1	×	×	×	0	1	1
0	0	0	0	0	1	×	×	0	1	0
0	0	0	0	0	0	1	×	0	0	1
0	0	0	0	0	0	0	1	0	0	0

c. 集成三位二进制优先编码器及应用。74LS148 是集成 8 线 - 3 线三位二进制优先编码器，图 7 -2 -7 为 74LS148 的引脚图及逻辑功能示意图

图 7 -2 -7 中 $\bar{I}_0 \sim \bar{I}_7$ 为信号输入端，$\bar{Y}_0 \sim \bar{Y}_2$ 为信号输出端，$\bar{S}$ 为使能输入端，$\overline{OE}$ 为使能输出端，$\overline{GS}$ 为片选优先编码输出端。

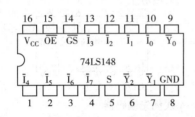
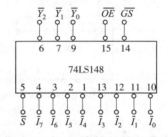

（a）引脚排列图　　　　（b）逻辑功能示意图
图 7 -2 -7　74LS148 的引脚图及逻辑功能示意图

当使能输入端 $\bar{S} = 1$ 时，电路处于禁止编码状态，所有的输出端全部输出高电平"1"；当使能输入端 $\bar{S} = 0$ 时，电路处于正常编码状态，输出端的电平由 $I_0 \sim I_7$ 的输入信号而定，I_7 的优先级别最高，I_0 优先级别最低。

使能输出端 $\overline{OE} = 0$ 时，表示电路处于正常编码同时又无输入编码信号的状态。

片选优先编码输出端 $\overline{GS} = 0$ 时，表示电路处于正常编码且又有编码信号输入时的状态。

优先编码器 74LS148 的真值表见表 7 -2 -7。

表 7 -2 -7　优先编码器 74LS148 的真值表

输入使能端	输　入								输　出			扩展输出	使能输出
$\bar{S}$	$\bar{I}_1$	$\bar{I}_6$	$\bar{I}_5$	$\bar{I}_4$	$\bar{I}_3$	$\bar{I}_2$	$\bar{I}_1$	$\bar{I}_0$	$\bar{Y}_2$	$\bar{Y}_1$	$\bar{Y}_0$	$\overline{GS}$	$\overline{OE}$
1	×	×	×	×	×	×	×	×	1	1	1	1	1
0	1	1	1	1	1	1	1	1	1	1	1	1	0
0	0	×	×	×	×	×	×	×	0	0	0	0	1
0	1	0	×	×	×	×	×	×	0	0	1	0	1
0	1	1	0	×	×	×	×	×	0	1	0	0	1

输入使能端	输入								输出			扩展输出	使能输出
$\overline{S}$	$\overline{I_7}$	$\overline{I_6}$	$\overline{I_5}$	$\overline{I_4}$	$\overline{I_3}$	$\overline{I_2}$	$\overline{I_1}$	$\overline{I_0}$	$\overline{Y_2}$	$\overline{Y_1}$	$\overline{Y_0}$	$\overline{GS}$	$\overline{OE}$
0	1	1	1	0	×	×	×	×	0	1	1	0	1
0	1	1	1	1	0	×	×	×	1	0	0	0	1
0	1	1	1	1	1	0	×	×	1	0	1	0	1
0	1	1	1	1	1	1	0	×	1	1	0	0	1
0	1	1	1	1	1	1	1	0	1	1	1	0	1

用 74LS148 优先编码器可以多级连接进行功能扩展，如用两块 74LS148 可以扩展成为一个 16 线 – 4 线优先编码器，如图 7 – 2 – 8 所示。

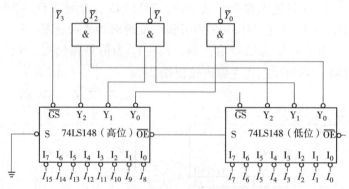

图 7 – 2 – 8　16 线 – 4 线优先编码器

当高位芯片的使能输入端为"0"时，允许对 $I_8 \sim I_{15}$ 编码，当高位芯片有编码信号输入时，$\overline{OE}$为 1，它控制低位芯片处于禁止状态；当高位芯片无编码信号输入时，$\overline{OE}$为 0，应控制低位芯片处于编码状态。高位芯片的$\overline{GS}$端作为输出信号的高位端，输出信号的低三位由两块芯片的输出端对应位相"与"后得到。在有编码信号输入时，两块芯片只能有一块工作于编码状态，输出也是低电平有效，相"与"后就可以得到相应的编码输出信号。

74LS148 优先编码器的应用非常广泛。例如，常用的计算机键盘，其内部就是一个字符编码器。它将键盘上的大、小写英文字母和数字及符号还包括一些功能键（回车、空格）等编成一系列的七位二进制数码，送到计算机的中央处理器（CPU），然后再进行处理、存储、输出到显示器或打印机上。还可以用 74LS148 优先编码器监控炉罐的温度，若其中任何一个炉温超过标准温度或低于标准温度，则检测传感器输出一个 0 电平到 74SL148 优先编码器的输入端，编码器编码后输出三位二进制代码到微处理器进行控制。

②二 – 十进制编码器。将 0 ~ 9 十个十进制数转换为二进制代码的电路称为二 – 十进制编码器。最常见的二 – 十进制编码器是 8421 码编码器。

a. 8421 BCD 码编码器。表 7 – 2 – 8 为 8421 BCD 码编码器真值表，输入十个互斥的信号，输出四位二进制代码。

表 7 – 2 – 8 8421 BCD 码编码器真值表

输 入 I	输 出 Y_3	Y_2	Y_1	Y_0	输 入 I	输 出 Y_3	Y_2	Y_1	Y_0
0 (I_0)	0	0	0	0	5 (I_5)	0	1	0	1
1 (I_1)	0	0	0	1	6 (I_6)	0	1	1	0
2 (I_2)	0	0	1	0	7 (I_7)	0	1	1	1
3 (I_3)	0	0	1	1	8 (I_8)	1	0	0	0
4 (I_4)	0	1	0	0					

b. 8421 BCD 优先码编码器。表 7 – 2 – 9 为 8421 BCD 优先码编码器真值表，优先级别从 I_9 到 I_0 递降。

表 7 – 2 – 9　8421 BCD 优先码编码器真值表

输　入 I_9	I_8	I_7	I_6	I_5	I_4	I_3	I_2	I_1	I_0	输出 Y_3	Y_2	Y_1	Y_0
1	×	×	×	×	×	×	×	×	×	1	0	0	1
0	1	×	×	×	×	×	×	×	×	1	0	0	0
0	0	1	×	×	×	×	×	×	×	0	1	1	1
0	0	0	1	×	×	×	×	×	×	0	1	1	0
0	0	0	0	1	×	×	×	×	×	0	1	0	1
0	0	0	0	0	1	×	×	×	×	0	1	0	0
0	0	0	0	0	0	1	×	×	×	0	0	1	1
0	0	0	0	0	0	0	1	×	×	0	0	1	0
0	0	0	0	0	0	0	0	1	×	0	0	0	1
0	0	0	0	0	0	0	0	0	1	0	0	0	0

c. 集成 10 线 – 4 线优先编码器。10 线 – 4 线优先编码器是将十进制数码转换为二进制代码的组合逻辑电路。常用的集成芯片有 74LS147 等。74LS147 优先编码器是一个 16 引脚的集成芯片，其中 15 引脚为空脚，$\overline{I_1} \sim \overline{I_9}$ 为信号输入端，$\overline{A} \sim \overline{D}$ 为信号输出端。输入和输出均为低电平有效。其引脚排列图如图 7 – 2 – 9 所示。

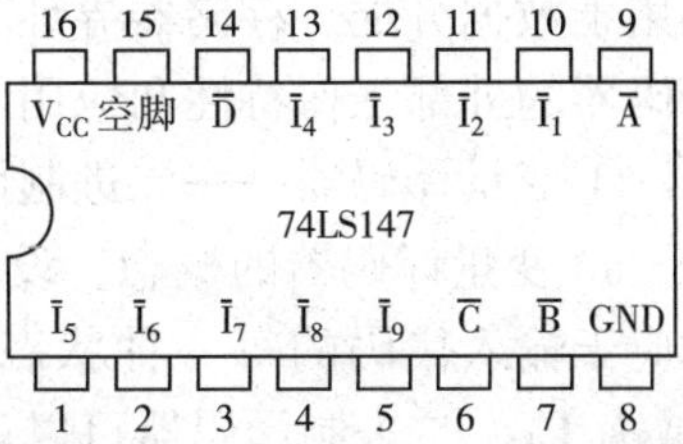

在表示输入端、输出端的字母上，"非"号表示低电平有效。

74LS147 优先编码器真值表见表 7 – 2 – 10，从真值表中可以看出，当无输入信号或输入信号中无低电平 "0" 时，输出端全部为高电平 "1"；若输入端 I_9 为 "0" 时，不论其他输入端是否有输入信号输入，输出为 0110；再根据其他输入端的情况可以得出相应的输出代码。

图 7 – 2 – 9　74LS147 优先编码器的引脚排列图

表 7 - 2 - 10　74LS147 优先编码器真值表

输　　　　入									输　　出			
$\overline{I_1}$	$\overline{I_2}$	$\overline{I_3}$	$\overline{I_4}$	$\overline{I_5}$	$\overline{I_6}$	$\overline{I_7}$	$\overline{I_8}$	$\overline{I_9}$	$\overline{D}$	$\overline{C}$	$\overline{B}$	$\overline{A}$
×	×	×	×	×	×	×	×	×	1	1	1	1
×	×	×	×	×	×	×	×	0	0	1	1	0
×	×	×	×	×	×	×	0	1	0	1	1	1
×	×	×	×	×	×	0	1	1	1	0	0	0
×	×	×	×	×	0	1	1	1	1	0	0	1
×	×	×	×	0	1	1	1	1	1	0	1	0
×	×	×	0	1	1	1	1	1	1	0	1	1
×	×	0	1	1	1	1	1	1	1	1	0	0
×	0	1	1	1	1	1	1	1	1	1	0	1
0	1	1	1	1	1	1	1	1	1	1	1	0

在优先编码器中，优先级别高的信号排斥优先级别低的信号，74LS147 优先编码器中 $\overline{I_9}$ 的优先级别最高，$\overline{I_1}$ 的优先级别最低，具有单方面排斥的特性。

2. 译码器

（1）译码及译码器的概念

译码是编码的逆过程，将表示特定意义信息的二进制代码翻译出来。译码器就是实现译码功能的电路，即二进制代码→译码器 →与输入代码对应的特定信息。

（2）译码器的分类

译码器可分为变量译码器与显示译码器。其中，变量译码器可分为二进制译码器和非二进制译码器；显示译码器按显示材料可分为荧光显示译码器、发光二极管译码器和液晶显示译码器，按显示内容可分为文字译码器、数字译码器和符号译码器。

译码器在数字系统中有广泛的用途，不仅用于代码的转换、终端的数字显示，还用于数据分配、存储器寻址和组合控制信号等。下面主要介绍变量译码器和显示译码器的外部工作特性和应用。

①变量译码器——二进制译码器：

a. 变量译码器的概念。设二进制译码器的输入端为 n 个，则输出端为 2^n 个，且对应于输入代码的每一种状态，2^n 个输出中只有一个为 1（或为 0），其余全为 0（或为 1）。二进制译码器可以译出输入变量的全部状态，故又称变量译码器。

b. 集成变量译码器。常见的变量译码器有 3 线 - 8 线译码器 74 LS138，4 线 - 16 线译码器 74LS154 和带锁存的 3 线 - 8 线译码器 74LS131 等。

74LS138 的引脚排列图及逻辑功能示意图如图 7 - 2 - 10 所示，可看出，它是一个有 16 个引脚的数字集成电路，除电源、"地"两个端子外，还有三个输入端 A_2、A_1、A_0，八个输出端 $\overline{Y_0} \sim \overline{Y_7}$，三个使能端 G_1、$\overline{G_{2A}}$ 和 $\overline{G_{2B}}$。

74LS138 译码器的真值表如表 7 - 2 - 11 所示，从真值表可看出，当输入使能端 G_1 为低电平 0 时，无论其他输入端为何值，输出全部为高电平 1；当输入使能端 $\overline{G_{2A}}$

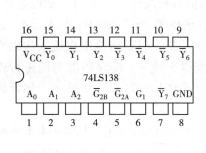 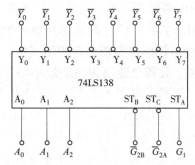

（a）引脚排列图　　　　　　　（b）逻辑功能示意图

图 7 - 2 - 10　74LS138 引脚图及逻辑功能示意图

和 $\overline{G}_{2B}$ 中至少有一个为高电平 1 时，无论其他输入端为何值，输出全部为高电平 1；当 G_1 为高电平 1、$\overline{G}_{2A}$ 和 $\overline{G}_{2B}$ 同时为低电平 0 时，由 A_2、A_1、A_0 决定输出端中输出低电平 0 的一个输出端，其他输出为高电平 1。

表 7 - 2 - 11　74LS138 译码器的真值表

输	入				输	出						
G_1	$\overline{G}_{2A} + \overline{G}_{2B}$	A_2	A_1	A_0	$\overline{Y}_7$	$\overline{Y}_6$	$\overline{Y}_5$	$\overline{Y}_4$	$\overline{Y}_3$	$\overline{Y}_2$	$\overline{Y}_1$	$\overline{Y}_0$
×	1	×	×	×	1	1	1	1	1	1	1	1
0	×	×	×	×	1	1	1	1	1	1	1	1
1	0	0	0	0	1	1	1	1	1	1	1	0
1	0	0	0	1	1	1	1	1	1	1	0	1
1	0	0	1	0	1	1	1	1	1	0	1	1
1	0	0	1	1	1	1	1	1	0	1	1	1
1	0	1	0	0	1	1	1	0	1	1	1	1
1	0	1	0	1	1	1	0	1	1	1	1	1
1	0	1	1	0	1	0	1	1	1	1	1	1
1	0	1	1	1	0	1	1	1	1	1	1	1

用两片 74LS138 可以构成 4 线 - 16 线译码器，连接方法如图 7 - 2 - 11 所示。

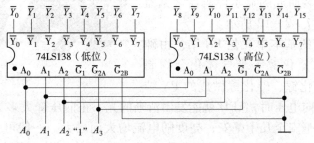

图 7 - 2 - 11　用两片 74LS138 构成的 4 线 - 16 线译码器

A_3、A_2、A_1、A_0 为扩展后电路的信号输入端，$\overline{Y}_{15} \sim \overline{Y}_0$ 为输出端。当输入信号最高位 $A_3 = 0$ 时，高位芯片被禁止，$\overline{Y}_{15} \sim \overline{Y}_8$ 输出全部为"1"，低位芯片被选中，低电

平"0"输出端由 A_2、A_1、A_0 决定；当输入信号最高位 $A_3 = 1$ 时，低位芯片被禁止，$\overline{Y}_7 \sim \overline{Y}_0$ 输出全部为"1"，高位芯片被选中，低电平"0"输出端由 A_2、A_1、A_0 决定。

c. 用变量译码器实现组合逻辑函数。二进制译码器可输出以输入代码为变量的全部最小项，且每个输出为一个最小项。现以 3 线 – 8 线译码器为例进行说明。设输入三位二进制代码为 $A_2A_1A_0$。则有 $\overline{Y}_0 \sim \overline{Y}_7$（或 $Y_0 \sim Y_7$）八个输出。如译码器输出低电平有效，则八个输出为最小项的反函数，分别如下：

$$\overline{Y}_0 = \overline{\overline{A}_2\,\overline{A}_1\,\overline{A}_0} = \overline{m}_0 \quad \overline{Y}_1 = \overline{\overline{A}_2\,\overline{A}_1 A_0} = \overline{m}_1 \quad \overline{Y}_2 = \overline{\overline{A}_2 A_1\,\overline{A}_0} = \overline{m}_2 \quad \overline{Y}_3 = \overline{\overline{A}_2 A_1 A_0} = \overline{m}_3$$

$$\overline{Y}_4 = \overline{A_2\,\overline{A}_1\,\overline{A}_0} = \overline{m}_4 \quad \overline{Y}_5 = \overline{A_2\,\overline{A}_1 A_0} = \overline{m}_5 \quad \overline{Y}_6 = \overline{A_2 A_1\,\overline{A}_0} = \overline{m}_6 \quad \overline{Y}_7 = \overline{A_2 A_1 A_0} = \overline{m}_7$$

如译码器输出高电平有效，则输出为最小项的原函数。

由于任一个逻辑函数都可变换为最小项表达式，因此，用二进制译码器和门电路可很方便地实现单输出和多输出逻辑函数（又称逻辑函数产生电路）。具体方法如下：（参考【例 7 – 2 – 5】）

● 将欲实现的逻辑函数变换成为最小项的形式。

● 将函数的输入变量接到译码器的输入端，应用译码器的功能得到对应的输出。

● 函数式变换，配接合适的逻辑门电路，实现电路功能。

若选用输出低电平有效的二进制译码器，将逻辑函数的最小项表达式二次求非，变换为与非表达式，这时需用与非门综合实现逻辑函数；若选用输出高电平有效的二进制译码器，由于逻辑函数的最小项表达式为标准与或表达式，因此，可直接用或门综合来实现逻辑函数。如选用具有使能端的二进制译码器实现逻辑函数，则应在使能端接入使译码器工作的控制信号。

②显示译码器。在数字系统中，经常需要将数字或运算结果显示出来，以便人们观测查看。数码显示电路是数字系统的重要组成部分。数码显示电路通常由译码器、显示器等部分组成。

显示译码器是用来驱动各种显示器件，从而将用二进制代码表示的数字、文字、符号翻译成符合人们习惯的形式并直观地显示出来的电路。显示译码器的输出信号用以驱动显示器件，显示出 0 ~ 9 十个数字。

a. 数码显示器。常用的数码显示器有半导体发光二极管构成的 LED 和液晶数码管构成的 LCD 两类。数码管是用某些特殊的半导体材料分段式封装而成的显示译码器常见器件。其外形如图 7 – 2 – 12 所示。

LED 数码管的基本单元是 PN 结，由砷化镓、磷化镓、氮化镓等半导体化合物制成，目前采用磷化镓、砷化镓做成的 PN 结

图 7 – 2 – 12　数码显示器外形

较多。当外加正向电压时，LED 就能发出清晰的光。正向压降大多为 1. 5 ~ 2 V；工作电流一般为几毫安至几十毫安；亮度随电流增大而增大，一般可分为普亮、高亮和超亮（指通过相同电流显示亮度不同）。发光二极管因其工作电压低、体积小、使用寿命长、响应速度快（ < 10 ns）、使用方便灵活而得到广泛应用。

LED 数码管将十进制数码分成七段，每一段都是一个发光二极管，七个发光二极管有共阴极和共阳极两种接法。前者某一段接高电平时发光，后者某一段接低电

平时发光。图 7-2-13 (a) 所示为 LED 数码管外形和引脚图，共有八个笔段：a、b、c、d、e、f、g 组成"8"，Dp 为小数点。图 7-2-13 (b) 和图 7-2-13 (c) 分别为共阴极 LED 和共阳极 LED 数码管内部连接方式。从图 7-2-13 (b)、(c) 中可以看出，共阴极 LED 数码管是将所有笔段 LED 的阴极（负极）连接在一起，作为公共端 com；共阳极 LED 数码管是将所有笔段 LED 的阳极（正极）连接在一起，作为公共端 com。应用共阴极 LED 数码管时，公共端 com 接地，笔段接高电平（串联限流电阻器）时亮，笔段接低电平时暗；应用共阳极 LED 数码管时，公共端 com 接 V_{CC}，笔段接低电平（串联限流电阻器）时亮，笔段接高电平时暗。通过控制笔段亮或暗，可显示 0~9 十个数字。除数字外，LED 数码管还可以显示 A、B、C、D、E、F 等十六进制数和其他一些字符。

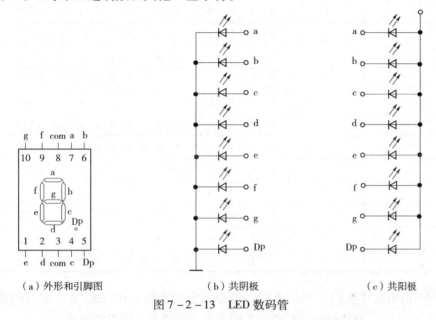

| （a）外形和引脚图 | （b）共阴极 | （c）共阳极 |

图 7-2-13 LED 数码管

注意：LED 数码管在使用时每个管要串联约 100 Ω 的限流电阻器。

b. 七段显示译码器 74LS47/48。七段显示译码器是用来与数码管相配合，把二进制 BCD 码表示的数字信号转换为数码管所需的输入信号。常用的七段显示译码器型号有 74LS46、74LS47、74LS48 等。

图 7-2-14 为 74LS48 引脚排列图，74LS47 与 74LS48 的主要区别为输出有效电平不同。74LS47 输出低电平有效，可驱动共阳极 LED 数码管；74LS48 输出高电平有效，可驱动共阴极 LED 数码管。（下面分析以 74LS48 为例）

74LS48 真值表如表 7-2-12 所示。输入端 A_3~A_0，二进制编码输入，输出端 Y_a~Y_f，译码字段输出，高电平有效，即 74LS48 必须配用共阴极 LED 数码管，还有电源端 V_{CC} 和"地"端 GND；其余为控制端。下面介绍各控制端功能及使用。

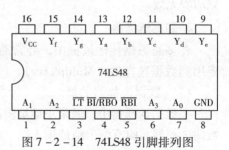

图 7-2-14 74LS48 引脚排列图

$\overline{LT}$：灯测试，低电平有效。$\overline{LT}=0$，笔段输出全 1。

表 7-2-12　74LS48 真值表

$\overline{LT}$	$\overline{RBI}$	$\overline{BI}/\overline{RBO}$	A_3 A_2 A_1 A_0	a b c d e f g	功能显示
0	×	1	× × × ×	1 1 1 1 1 1 1	试灯
×	×	0	× × × ×	0 0 0 0 0 0 0	熄灭
1	0	0	0 0 0 0	0 0 0 0 0 0 0	灭零
1	1	1	0 0 0 0	1 1 1 1 1 1 0	显示 0
1	×	1	0 0 0 1	0 1 1 0 0 0 0	显示 1
1	×	1	0 0 1 0	1 1 0 1 1 0 1	显示 2
1	×	1	0 0 1 1	1 1 1 1 0 0 1	显示 3
1	×	1	0 1 0 0	0 1 1 0 0 1 1	显示 4
1	×	1	0 1 0 1	1 0 1 1 0 1 1	显示 5
1	×	1	0 1 1 0	0 0 1 1 1 1 1	显示 6
1	×	1	0 1 1 1	1 1 1 0 0 0 0	显示 7
1	×	1	1 0 0 0	1 1 1 1 1 1 1	显示 8
1	×	1	1 0 0 1	1 1 1 0 0 1 1	显示 9
1	×	1	1 0 1 0	0 0 0 1 1 0 1	显示 ⊏
1	×	1	1 0 1 1	0 0 1 1 0 0 1	显示 ⊐
1	×	1	1 1 0 0	0 1 0 0 0 1 1	显示 ⊔
1	×	1	1 1 0 1	1 0 0 1 0 1 1	显示 ⊏
1	×	1	1 1 1 0	0 0 0 1 1 1 1	显示 ⊢
1	×	1	1 1 1 1	0 0 0 0 0 0 0	无显示

$\overline{RBI}$：输出灭零控制。$\overline{RBI}=0$ 时，若原输出显示数为 0，则 "0" 笔段码输出低电平（0 不显示），同时使 $\overline{RBO}=0$；若输出显示数非 0，则正常显示。

$\overline{BI}/\overline{RBO}$：具有双重功能。输入时作消隐控制（$\overline{BI}$ 功能）；输出时可用于控制相邻位灭零（$\overline{RBO}$ 功能），两者关系为在片内 "线与"。

输入消隐控制：$\overline{BI}=0$，笔段输出全 0，显示暗。

输出灭零控制：输出灭零控制 $\overline{RBO}$ 须与输入灭零控制 $\overline{RBI}$ 配合使用。当输出显示数为 0 时，若 $\overline{RBI}=0$，则 $\overline{RBO}=0$，该 $\overline{RBO}$ 信号可用于控制相邻位灭零，可使整数高位无用 0 和小数低位无用 0 不显示。若输出显示数不为 0，或输入灭零控制 $\overline{RBI}=1$，则 $\overline{RBO}$ 无效。

3. 数据选择器

在多路数据传输过程中，经常需要将其中一路信号挑选出来进行传输，这就需要用到数据选择器（Multiplexer）。

（1）数据选择器的概念

在数据选择器中，通常用地址输入信号来完成挑选数据的任务。如一个四选一的数据选择器，应有两个地址输入端，它共有四（2^2）种不同的组合，每一种组合可选择对应的一路输入数据输出。同理，对一个八选一的数据选择器，应有三个地址输入端。其余类推。因此，数据选择器是根据地址码的要求，从多路输入信号中选择其中一路输出的电路。又称多路选择器或多路开关。图 7 - 2 - 15 所示为四选一数据选择器原理示意图。

数据选择器有二选一、四选一、八选一、十六选一等多种类型。

图 7 - 2 - 15　四选一数据选择器原理示意图

（2）常用的集成数据选择器

①双四选一数据选择器 74LS153/253。集成数据选择器 74LS153/253 片内有两个功能相同的四选一数据选择器，表 7 - 2 - 13 是 74LS153/253 真值表。$D_0 \sim D_3$ 是输入的四路信号；A_0、A_1 是地址选择控制端；$\overline{G}$ 是选通控制端；Y 是输出端，可以是四路输入数据中的任意一路。

表 7 - 2 - 13　74LS153/253 真值表

输 入							输 出
$\overline{G}$	A_1	A_0	D_3	D_2	D_1	D_0	Y
1	×	×	×	×	×	×	0/Z
0	0	0	×	×	×	D_0	D_0
0	0	1	×	×	D_1	×	D_1
0	1	0	×	D_2	×	×	D_2
0	1	1	D_3	×	×	×	D_3

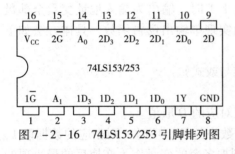

图 7 - 2 - 16　74LS153/253 引脚排列图

图 7 - 2 - 16 是 74LS153/253 的引脚排列图。74LS153 与 74LS253 引脚兼容，功能相同。唯一区别是 74LS253 具有三个功能，即未选通（$\overline{G} = 1$）时，呈高阻态；而 74LS153 在未选通时，输出低电平。

由真值表可得四选一数据选择器的逻辑表达式为

$$Y = D_0 \overline{A_1} \overline{A_0} + D_1 \overline{A_1} A_0 + D_2 A_1 \overline{A_0} + D_3 A_1 A_0$$

②八选一数据选择器 74LS151/251。集成数据选择器 74LS151/251 真值表如表 7 - 2 - 14 所示，引脚排列图如图 7 - 2 - 17 所示。$D_7 \sim D_0$ 为数据输入端、$\overline{Y}$、Y 为互补数据输出端，$A_2 \sim A_0$ 为地址输入端，$\overline{ST}$ 为芯片选通端。74LS151/251 引脚兼容，功能相同。唯一区别是 74LS251 具有三个功能，即未选通（$\overline{ST} = 1$）时，Y、$\overline{Y}$ 均呈高阻态；而 74LS151 在未选通时，Y、$\overline{Y}$ 分别输出 0、1。

表 7 - 2 - 14　74LS151/251 真值表

输 入												输 出	
$\overline{ST}$	A_2	A_1	A_0	D_7	D_6	D_5	D_4	D_3	D_2	D_1	D_0	Y	$\overline{Y}$
1	×	×	×	×	×	×	×	×	×	×	×	0/Z	1/Z
0	0	0	0	×	×	×	×	×	×	×	D_0	D_0	$\overline{D_0}$

续表

输　入												输　出	
$\overline{ST}$	A_2	A_1	A_0	D_7	D_6	D_5	D_4	D_3	D_2	D_1	D_0	Y	$\overline{Y}$
0	0	0	1	×	×	×	×	×	×	D_1	×		D_1
0	0	1	0	×	×	×	×	×	D_2	×	×		D_2
0	0	1	1	×	×	×	×	D_3	×	×	×		D_3
0	1	0	0	×	×	×	D_4	×	×	×	×		D_4
0	1	0	1	×	×	D_5	×	×	×	×	×		D_5
0	1	1	0	×	D_6	×	×	×	×	×	×		D_6
0	1	1	1	D_7	×	×	×	×	×	×	×		D_7

请读者根据 74LS151 真值表写出输出函数表达式。

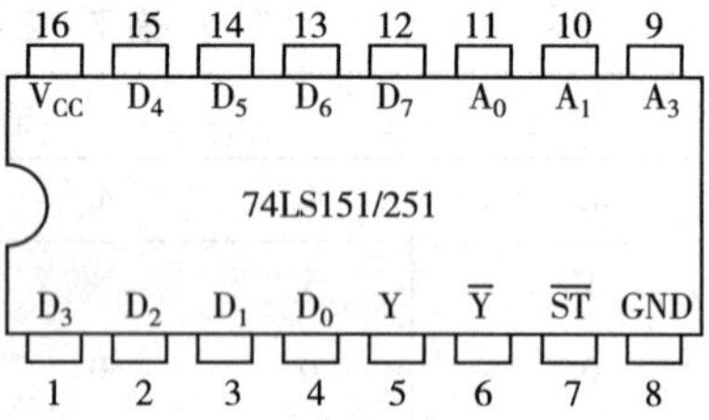

（3）用数据选择器实现组合逻辑函数

以四选一数据选择器为例，设输入数据为 $D_0 \sim D_3$，地址码为 A_1A_0，则

图 7-2-17　74LS151/251 引脚排列图

$$Y = \overline{A_1}\,\overline{A_0}D_0 + \overline{A_1}A_0D_1 + A_1\overline{A_0}D_2 + A_1A_0D_3$$

$$= \sum_{i=0}^{3} m_i D_i$$

由上式可以看出，当输入数据全部为高电平 1 时，输出为输入地址变量全部最小项的和。因此，用数据选择器可以很方便地实现单输出逻辑函数。具体方法如下（参考【例 7-2-6】）：

①把逻辑函数变换成最小项表达式（标准与或式）。

②写出所选数据选择器的输出表达式。

③对比两式，要使两个 Y 完全相等，确定对应的 D 取值。

数据选择器输出逻辑表达式中包含逻辑函数中的最小项时，则相应的数据取 1，即 $D_i = 1$。（若函数变量数大于地址变量数，则把多余的变量作为变换后的最小项的系数，令对应的 D_i 与它相等）

逻辑函数中没有的最小项，数据选择器中相应的最小项应去掉。为此，对应的数据取 0，即 $D_i = 0$。

④画连线图。

应用举例——练

【例 7-2-5】　试画出用 3 线-8 线译码器 74LS138 和门电路产生如下多输出函数的逻辑图。

$$\begin{cases} Y_1 = AC \\ Y_2 = \overline{A}\,\overline{B}C + A\,\overline{B}\,\overline{C} + BC \\ Y_3 = \overline{B}\,\overline{C} + AB\,\overline{C} \end{cases}$$

解 变换所给函数为最小项表达

$$Y_1 = AC = A\overline{B}C + ABC = \overline{\overline{Y_5}\,\overline{Y_7}}$$

$$Y_2 = \overline{A}\,\overline{B}C + A\overline{B}\,\overline{C} + BC = \overline{A}\,\overline{B}C + \overline{A}BC + A\overline{B}\,\overline{C} + ABC = \overline{\overline{Y_1}\,\overline{Y_3}\,\overline{Y_4}\,\overline{Y_7}}$$

$$Y_3 = \overline{A}\,\overline{B}\,\overline{C} + A\overline{B}\,\overline{C} + AB\overline{C} = \overline{\overline{Y_0}\,\overline{Y_4}\,\overline{Y_6}}$$

分别将 A、B、C 接到译码器的输入端 $A_2A_1A_0$，将对应输出端接到与非门即可，如图 $7-2-18$ 所示。

【**例 $7-2-6$**】 试用八选一数据选择器实现三变量函数：$Y = \overline{A}\,\overline{B}\,\overline{C} + A\overline{B}\,\overline{C} + AB$。

解 ①把逻辑函数变换成最小项表达式（标准与或式）。

$$Y(A, B, C) = \overline{A}\,\overline{B}\,\overline{C} + A\overline{B}\,\overline{C} + AB\overline{C} + ABC = m_0 + m_4 + m_6 + m_7$$

②写出八选一数据选择器的输出表达式

$$
\begin{aligned}
Y(A_2, A_1, A_0) &= \overline{A_2}\,\overline{A_1}\,\overline{A_0}D_0 + \overline{A_2}\,\overline{A_1}A_0 D_1 + \overline{A_2}A_1\overline{A_0}D_2 + \overline{A_2}A_1A_0 D_3 + \\
&\quad A_2\overline{A_1}\,\overline{A_0}D_4 + A_2\overline{A_1}A_0 D_5 + A_2 A_1\overline{A_0}D_6 + A_2 A_1 A_0 D_7 \\
&= m_0 D_0 + m_1 D_1 + m_2 D_2 + m_3 D_3 + m_4 D_4 + m_5 D_5 + m_6 D_6 + m_7 D_7
\end{aligned}
$$

③对比两式，要使两个 Y 完全相等，需将 74LS151 上的 A_2、A_1、A_0 分别接 A、B、C，将 D_0、D_4、D_6、D_7 接 1，其余的数据输入端接 0。

④画连线图。图 $7-2-19$ 所示为用 74LS151 实现所给函数连线图。

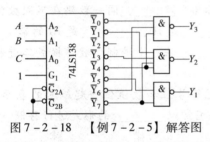
图 $7-2-18$ 【例 $7-2-5$】解答图

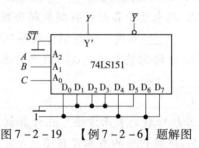
图 $7-2-19$ 【例 $7-2-6$】题解图

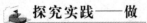 **探究实践——做**

①测试编码器、译码器和数据选择器的功能。

②如果实验室没有八选一数据选择器，而只有四选一数据选择器，如何实现？

小　结

模块 7　组合逻辑电路分析与测试

知识与技能	重　点	难　点
逻辑代数基础及基本逻辑门电路测试	1. 数制及数制之间的转换； 2. 逻辑关系与逻辑门的图形符号； 3. 逻辑代数的基本公式与基本定律； 4. 逻辑函数的化简； 5. 两种类型集成门电路功能测试及其使用注意事项	1. 逻辑函数的逻辑代数化简法； 2. 逻辑函数的卡诺图化简法

知识与技能	重 点	难 点
小规模集成门电路组成的组合逻辑电路的分析、设计与测试	1. 组合逻辑电路的分析步骤； 2. 组合逻辑电路的设计方法	1. 组合逻辑电路的设计； 2. 用小规模集成门电路构成的组合逻辑电路功能测试
常见中规模集成组合逻辑器件及应用	1. 编码器功能及应用； 2. 译码器功能及应用； 3. 数据选择器功能及应用	1. 中规模集成组合逻辑器件应用时出现故障的判断与解决； 2. 应用译码器、数据选择器实现组合逻辑函数

检 测 题

一、填空题

1. 在时间上和数值上均作连续变化的电信号称为_____信号；在时间上和数值上离散的信号称为_____信号。

2. 用来表示各种计数制数码个数的数称为_____，同一数码在不同数位所代表的_____不同。十进制计数各位的_____是 10，_____是 10 的幂。

3. 十进制整数转换成二进制时采用_____法；十进制小数转换成二进制时采用_____法。

4. _____、_____和_____是把符号位和数值位一起编码的表示方法，是计算机中数的表示方法。在计算机中，数据常以_____的形式进行存储。

5. 逻辑代数的基本定律有_____律、_____律、_____律、_____律和_____律。

6. 在正逻辑的约定下，"1"表示_____电平，"0"表示_____电平。

7. 数字电路中，输入信号和输出信号之间的关系是_____关系，所以数字电路又称_____电路。在_____关系中，最基本的关系是_____、_____和_____。

8. 具有"有 1 出 1、全 0 出 0"功能的逻辑门称为_____门；_____功能的门电路是异或门；实际中_____门应用最为普遍。

9. 具有"相异出 1，相同出 0"功能的逻辑门是_____门，与其功能相反的是_____门。

10. 一般 TTL 门和 CMOS 门相比，_____门的带负载能力强，_____门的抗干扰能力强。

11. TTL 门输入端口为_____逻辑关系时，多余的输入端可_____处理；TTL 门输入端口为_____逻辑关系时，多余的输入端应接_____。CMOS 门输入端口为"与"逻辑关系时，多余的输入端应接_____电平，CMOS 门输入端口为"或"逻辑关系时，多余的输入端应接_____电平，即 CMOS 门的输入端不允许_____。

12. 逻辑函数的四种表示方法是________________。

13. 使用________门可以实现总线结构；使用________门可实现“线与”逻辑。

14. 三态门具有________、________、________三种状态，因此常用于________结构中。

15. 设输入变量为 A、B、C，判别三个变量中有奇数个 1 时，函数 $F=1$；否则 $F=0$，实现该功能的异或表达式为 $F=$________________。

16. 一个三变量排队电路，在同一时刻只有一个变量输出，若同时有两个或两个以上变量为 1 时，则按 A、B、C 的优先顺序通过，若 F_A 为 1 表示 A 通过，F_B、F_C 为 1 表示 B、C 通过，F_A、F_B、F_C 为 0 时表示其不通过，则表示变量 A、B、C 通过的表达式：$F_A=$________，$F_B=$________，$F_C=$________。

17. 能将某种特定信息转换成机器识别的________制数码的________逻辑电路，称为________器；能将机器识别的________制数码转换成人们熟悉的________制或某种特定信息的组合逻辑电路，称为________器。

18. 4 线－10 线译码器有____个输入端，____个输出端，____个不用的状态。

19. 在多路数据选送过程中，能够根据需要将其中任意一路挑选出来的电路，称为________器，又称________开关。

20. 设 A_1、A_0 为四选一数据选择器的地址码，$X_0 \sim X_3$ 为数据输入，Y 为数据输出，则输出 Y 与 X_i 和 A_i 之间的逻辑表达式为 $Y=$________________。

二、判断题

1. 与二进制数 $(11001011)_2$ 等值的 8421BCD 码是 $(11001011)_{8421BCD}$。 (   )

2. 判断逻辑式：$A(A\oplus B)=A\overline{B}$ 是否正确。 (   )

3. 判断逻辑式：$\overline{A}C+B\overline{C}+A\overline{B}=(A+B+C)(\overline{A}+\overline{B}+\overline{C})$ 是否正确。 (   )

4. 判断逻辑式：$A\oplus B\oplus AB=A+B$ 是否正确。 (   )

5. 化简逻辑函数，就是把逻辑代数式写成最小项和的形式。 (   )

6. 任意逻辑函数都可以用卡诺图法简便地化简为最简与或式。 (   )

7. “同或”逻辑关系是，输入变量取值相同输出为1；取值不同，输出为零。 (   )

8. 用卡诺化简 $Y(A,B,C,D)=\sum_m(0,2,5,7,8,10,13,15)$ 的结果是 $Y=B\odot D$。 (   )

9. TTL 与非门输出端不能并联使用。 (   )

10. TTL 与非门输入端可以接任意值电阻器。 (   )

11. 8421BCD 码的编码方式是唯一的。 (   )

12. 要实现题 12 图中各 TTL 电路输出端所示的逻辑关系，各电路正确接法是(a)。 (   )

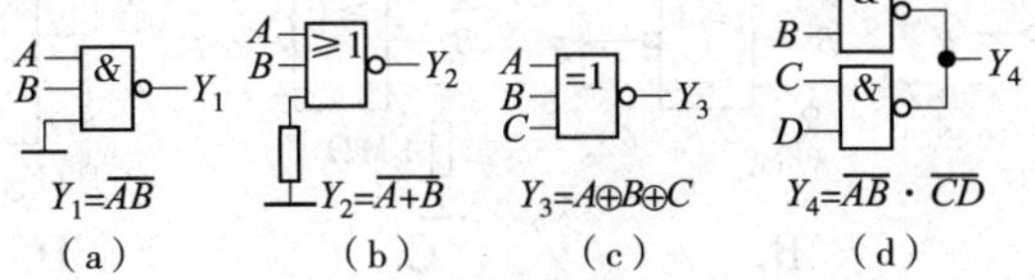

A
B
&
Y_1
$Y_1=\overline{AB}$
(a)
A
B
≥1
Y_2
$Y_2=\overline{A+B}$
(b)
A
B
C
=1
Y_3
$Y_3=A\oplus B\oplus C$
(c)
A
B
C
D
&
&
Y_4
$Y_4=\overline{AB}\cdot\overline{CD}$
(d)

题 12 图

13. 对于 TTL 数字集成电路来说，在使用中应注意：电源电压极性不得接反，其额定值为 5 V。　　　　　　　　　　　　　　　　　　　（　　）

14. 对于 TTL 数字集成电路来说，在使用中应注意：不使用的输入端接 1。

（　　）

15. 在题 15 图中各电路，能实现非功能的是（c）。　　　　　　　　（　　）

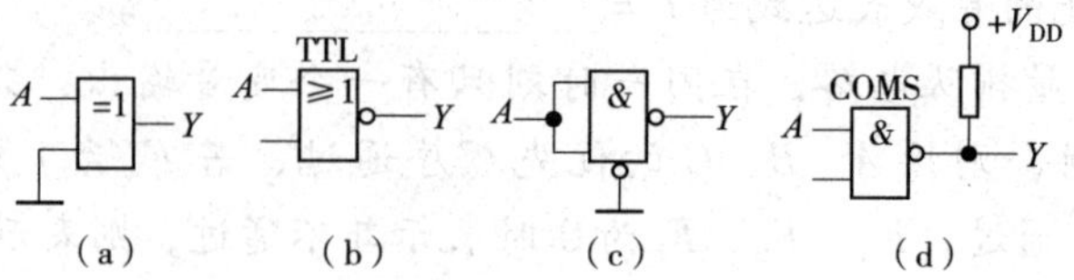

题 15 图

16. 某一时刻编码器只能对一个输入信号进行编码。　　　　　　　　（　　）

17. 卡诺图中为 1 的方格均表示一个逻辑函数的最小项。　　　　　　（　　）

18. 组合逻辑电路的输出只取决于输入信号的现态。　　　　　　　　（　　）

19. 3 线 – 8 线译码器电路是三 – 八进制译码器。　　　　　　　　　（　　）

20. 共阴极结构的 LED 数码管显示器需要低电平驱动才能显示。　　（　　）

三、选择题

1. 下列数中最小数是（　　）。

　　A.　$(26)_{10}$　　　B.　$(1000)_{8421BCD}$　　　C.　$(10010)_2$　　　D.　$(37)_8$

2. 十进制整数转换为二进制数的方法是（　　）。

　　A. 除 2 取余，逆序排列　　　　　　　B. 除 2 取余，顺序排列

　　C. 乘 2 取整，逆序排列　　　　　　　D. 乘 2 取整，顺序排列

3. +56 的补码是（　　）。

　　A. 00111000B　　　　　　　　　　　B. 11000111B

　　C. 01000111B　　　　　　　　　　　D. 01001000B

4. 和逻辑式 $\overline{AB}$ 表示不同逻辑关系的逻辑式是（　　）。

　　A. $\overline{A} + \overline{B}$　　　B. $\overline{A} \cdot \overline{B}$　　　C. $\overline{A} \cdot B + \overline{B}$　　　D. $A\overline{B} + \overline{A}$

5. 题 5 图所示电路中，（　　）的逻辑表达式为 $F = \overline{AB}$。

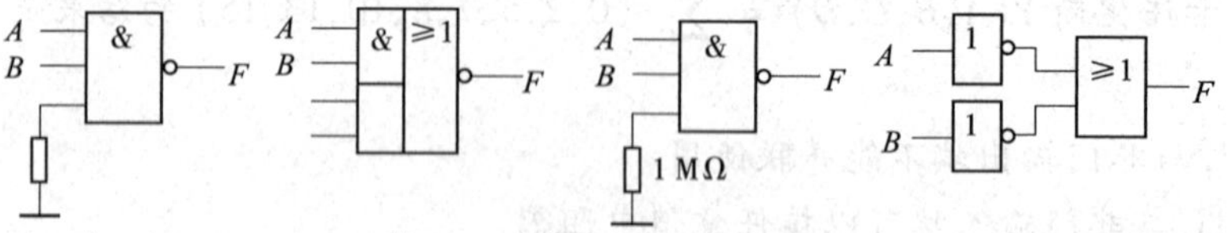

题 5 图

6. 题 6 图所示电路中，（　　）能实现 $F = \overline{A + B}$ 的功能。

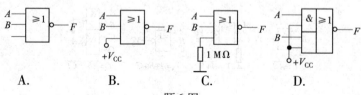

题 6 图

7. 多余输入端可以悬空使用的门是（　　　）。

　　A. 与门　　　　　　B. TTL 与非门　　　　　C. CMOS 与非门　　　　D. 或非门

8. 逻辑电路如题8图所示，输入 $A=1$，$B=1$，$C=1$，则输出 F_1 和 F_2 分别为（　　　）。

　　A. $F_1=0$，$F_2=0$

　　B. $F_1=0$，$F_2=1$

　　C. $F_1=1$，$F_2=0$

　　D. $F_1=1$，$F_2=1$

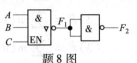

题8图

9. 八输入端的编码器按二进制数编码时，输出端的个数是（　　　）。

　　A. 两个　　　　　　B. 三个　　　　　　　C. 四个　　　　　　　D. 八个

10. 四输入端的译码器，其输出端最多为（　　　）。

　　A. 四个　　　　　　B. 八个　　　　　　　C. 十个　　　　　　　D. 十六个

11. 一个两输入端的门电路，当输入为 1 和 0 时，输出不是 1 的门是（　　　）。

　　A. 与非门　　　　　B. 或门　　　　　　　C. 或非门　　　　　　D. 异或门

12. 译码器的输出量是（　　　）。

　　A. 二进制　　　　　B. 八进制　　　　　　C. 十进制　　　　　　D. 十六进制

13. 能驱动七段数码管显示的译码器是（　　　）。

　　A. 74LS48　　　　　B. 74LS138　　　　　　C. 74LS148　　　　　　D. TS547

14. 下列各型号中属于优先编码器是（　　　）。

　　A. 74LS85　　　　　B. 74LS138　　　　　　C. 74LS148　　　　　　D. 74LS48

15. 当 74LS148 的输入端 $\overline{I_0} \sim \overline{I_7}$ 按顺序输入 11011101 时，输出 $\overline{Y_2} \sim \overline{Y_0}$ 为（　　　）。

　　A. 101　　　　　　　B. 010　　　　　　　　C. 001　　　　　　　　D. 110

16. 74LS138 是 3 线－8 线译码器，译码为输入低电平有效，若输入为 $A_2A_1A_0=$ 100 时，输出 $\overline{Y_7}\,\overline{Y_6}\,\overline{Y_5}\,\overline{Y_4}\,\overline{Y_3}\,\overline{Y_2}\,\overline{Y_1}\,\overline{Y_0}$ 为（　　　）。

　　A. 00010000　　　　　　　　　　　　　B. 11101111

　　C. 11110111　　　　　　　　　　　　　D. 000001000

四、简答题

1. 数字信号和模拟信号的最大区别是什么？数字电路和模拟电路中，哪一种抗干扰能力较强？

2. 何谓数制？何谓码制？在前文所介绍范围内，哪些属于有权码？哪些属于无权码？

3. TTL 门电路中，哪个有效地解决了"线与"问题？哪个可以实现"总线"结构？

4. 如何用四输入二与非门 74LS20 实现四输入与 $Y=ABCD$？

五、计算题

1. 用代数法化简下列逻辑函数。

(1) $F=(A+\overline{B})\,C+\overline{AB}$；

(2) $F=A\,\overline{C}+\overline{AB}+BC$；

(3) $F = \overline{A}\,\overline{B}C + \overline{A}BC + AB\overline{C} + \overline{A}\,\overline{B}\,\overline{C} + ABC$；

(4) $F = \overline{A}\,\overline{B} + B\overline{C}D + \overline{C}\,\overline{D} + AB\overline{C} + A\overline{C}D$。

2. 用卡诺图化简下列逻辑函数。

(1) $F = \sum m(3,4,5,10,11,12) + \sum d(1,2,13)$；

(2) $F = \sum m(1,2,3,5,6,7,8,9,12,13)$；

(3) $F = \sum m(0,1,6,7,8,12,14,15)$；

(4) $F = \sum m(0,1,5,7,8,14,15) + \sum d(3,9,12)$。

3. 完成下列数制之间的转换。

(1) $(365)_{10} = ($ $)_2 = ($ $)_8 = ($ $)_{16}$；

(2) $(11101.1)_2 = ($ $)_{10} = ($ $)_8 = ($ $)_{16}$；

(3) $(57.625)_{10} = ($ $)_8 = ($ $)_{16}$。

4. 完成下列数制与码制之间的转换。

(1) $(47)_{10} = ($ $)_{余3码} = ($ $)_{8421码}$；

(2) $(3D)_{16} = ($ $)_{格雷码}$。

5. 写出下列真值的原码、反码和补码。

(1) $[+36] = [$ $]_原 = [$ $]_反 = [$ $]_补$；

(2) $[-49] = [$ $]_原 = [$ $]_反 = [$ $]_补$。

六、分析题

1. 根据题1表所示内容，分析其功能，并画出其最简逻辑电路图。

题1表　组合逻辑电路真值表

输 入			输 出	输 入			输 出
A	B	C	F	A	B	C	F
0	0	0	1	1	0	0	0
0	0	1	0	1	0	1	0
0	1	0	0	1	1	0	1
0	1	1	0	1	1	1	1

2. 题2图所示是 u_A、u_B 两输入端的输入波形，试画出对应下列门的输出波形。

(1) 与门；(2) 与非门；(3) 或非门；(4) 异或门。

3. 写出题3图所示逻辑电路的逻辑函数表达式。

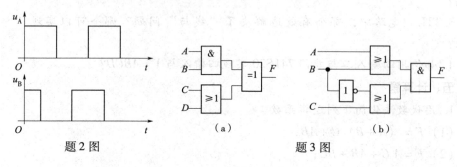

题2图　　　　　　　　　　(a)　　　　　　　　　(b)
题3图

七、设计题

1. 设计一个三变量的判偶逻辑电路。

2. 用与非门设计一个组合逻辑电路，完成如下功能：只有当三个裁判（包括裁判长）或裁判长和一个裁判认为杠铃已举起并符合标准时，按下按键，使灯亮（或铃响），表示此次举重成功；否则，表示举重失败。

3. 保密锁上有三个键钮 A、B、C，要求当三个键钮同时按下时，或 A、B 两个同时按下时，或按下 A、B 中任意一键钮时，保密锁就能开；否则，报警。

要求：（1）列真值；（2）化简；（3）用与非门实现。

4. 某产品有 A、B、C、D 四项质量指标，A 为主要指标。检验合格品时，每件产品如果有包含主要指标 A 在内的三项或三项以上质量指标合格则为正品；否则，为次品。试设计一个全部用与非门组成的结构最简的正品检验机。

5. 试用基本逻辑门电路、译码器、数据选择器实现逻辑函数 $F = AB + A\overline{B}C + \overline{A}C$，并画出逻辑电路。

6. 题 6 图所示为双四选一数据选择器构成的组合逻辑电路，输入变量为 A，B，C，输出函数为 Z_1，Z_2，分析电路功能，试写出输出 Z_1，Z_2 的逻辑表达式。

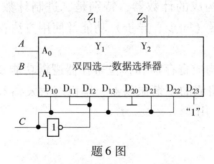

题 6 图

7. 用数据选择器实现一个路灯的控制电路，要求在三个不同的地方都能独立控制路灯的亮灭。

模块 8

时序逻辑电路及其测试

知识目标

1. 掌握触发器逻辑功能的描述方法及 RS 触发器、JK 触发器、D 触发器、T 触发器及 T′触发器的逻辑功能；了解基本 RS 触发器、同步触发器、主从触发器及边沿触发器的结构特点。

2. 掌握时序逻辑电路的分析方法，特别是同步时序逻辑电路的分析。

3. 掌握用 MSI 器件构成的计数器，特别是二进制计数器、（异步、同步、加、减、可逆）十进制计数器（同步、异步）功能及使用方法；掌握任意 N 进制计数器的构成方法。

4. 理解用 MSI 器件构成寄存器和移位寄存器逻辑功能及应用。

5. 理解 555 定时器组成的多谐振荡器、单稳态触发器和施密特触发器的工作原理；熟悉 555 定时器的应用。

技能目标

1. 能正确测试常用触发器的逻辑功能。

2. 能正确测试常用中规模集成计数器的功能及构成的任意 N 进制电路功能。

3. 能正确测试标准中规模移位寄存器的逻辑功能，并能熟练查找各种信息、资料进行芯片功能分析和应用。

4. 会查阅资料，利用 555 定时器进行简单控制电路设计。

情感目标

1. 提高专业意识，训练学生高度的职业责任心和安全意识，遵章守纪、规范操作。

2. 结合理论，联系实际，训练学生分析和解决实际问题的能力。

3. 锻炼学生搜集、查找信息和资料的能力。

课题 8.1 触发器及其测试

知识与技能要点

• 时序逻辑电路的基本概念；

- 触发器的基本概念及分类；
- 常用几种不同结构触发器的电路组成和工作原理；
- 常用五种功能触发器：RS 触发器、JK 触发器、D 触发器、T 触发器及 T′触发器的逻辑功能及测试；
- 触发器的记忆作用，各种常用触发器功能的几种描述方法及相互转化；
- 集成触发器的逻辑功能及使用方法；
- 触发器的典型应用之一：555 定时器的结构及其应用。

8.1.1　触发器及其功能测试

知识迁移——导

图 8 - 1 - 1 是数字钟整体框图，其中标准的秒信号是由石英晶体振荡器产生的频率为 32 768 Hz 脉冲信号经过分频器得到，分频器的主要器件就是触发器。

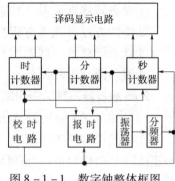

问题聚焦——思

- 触发器的基本概念；
- 常用触发器的组成、特点、功能及相互转换；
- 集成触发器及功能；
- 555 定时器结构及其典型应用。

图 8 - 1 - 1　数字钟整体框图

知识链接——学

1. 触发器的基本概念

时序逻辑电路与组合逻辑电路并驾齐驱，是数字电路两大重要分支之一。组合逻辑电路的基本单元是门电路，而时序逻辑电路的基本单元是触发器。

（1）触发器的特性

①具有两个稳定状态，可分别用来表示二进制数的 0 和 1。

②具有记忆功能。触发器是能够存储一位二值信号的基本单元电路。因此，触发器具有记忆功能，它具备以下几个基本特点：

a. 具有两个能自行保持的稳定状态，用来表示逻辑状态的 0 和 1，或二进制数的 0 和 1；

b. 根据不同的输入信号可以置成 1 或 0 状态；

c. 在输入信号消失以后，能将获得的新状态保存下来。

（2）触发器的状态

触发器有 Q 和 $\overline{Q}$ 两个输出端。正常工作时，Q 和 $\overline{Q}$ 输出互补信号。触发器的输出状态通常用 Q 端的状态来表示。如 $Q=0$、$\overline{Q}=1$ 时，则触发器处于 0 状态，记 $Q=0$；如 $Q=1$、$\overline{Q}=0$ 时，则触发器处于 1 状态，记 $Q=1$。

（3）触发器的现态和次态

现态是指触发器输入信号变化前的状态，用 Q^n 表示；次态是指触发器输入信号变化后的状态，用 Q^{n+1} 表示。

（4）触发器的分类

①根据电路结构可分为：基本 RS 触发器、同步触发器、主从触发器、边沿触发器（包括维持阻塞触发器）等，不同电路结构的触发器有不同的动作特点。

②根据逻辑功能可分为：RS 触发器、JK 触发器、T 触发器和 T′触发器、D 触发器等几种类型。

③根据触发方式可分为：电平触发器、边沿触发器、主从触发器。

（5）触发器的功能描述方法

由于触发器具有记忆功能，即触发器的状态不仅与当时的输入信号有关，而且与电路原来的状态有关，通常采用四种方式来描述其功能：

①状态转移真值表（状态表）；

②特性方程（状态方程）；

③状态转移图（状态图）；

④波形图（时序图）。

2. RS 触发器及其功能测试

（1）基本 RS 触发器及功能测试

①电路结构与工作原理。如图 8－1－2（a）所示，基本 RS 触发器由两个与非门，按正反馈方式闭合而成，也可以用两个或非门按正反馈方式闭合而成，图 8－1－2（b）是其图形符号，其中 R、S 输入端加上小圆圈表示低电平有效。

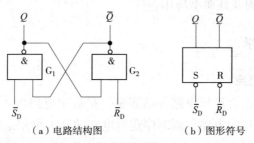

（a）电路结构图　　　　（b）图形符号

图 8－1－2　两个与非门组成的基本 RS 触发器

基本 RS 触发器具体工作过程如下：

a. 当 $\overline{R}_D = 0$，$\overline{S}_D = 1$ 时，无论触发器原来处于什么状态，其次态一定为 0，即 $Q^{n+1} = 0$，$\overline{Q}^{n+1} = 1$，称触发器处于置 0（复位）状态，同时称 R 端为直接复位端（Reset）。

b. 当 $\overline{R}_D = 1$，$\overline{S}_D = 0$ 时，无论触发器原来处于什么状态，其次态一定为 1，即 $Q^{n+1} = 1$，$\overline{Q}^{n+1} = 0$，称触发器处于置 1（置位）状态，同时称 S 端为直接置位端（Set）。

c. 当 $\overline{R}_D = 1$，$\overline{S}_D = 1$ 时，触发器状态不变，即 $Q^{n+1} = Q^n$，$\overline{Q}^{n+1} = \overline{Q}$，称触发器处于保持（记忆）状态。

d. 当 $\overline{R}_D = 0$，$\overline{S}_D = 0$ 时，两个与非门输出均为 1（高电平），此时破坏了触发器的互补输出关系，而且当 $\overline{R}_D$、$\overline{S}_D$ 同时从 0 变化为 1 时，由于门的延迟时间不一致，使触发器的次态不确定，即 $Q^{n+1} = \varnothing$，这种情况是不允许的。因此规定输入信号 $\overline{R}_D$、$\overline{S}_D$ 不能同时为 0，它们应遵循 $\overline{R}_D + \overline{S}_D = 1$ 的约束条件。

②基本 RS 触发器的功能描述：

a. 状态转移真值表（状态表）。将触发器的次态 Q^{n+1} 与现态 Q^n、输入信号之间的逻辑关系用表格形式表示出来，这种表格就称为状态转移真值表，简称状态表。根据以上分析，图 8 – 1 – 2（a）所示基本 RS 触发器的状态转移真值表见表 8 – 1 – 1（a），表 8 – 1 – 1（b）是它的简化表。它们与组合逻辑电路的真值表相似，不同的是触发器的次态 Q^{n+1} 不仅与输入信号有关，还与它的现态 Q^n 有关，这正体现了时序逻辑电路的特点。

表 8 – 1 – 1　基本 RS 触发器状态表

(a)

$\overline{R}_D$	$\overline{S}_D$	Q^n	Q^{n+1}
0	0	0	×
0	0	1	×
0	1	0	0
0	1	1	0
1	0	0	1
1	0	1	1
1	1	0	0
1	1	1	1

(b)

$\overline{R}_D$	$\overline{S}_D$	Q^{n+1}
0	0	×
0	1	0
1	0	1
1	1	Q^n

b. 特性方程（状态方程）。描述触发器逻辑功能的函数表达式称为特性方程或状态方程。对表 8 – 1 – 1（a）次态表达式进行化简，可以求得基本 RS 触发器的特性方程为

$$\begin{cases} Q^{n+1} = \overline{\overline{S}}_D + \overline{R}_D Q^n \\ \overline{S}_D + \overline{R}_D = 1 \ (\text{约束条件}) \end{cases}$$

特性方程中的约束条件表示 $\overline{R}_D$ 和 $\overline{S}_D$ 不允许同时为 0，即 $\overline{R}_D$ 和 $\overline{S}_D$ 总有一个为 1。

c. 状态转移图（状态图）。状态转移图是用图形方式来描述触发器的状态转移关系和转换条件的图形。图 8 – 1 – 3 为基本 RS 触发器的状态转移图。图 8 – 1 – 3 中两个圆圈分别表示触发器的两个稳定状态，箭头表示在输入信号作用下状态转移的方向，箭头旁的标注表示转移条件。

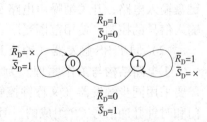

图 8 – 1 – 3　基本 RS 触发器的状态转移图

d. 波形图。工作波形图又称时序波形图或时序图，它反映了触发器的输出状态随时间和输入信号变化的规律，是实验中可观察到的波形。

图 8-1-4 所示为基本 RS 触发器时序图。

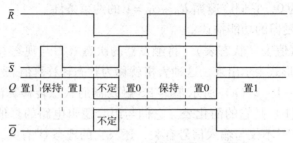

图 8-1-4 基本 RS 触发器时序图

③常用的集成 RS 触发器芯片。在数字电路中，凡根据输入信号 R、S 情况的不同，具有置 0、置 1 和保持功能的电路，都称为 RS 触发器。常用的集成 RS 触发器芯片有 74LS279 和 CC4044 等，图 8-1-5 所示为其引脚排列图。

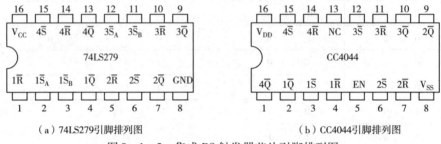

（a）74LS279引脚排列图　　　　　　　　（b）CC4044引脚排列图

图 8-1-5　集成 RS 触发器芯片引脚排列图

④基本 RS 触发器的特点：

a. 功能特点：

● 触发器的次态不仅与输入信号状态有关，而且与触发器的现态有关。

● 电路具有两个稳定状态，在无外来触发信号作用时，电路将保持原状态不变。

● 在外加触发信号有效时，电路可以触发翻转，实现置 0 或置 1 功能。$\overline{R}_D$ 为复位输入端，$\overline{S}_D$ 为置位输入端。

● 在稳定状态下两个输出端的状态必须是互补关系，即有约束条件。

b. 结构特点。基本 RS 触发器具有线路简单、操作方便等优点，被广泛应用于键盘输入电路、开关消噪声电路及运控部件中某些特定的场合，但输出状态直接受输入信号的控制，使用范围受限。

（2）同步 RS 触发器（钟控 RS 触发器）及其功能测试

①电路结构与工作原理。为了克服基本 RS 触发器不能控制翻转时刻的缺点，需要采用同步触发器（又称钟控触发器），它是在基本 RS 触发器的基础上加入控制门和时钟脉冲信号 CP 组成的。时钟脉冲信号 CP（同步信号）是一种控制命令（触发信号），控制触发器翻转，是一串矩形脉冲。

具有时钟脉冲控制端的 RS 触发器称为钟控 RS 触发器，又称同步 RS 触发器。钟控 RS 触发器的状态变化不仅取决于输入信号的变化，而且还受时钟脉冲信号 CP 的控制。

电路结构图和图形符号如图 8-1-6 所示，$\overline{R}_D$ 是直接置 0 端，$\overline{S}_D$ 为直接置 1 端，触发器工作前可根据需要设置，但在触发器正常工作时，应将其悬空为 "1"。

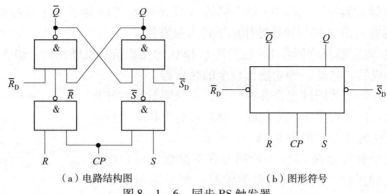

（a）电路结构图　　　　　　（b）图形符号

图 8 - 1 - 6　同步 RS 触发器

当 $CP = 0$ 时，无论两个输入端 R 和 S 如何，同步 RS 触发器的状态不能发生改变，只有当 $CP = 1$ 时，同步 RS 触发器才会按输入信号改变状态。

②功能描述。将 $\overline{R}_D$、$\overline{S}_D$ 代入基本 RS 触发器的特性方程中，可得出同步 RS 触发器的特征方程为

$$\begin{cases} Q^{n+1} = S + \overline{R}Q^n \\ RS = 0 \quad（约束条件） \end{cases}$$

其中 $RS = 0$ 表示 R 与 S 不能同时为 1。该方程表明当 $CP = 1$ 时，同步 RS 触发器的状态按特性方程转移，即时钟信号为 1 时才允许外输入信号起作用。

同理还可得出 $CP = 1$ 时，同步 RS 触发器的状态表见表 8 - 1 - 2，状态转移图、时序图如图 8 - 1 - 7 所示。

表 8 - 1 - 2　同步 RS 触发器的状态表

R	S	Q^{n+1}	R	S	Q^{n+1}
0	0	Q^n	1	0	0
0	1	1	1	1	×

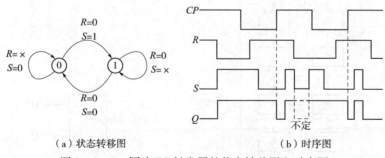

（a）状态转移图　　　　　　（b）时序图

图 8 - 1 - 7　同步 RS 触发器的状态转移图和时序图

同步 RS 触发器是在 R 和 S 分别为 1 时清 0 和置 1，称 R、S 高电平有效，所以逻辑符号的 R、S 输入端不加小圆圈。

3. JK 触发器、D 触发器功能及测试

（1）同步 JK 触发器与同步 D 触发器

由于同步 RS 触发器也存在 $RS = 0$ 的约束条件，给使用也带来了不便。为了克服这个缺点，又引出了同步 D 触发器和同步 JK 触发器。

模块

8

时序逻辑电路及其测试

同步 D 触发器是在同步 RS 触发器输入端 S 和 R 之间加了一个反相器构成的，它将 D 端的输入信号在时钟脉冲作用下置入触发器。

同步 JK 触发器是将同步 RS 触发器 Q 和 $\overline{Q}$ 的互非信号反馈到两个输入控制门的输入端后构成的，它是一种功能比较全的触发器。

同步触发器的共同缺点是存在空翻，空翻即触发脉冲作用期间，输入信号发生多次变化时，触发器输出状态也相应发生多次变化的现象，如图 8-1-8 所示。

由于同步触发器在 $CP=1$ 期间存在空翻现象，它的使用受到一定的限制，只能用于数据锁存，而不能用于计数器、移位寄存器和存储器。为此，现在多采用无空翻的主从触发器和边沿触发器，它只能在 CP 边沿时刻翻转，可靠性和抗干扰能力强，应用范围广。

（2）主从 JK 触发器、边沿 JK 触发器与维持阻塞 D 触发器

①主从 JK 触发器及图形符号。主从 JK 触发器由两个同步触发器组成，如图 8-1-9（a）所示。一个为主触发器，其输出状态用 Q_M 和 $\overline{Q}_M$ 表示，另一个为从触发器，其输出状态也是触发器的输出状态，用 Q 和 $\overline{Q}$ 表示。由于主、从两个触发器的时钟脉冲输入端之间接了一个反相器，使主触发器和从触发器分别工作在时钟脉冲 CP 的两个不同时区内，因此，它的动作过程分两步：第一步是在 $CP=1$ 期间，从触发器被封锁，保持原状态不变，主触发器接收 J、K 端的输入信号，使触发器的输出状态 Q_M 跟随 J、K 端的输入信号变化；第二步是 CP 由 1 负跃到 0（负跃变）时，主触发器被封锁，保持 CP 为高电平时接收的状态，这时从触发器时钟输入端的信号 $\overline{CP}$ 由 0 跃到 1 时，解除了封锁，接收主触发器的状态，使 $Q=Q_M$。可见，主从 JK 触发器是在 CP 下降沿到来时，输出状态跟随 J、K 端的输入信号变化的。

图 8-1-9（b）是主从 JK 触发器的图形符号，在 CP 输入端靠近方框处用一小圆圈表示下降沿触发，用"∧"表示边沿触发。

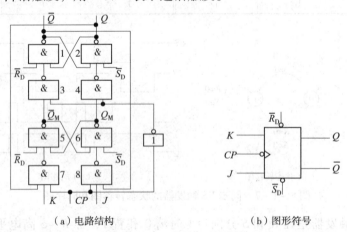

（a）电路结构　　　　（b）图形符号

图 8-1-9　主从 JK 触发器

②边沿 JK 触发器和边沿 D 触发器（维持阻塞 D 触发器）。主从 JK 触发器虽然克服了空翻现象，但却存在"一次变化"的问题，即主从 JK 触发器中的主触发器，在 $CP=1$ 期间其状态能且只能变化一次。这种变化可以是 J、K 变化引起，也可以是干扰脉冲引起，因此为提高抗干扰能力，产生了边沿触发方式的 JK 触发器和边沿

D 触发器（维持阻塞 D 触发器）。

边沿触发器只在时钟脉冲 CP 上升沿或下降沿到来时刻接收输入信号，而在 CP 其他时间内，电路的状态不会随输入 D 端或 J、K 端的信号发生变化。因此，边沿触发器具有很强的抗干扰能力和很高的工作可靠性。目前生产的集成触发器主要是边沿触发器。

a. 边沿 JK 触发器。边沿 JK 触发器通常用时钟脉冲 CP 的下降沿进行触发。它的逻辑功能、特性表、特性方程等和同步 JK 触发器、主从 JK 触发器相同，但使用条件不同，只有在时钟脉冲 CP 下降沿到来时才有效。这就是说，在 CP 下降沿到来时刻，触发器的状态才会改变，而电路翻转到何种状态则取决于此前一瞬间 J、K 端的输入信号，而在 CP 的其他时间内，触发器的输出状态不会随输入信号变化。

b. 边沿 D 触发器。边沿 D 触发器多为维持阻塞 D 触发器。维持阻塞 D 触发器通常采用时钟脉冲 CP 的上升沿进行触发。它的逻辑功能、特性表、特性方程等和同步 D 触发器相同，但使用条件不同。只有在时钟脉冲 CP 上升沿到来时刻才有效。也就是说，在 CP 上升沿到来的时刻，触发器才会根据此前一瞬间 D 端的输入信号翻转，而在 CP 的其他时间内，触发器的输出状态不会随输入信号变化。

维持阻塞 D 触发器的电路结构及图形符号如图 8 - 1 - 10 所示。其中门 1 ~ 门 4 构成钟控 RS 触发器。

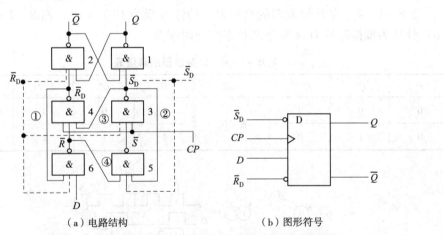

（a）电路结构　　　　　　　　　（b）图形符号

图 8 - 1 - 10　维持阻塞 D 触发器的电路结构及图形符号

门 5 和门 6 构成输入信号的导引门，D 是输入信号端，直接置 0 和置 1 端正常工作时保持高电平。

③JK 触发器与 D 触发器的功能。同步触发器、主从触发器及边沿触发器只是工作特点不同（即触发方式不同），但同一名称的触发器功能是一样的。

a. JK 触发器的功能描述。在数字电路中，凡在 CP 时钟脉冲控制下，根据输入信号 J、K 情况的不同，具有置 0、置 1、保持和翻转功能的电路，都称为 JK 触发器。

特性方程为 $Q^{n+1} = J\overline{Q^n} + \overline{K}Q^n$ $Q^{n+1} = J\overline{Q^n} + \overline{K}Q^n$，真值表如表 8 - 1 - 3 所示，图 8 - 1 - 11 （a）、（b）分别为 JK 触发器的状态图与时序图。

表 8 - 1 - 3　JK 触发器的真值表

CP J K Q^n	Q^{n+1}	功能	CP J K Q^n	Q^{n+1}	功能
0　×　×　×	Q^n	$Q^{n+1}=Q^n$ 保持	1　1　0　0	1	$Q^{n+1}=1$ 置 1
1　0　0　0	0	$Q^{n+1}=Q^n$ 保持	1　1　0　1	1	
1　0　0　1	1		1　1　1　0	1	$Q^{n+1}=\overline{Q}^n$ 翻转
1　0　1　0	0	$Q^{n+1}=0$ 置 0	1　1　1　1	0	
1　0　1　1	0				

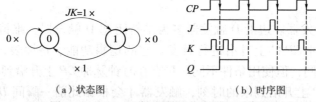

（a）状态图　　　　　　（b）时序图

图 8 - 1 - 11　JK 触发器的状态图与时序图

b. D 触发器的功能描述。在数字电路中，凡在 CP 时钟脉冲控制下，根据输入信号 D 情况的不同，具有置 0、置 1 功能的电路，都称为 D 触发器。

表 8 - 1 - 4　为 D 触发器的真值表，特性方程为 $Q^{n+1}=D^n$，图 8 - 1 - 12（a）、（b）分别为维持阻塞 D 触发器的状态图与时序图。

表 8 - 1 - 4　D 触发器的真值表

D	Q^n	Q^{n+1}	功能	D	Q^n	Q^{n+1}	功能
0	0	0	置 "0"	1	0	1	置 "1"
0	1	0		1	1	1	

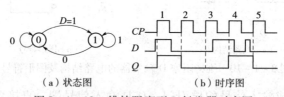

（a）状态图　　　　　　（b）时序图

图 8 - 1 - 12　维持阻塞型 D 触发器时序图

④集成 JK 触发器、D 触发器及应用。实际应用中大多采用集成 JK 触发器与集成 D 触发器。

a. 集成 JK 触发器。常用的集成芯片型号有下降沿触发的双 JK 触发器 74LS112、上升沿触发的双 JK 触发器 CC4027 和共用置 1、清 0 端的 74LS276 四 JK 触发器等，通常用于缓冲触发器、计数器和移位寄存器电路中。图 8 - 1 - 13 为 74LS112 及 CC4027 的引脚图。

b. 集成 D 触发器。常用的集成 D 触发器有双 D 触发器 74LS74 及 CC4013（引脚图如图 8 - 1 - 14 所示）、四 D 触发器 74LS75 和六 D 触发器 74LS176 等。

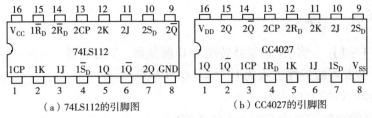

（a）74LS112的引脚图　　　（b）CC4027的引脚图

图 8-1-13　74LS112 及 CC4027 引脚图

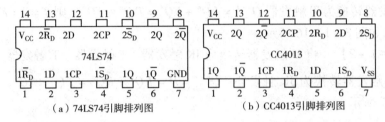

（a）74LS74引脚排列图　　　（b）CC4013引脚排列图

图 8-1-14　74LS74 及 CC4013 引脚图

（3）T 触发器和 T′触发器

把 JK 触发器的两输入端子 J 和 K 连在一起作为一个输入端子 T 时，即可构成一个 T 触发器。将 $J = K = T$，代入 JK 触发器的特性方程 $Q^{n+1} = T \overline{Q}^n + \overline{T} Q^n$，其真值表及时序图分别见表 8-1-5 与图 8-1-15。

表 8-1-5　T 触发器真值表

T	Q^n	Q^{n+1}	逻辑功能
0	0	0	保持
0	1	1	保持
1	0	1	计数
1	1	0	计数

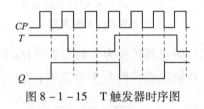

图 8-1-15　T 触发器时序图

显然 T 触发器只具有保持和翻转两种功能。

若让 T 触发器恒输入"1"时，就只具有了一种功能——翻转，此时 T 触发器就变成了 T′触发器。T′触发器的特性方程为 $Q^{n+1} = \overline{Q}^n$。

4. 触发器之间的相互转换

T、T′触发器可由 JK 触发器变换得到。通常各触发器之间都可以相互转换，由已知的触发器得到所需要的触发器，转换方法就是利用令已有触发器和待求触发器的特性方程相等的原则，求出转换逻辑，具体步骤如下：

转换步骤（请参看【例 8-1-1】和【例 8-1-2】）：

①写出已有触发器和待求触发器的特性方程。

②变换待求触发器的特性方程，使之形式与已有触发器的特性方程一致。

③比较已有和待求触发器的特性方程，根据两个方程相等的原则求出转换逻辑。

④根据转换逻辑画出逻辑电路图。

注意：转换后，触发方式仍为原触发器的触发方式。

应用举例——练

【例 8-1-1】 将 JK 触发器转换为 D 触发器、T 触发器。

解 JK 触发器的特性方程为 $Q^{n+1} = J\overline{Q}^n + \overline{K}Q^n$。

D 触发器的特性方程为 $Q^{n+1} = D^n$。

T 触发器的特性方程为 $Q^{n+1} = T\overline{Q}^n + \overline{T}Q^n$。

JK 触发器转换为 D 触发器 $Q^{n+1} = J\overline{Q}^n + \overline{K}Q^n + D\overline{Q}^n + DQ^n$，则 $D = J$，$D = \overline{K}$。

JK 触发器转换为 T 触发器 $Q^{n+1} = J\overline{Q}^n + \overline{K}Q^n = T\overline{Q}^n + \overline{T}Q^n$，则 $T = J = K$。

电路图如图 8-1-16 所示。

【例 8-1-2】 将 D 触发器转换为 JK 触发器、T 触发器、T′触发器。

解 D 触发器转换为 JK 触发器：$Q^{n+1} = D = J\overline{Q}^n + \overline{K}Q^n = \overline{\overline{J\overline{Q}^n} \cdot \overline{\overline{K}Q^n}}$，电路图如图 8-1-17 所示。

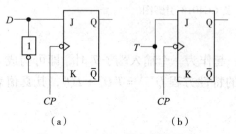

（a）　　　　　　（b）

图 8-1-16　JK 触发器转换为
D 触发器、T 触发器

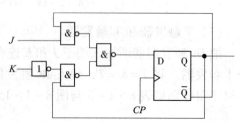

图 8-1-17　D 触发器转换为 JK 触发器

D 触发器转换为 T 触发器：$D = T \oplus Q^n$，电路图如图 8-1-18 所示。

D 触发器转换为 T′触发器：$D = \overline{Q}^n$，电路图如图 8-1-19 所示。

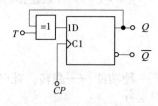

图 8-1-18　D 触发器转换为
T 触发器

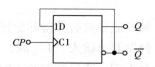

图 8-1-19　D 触发器转换为
T′触发器

探究实践——做

①查阅资料，找出 74LS112、CC4027、74LS74、74LS75、74LS176 等芯片引脚排列图，研究它们各自功能并动手测试它们的逻辑功能。

②根据【例 8-1-1】和【例 8-1-2】实现触发器的转换。

③采用双 D 触发器 74LS74 设计电路，模拟两名乒乓球运动员在练球时，乒乓球能往返运转。提示：两个 CP 端脉冲分别由两名运动员操作，两触发器的输出状态用逻辑电平显示。

8.1.2 触发器典型应用——555定时器

图8-1-20所示为555触摸定时电路,当需要开灯时,用手触摸一下金属片P,灯即刻点亮,并延时几分钟自动熄灭。在这个应用电路中,核心器件是一片集成芯片555定时器。

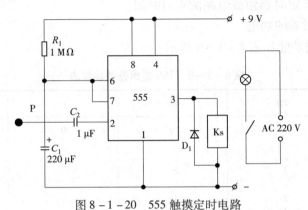

图8-1-20 555触摸定时电路

📖 **问题聚焦——思**

- 555定时器结构;
- 555定时器构成施密特触发器、单稳态触发器和多谐振荡器的方法。

📖 **知识链接——学**

555定时器是一种将模拟电路和数字电路集成于一体的电子器件。用它可以构成单稳态触发器、多谐振荡器和施密特触发器等多种电路。555定时器在工业控制、定时、检测、报警等方面有广泛应用。

1.555定时器的电路结构和功能

555定时器的电路结构和引脚排列如图8-1-21所示。

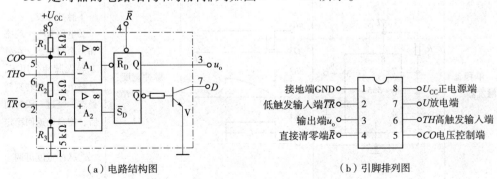

（a）电路结构图　　　　　（b）引脚排列图

图8-1-21 555定时器电路结构图与引脚排列图

（1）555 定时器的组成

555 定时器主要由一个电阻分压器、两个电压比较器、一个基本 RS 触发器、输出缓冲级和放电管等部分组成。电阻分压器由三个精密电阻器组成，CO 端悬空时，$U_{R1} = \frac{2}{3}V_{CC}$，$U_{R2} = \frac{1}{3}V_{CC}$，它为两个电压比较器 A_1 和 A_2 提供了精确的基准电压，两个电压比较器的输出信号用以控制基本 RS 触发器的输出状态，并通过输出缓冲级控制输出状态。如在电压控制端 CO 接入固定电压时，将改变电压比较器的基准电压，从而改变 555 定时器组成电路的定时时间。

（2）555 定时器的功能

555 定时器的功能如表 8 – 1 – 6 所示。

表 8 – 1 – 6　555 定时器的功能表

$\overline{R_d}$	TH	$\overline{TR}$	u_o	V
0	×	×	0	导通
1	$> \frac{2}{3}V_{CC}$	$> \frac{1}{3}V_{CC}$	0	导通
1	$< \frac{2}{3}V_{CC}$	$< \frac{1}{3}V_{CC}$	1	截止
1	$< \frac{2}{3}V_{CC}$	$> \frac{1}{3}V_{CC}$	不变	不变

2. 555 定时器的典型应用

555 定时器的典型应用主要有施密特触发器、单稳态触发器、多谐振荡器和施密特触发器等。它们的电路结构、工作波形、主要参数及工作特点如表 8 – 1 – 7 所示。

表 8 – 1 – 7　555 定时器的主要应用

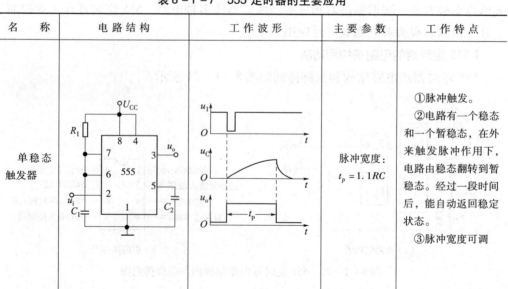

名　称	电路结构	工作波形	主要参数	工作特点
单稳态触发器			脉冲宽度：$t_p = 1.1RC$	①脉冲触发。②电路有一个稳态和一个暂稳态，在外来触发脉冲作用下，电路由稳态翻转到暂稳态。经过一段时间后，能自动返回稳定状态。③脉冲宽度可调

名　称	电路结构	工作波形	主要参数	工作特点
多谐振荡器	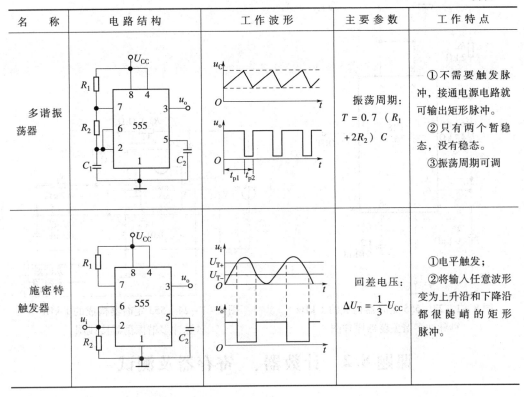		振荡周期：$T = 0.7（R_1 + 2R_2）C$	①不需要触发脉冲，接通电源电路就可输出矩形脉冲。②只有两个暂稳态，没有稳态。③振荡周期可调
施密特触发器			回差电压：$\Delta U_T = \dfrac{1}{3}U_{CC}$	①电平触发；②将输入任意波形变为上升沿和下降沿都很陡峭的矩形脉冲。

应用举例——练

【例8-1-3】 试分析图8-1-22所示555定时器应用电路的功能。

分析：此电路将555定时器连接成了多谐振荡器（自激振荡器），可调节发声频率与间歇时间，输出驱动扬声器发声，同时红、绿色发光二极管交替闪光。振荡器输出高电平时，红色发光二极管亮，绿色发光二极管灭；振荡器输出低电平时，绿色发光二极管亮，红色发光二极管灭。

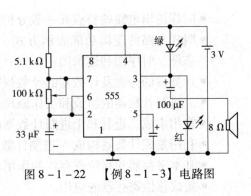

图8-1-22 【例8-1-3】电路图

探究实践——做

①测试验证555定时器的功能。

②利用555定时器组成多谐振荡器、单稳态触发器和施密特触发器并验证功能。

③图8-1-23所示是由555定时器构成的1kHz秒脉冲多谐振荡器原理图，试在面包板上（或在印制电路板上）搭建实验电路进行测试。（参考接线图如图8-1-24所示。）

模块8 时序逻辑电路及其测试

269

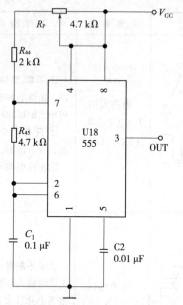

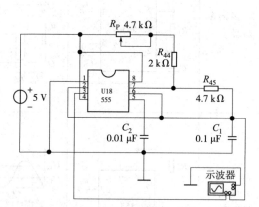

图 8 – 1 – 23 555 定时器构成的 1 kHz
秒脉冲多谐振荡器原理图

图 8 – 1 – 24 555 定时器构成的 1 kHz
秒脉冲多谐振荡器接线图

课题 8.2 计数器、寄存器及测试

 知识与技能要点

- 时序逻辑电路的特点和一般分析方法；
- 时序电路的逻辑功能表示方式：逻辑表达式（方程）、状态表、卡诺图、状态图、时序图和逻辑图；
- 计数器的分类及计数器的计数规律；
- 二进制计数器的组成和工作原理；
- 常用集成二进制和十进制计数器的功能及其应用；
- 利用集成计数器构成 N 进制计数器的方法；
- 基本寄存器和移位寄存器的作用和工作原理；
- 集成移位寄存器的应用。

8.2.1 时序逻辑电路的分析及典型电路功能的测试

知识迁移——导

组合逻辑电路的分析可以概括为如下流程：

时序逻辑电路作为数字电子技术的重要与核心部分，该如何进行分析？

问题聚焦——思

- 时序逻辑电路及其特点、分类、功能、表示方式；
- 时序逻辑电路的一般分析方法；
- 典型时序逻辑电路功能的测试。

知识链接——学

1. 时序逻辑电路的相关概念

在数字电路中，凡任何时刻电路的稳态输出，不仅和该时刻的输入信号有关，而且还取决于电路原来的状态的，都可以称为时序逻辑电路。

（1）时序逻辑电路的特点

①电路结构特点：由存储电路和组合逻辑电路组成。

时序逻辑电路的结构组成可以用图8-2-1所示的框图来表示。从电路框图来看，时序逻辑电路由存储电路和组合逻辑电路组成。

②逻辑功能特点：时序逻辑电路在任何时刻的稳定输出，不仅与该时刻的输入信号有关，而且还与电路原来的状态有关。

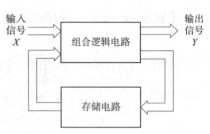

图8-2-1　时序逻辑电路的结构

（2）时序逻辑电路的分类

时序逻辑电路的种类繁多，在科研、生产、生活中完成各种各样操作的例子也是千变万化的。通常时序逻辑电路可进行如下分类：

①按功能可分为计数器、寄存器、移位寄存器、读/写存储器、顺序脉冲发生器等。

②按电路中触发器状态变化是否同步可分为同步时序电路和异步时序电路。在同步时序逻辑电路中，所有触发器的时钟端均连在一起由同一个时钟脉冲触发，其状态的变化都与输入时钟脉冲同步。在异步时序逻辑电路中，只有部分触发器的时钟端与输入时钟脉冲相连而被触发，而其他触发器则靠时序电路内部产生的脉冲触发，故其状态变化不同步。

③按输出信号的特性又可分为米利型和摩尔型：

米利型时序电路的输出不仅与现态有关，而且还决定于电路当前的输入。

摩尔型时序电路的输出仅决定于电路的现态，与电路当前的输入无关；或者根本就不存在独立设置的输出，而以电路的状态直接作为输出。

④按能否编程又有可编程时序逻辑电路和不可编程时序逻辑电路之分。

⑤按集成度的不同还可分为小规模（SSI）、中规模（MSI）、大规模（LSI）和超大规模（VLSI）时序逻辑电路。

⑥按使用的开关元件类型可分为TTL型时序逻辑电路和CMOS型时序逻辑电路。

（3）时序电路逻辑功能的描述

时序电路的逻辑功能可用逻辑表达式（方程）、状态表、卡诺图、状态图、时序图和逻辑图六种方式描述，这些描述方法在本质上是相同的，可以互相转换。

2. 时序逻辑电路的基本分析方法

时序逻辑电路分析方法可按如下流程：

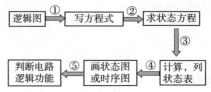

具体方法的运用请参考【例8-2-1】。

 **应用举例——练**

【例8-2-1】 时序逻辑电路如图8-2-2所示，试分析它的逻辑功能。

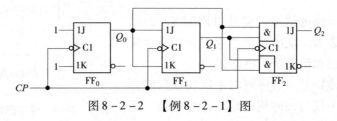

图8-2-2 【例8-2-1】图

解 ①写方程式：写出所给逻辑电路的时钟方程、驱动方程、输出方程

时钟方程：由电路可知，该电路由三个 JK 触发器构成。总 CP 脉冲分别与每个触发器的时钟脉冲端相连，因此电路是一个同步时序逻辑电路，时钟方程为 $CP_1 = CP_2 = CP_3 = CP$（同步时序逻辑电路时钟方程可略）

驱动方程为

$$J_0 = K_0 = 1$$
$$J_1 = K_1 = Q_0^n$$
$$J_2 = K_2 = Q_1^n Q_0^n$$

输出方程：此为摩尔型电路，没有独立设置的输出。

②求状态方程。将上述驱动方程代入 JK 触发器的特性方程 $Q^{n+1} = J \overline{Q^n} + \overline{K} Q^n$ 中，得到电路的状态方程为

$$Q_0^{n+1} = \overline{Q_0^n}$$
$$Q_1^{n+1} = \overline{Q_0^n} Q_0^n + Q_1^n \overline{Q_0^n}$$
$$Q_2^{n+1} = \overline{Q_0^n} Q_1^n Q_0^n + Q_1^n \overline{Q_0^n} + Q_2^n \overline{Q_0^n}$$

③计算、列状态表。先依次设定电路现态 $Q_2^n Q_1^n Q_0^n$，再将其代入状态方程及输出方程，得出相应次态 $Q_2^{n+1} Q_1^{n+1} Q_0^{n+1}$ 及输出 C，列出状态表。

在列表时可首先假定电路的现态 $Q_2^n Q_1^n Q_0^n$ 为 000，代入状态方程，得出电路的次态 $Q_2^{n+1} Q_1^{n+1} Q_0^{n+1}$ 为 001，再以 001 作为现态求出下一个次态 010，如此反复进行，即可列出所分析电路的状态表。此例题经过计算得到的状态表见表8-2-1。

表 8 - 2 - 1 　　【例 8 - 2 - 1】状态表

现　态			次　态		
Q_2^n	Q_1^n	Q_0^n	Q_2^{n+1}	Q_1^{n+1}	Q_0^{n+1}
0	0	0	0	0	1
0	0	1	0	1	0
0	1	0	0	1	1
0	1	1	1	0	0
1	0	0	1	0	1
1	0	1	1	1	0
1	1	0	1	1	1
1	1	1	0	0	0

④画状态图、时序图。根据状态表画状态图和时序图，如图 8 - 2 - 3 及图 8 - 2 - 4 所示。

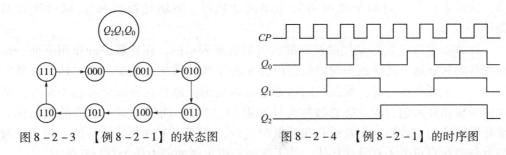

图 8 - 2 - 3 　【例 8 - 2 - 1】的状态图　　　　图 8 - 2 - 4 　【例 8 - 2 - 1】的时序图

⑤指出电路功能。由状态表、状态图、时序图均可看出，此电路有八个有效工作状态，在时钟脉冲 CP 的作用下，由初始 000 状态依次递增到 111 状态，其递增规律为每输入一个 CP 脉冲，电路输出状态按二进制运算规律加 1，所以此电路是一个三位二进制同步加法计数器。

探究实践——做

按【例 8 - 2 - 1】连接电路，验证逻辑功能。

8.2.2　计数器及其测试

知识迁移——导

观察图 8 - 1 - 1 数字钟整体框图，可以看到构成数字钟的器件中，计数器是其核心器件。

问题聚焦——思

- 计数器的组成及工作原理、分类；
- 常用集成二进制和十进制计数器的功能及其应用；

模块 8　时序逻辑电路及其测试

273

• 利用集成计数器构成任意 N 进制计数器的方法。

知识链接——学

计数器是数字系统中应用最广泛的时序逻辑电路之一，它的基本功能是对 CP 时钟脉冲进行计数，广泛应用于各种数字运算、测量、控制及信号产生电路中。

1. 计数器的功能及分类

（1）功能

在数字电路中，能够记忆输入脉冲个数的电路称为计数器。

计数器是时序逻辑电路的具体应用，用来累计并寄存输入脉冲个数，计数器的基本组成单元是各类触发器。

（2）分类

计数器的种类很多。按其工作方式可分为同步计数器，［电路中所有触发器共用同一时钟脉冲（输入计数脉冲）］和异步计数器（电路中触发器不采用统一的时钟脉冲）；按计数进位制不同可分为二进制计数器、十进制计数器和任意进制计数器；按计数过程中计数的增减可分为加法计数器、减法计数器和加/减可逆计数器等。

计数器中的"数"是用触发器的状态组合来表示的，在计数脉冲作用下使一组触发器的状态逐个转换成不同的状态组合来表示数的增加或减少，即可达到计数的目的。计数器在运行时，所经历的状态是周期性的，总是在有限个状态中循环，通常将一次循环所包含的状态总数称为计数器的"模"，而将不进入循环的状态称为该计数器中的无效码。无效码若在开机时出现，不用人工或其他设备的干预，计数器就能很快自行进入有效循环体，使无效码不再出现的能力称为自启动能力。

2. 二进制计数器

当时序逻辑电路的触发器位数为 n，电路状态按二进制数的自然态序循环，经历 2^n 个独立状态时，称此电路为二进制计数器。

二进制计数器除了按同步、异步分类外，按计数的加减规律还可分为加法计数器、减法计数器和加/减可逆计数器。

（1）异步二进制计数器

①电路组成。图 8 - 2 - 5 所示为三位二进制异步加法计数器结构图。

②工作原理。最低位触发器每来一个计数脉冲就翻转一次，高位触发器只有当相邻的低位触发器从 1 变 0，而向其输出进位脉冲时才翻转。

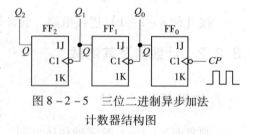

图 8 - 2 - 5　三位二进制异步加法计数器结构图

a. 时钟方程。选用 3 个 CP 下降沿触发的 JK 触发器，分别用 FF_0、FF_1、FF_2 表示。

触发器 FF_0 用时钟脉冲 CP 触发，FF_1 用 Q_0 触发，FF_2 用 Q_1 触发。

b. 驱动方程。三个 JK 触发器都是在需要翻转时就有下降沿，不需要翻转时没有下降沿，所以三个 JK 触发器都应接成 T' 触发器，计数器计数状态下清零端应悬

空为"1",让输入端恒为高电平1,即

$$\begin{cases} J_0 = K_0 = 1 \\ J_1 = K_1 = 1 \\ J_2 = K_2 = 1 \end{cases}$$

c. 时序图。相应触发器在得到一个下降沿触发信号就翻转一次,这样,可画出该电路时序图如图8-2-6所示,实现了模为八的二进制异步加法计数器。

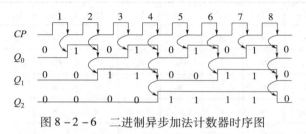

图8-2-6 二进制异步加法计数器时序图

三位二进制异步减法计数器读者自行分析。下面给出二进制异步计数器级间连接规律,如表8-2-2所示。

表8-2-2 二进制异步计数器级间连接规律

连接规律	T触发器的触发沿	
	上升沿	下降沿
加法计数	$CP_i = \overline{Q}_{i-1}$	$CP_i = Q_{i-1}$
减法计数	$CP_i = Q_{i-1}$	$CP_i = \overline{Q}_{i-1}$

（2）同步二进制计数器

①电路组成。图8-2-7所示为三位二进制同步加法计数器结构图,其特点就是各个触发器的时钟脉冲为同一个计数输入脉冲,它们状态的更新是同时的,对每一个触发器而言,只有几个J端全为1时,J端是1,否则是0。

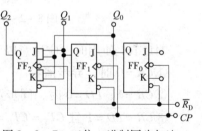

图8-2-7 三位二进制同步加法
计数器结构图

②工作原理:

a. 驱动方程:

FF_0:每来一个计数脉冲就翻转一次,故 $J_0 = K_0 = 1$。

FF_1:在 $Q_0 = 1$ 时,再来一个脉冲才翻转一次,故 $J_1 = K_1 = Q_0$。

FF_2:在 $Q_1 = Q_0 = 1$ 时,再来一个脉冲才翻转一次,故 $J_2 = K_2 = Q_1 Q_0$。

b. 时序图。由上分析,得出触发器翻转条件,可画出该电路时序图如图8-2-6所示,只是各触发器的翻转是在相同 CP 时钟作用下同步翻转。

三位二进制同步减法计数器,其电路构成只需将同步加法计数器电路的 $\overline{Q}$ 替代 Q 即可,读者可自行分析。

（3）集成二进制计数器

常用的集成二进制计数器有同步四位二进制计数器 74LS161/ 74LS163（74LS161 采用的是异步清零、同步置数方式,而 74LS163 清零与置数都是采用

模块 8 时序逻辑电路及其测试

275

同步方式）、双四位集成二进制同步加法计数器 CC4520、异步二进制计数器 74LS93/74LS197、同步可逆四位二进制计数器 74LS193、二进制加/减同步计数器 74LS191。

下面介绍同步四位二进制计数器 74LS161 功能及正确使用方法。

74LS161 的功能表、引脚排列图及图形符号如表 8-2-3 及图 8-2-8 所示。

表 8-2-3 74LS161 的功能表

$\overline{CR}$	$\overline{LD}$	CT_P	CT_T	CP	D_3	D_2	D_1	D_0	Q_3	Q_2	Q_1	Q_0
0	×	×	×	×	×	×	×	×	0	0	0	0
1	0	×	×	↑	d_3	d_2	d_1	d_0	d_3	d_2	d_1	d_0
1	1	1	1	↑	×	×	×	×	递增计数			
1	1	0	×	×	×	×	×	×	保持			
1	1	×	0	×	×	×	×	×	保持			

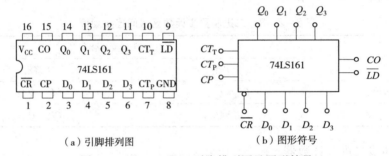

（a）引脚排列图　　　　　（b）图形符号

图 8-2-8 74LS161 引脚排列图及图形符号

74LS161 使用时，应注意以下几方面：

①$\overline{CR}=0$ 时，异步清零。

②$\overline{CR}=1$、$\overline{LD}=0$ 时，同步置数。

③$\overline{CR}=\overline{LD}=1$ 且 $CT_T=CT_P=1$ 时，按照四位自然二进制码进行同步二进制计数（模十六）。

④$\overline{CR}=\overline{LD}=1$ 且 $CT_T \cdot CT_P=0$ 时，计数器状态保持不变。

3. 十进制计数器

四位二进制加法计数器的计数状态有十六个，为了表示十进制数的十个数码，需要去掉六种状态。至于去掉哪种，可有不同的编码方法。常用的 8421 BCD 编码方式，是取四位二进制数前面的 0000～1001 来表示十进制的 0～9 十个数码，而去掉后面的 1010～1111。

（1）十进制加法计数器

下面以同步十进制加计数器为例，介绍电路的组成及工作原理。要求四位二进制计数器从 0000 开始计数，到第九个脉冲作用后变为 1001，再输入第十个脉冲返回初始状态 0000。经过十个脉冲循环一次，实现"逢十进一"。

①电路结构。图 8-2-9 为同步十进制加法计数器结构原理图。

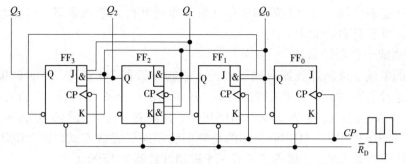

图 8-2-9　同步十进制加法计数器结构原理图

②工作原理。该计数器由四个 JK 触发器组成同步结构，$CP_0 = CP_1 = CP_2 = CP_3 = CP$，各触发器输入端 J、K 驱动方程如下：

$$J_0 = K_0 = 1$$

$$J_1 = \overline{Q_3}Q_0, \quad K_1 = Q_0$$

$$J_2 = K_2 = Q_1Q_0$$

$$J_3 = Q_2Q_1Q_0, \quad K_3 = Q_0$$

代入 JK 触发器的特性方程，得到状态方程如下：

$$Q_0^{n+1} = J_0\overline{Q_0^n} + \overline{K_0}Q_0^n = \overline{Q_0^n}$$

$$Q_1^{n+1} = J_1\overline{Q_1^n} + \overline{K_1}Q_1^n = \overline{Q_3^n}\overline{Q_2^n}Q_0^n + Q_1^n\overline{Q_0^n}$$

$$Q_2^{n+1} = J_2\overline{Q_2^n} + \overline{K_2}Q_2^n = \overline{Q_2^n}Q_1^nQ_0^n + Q_2^n\overline{Q_1^n}\overline{Q_0^n}$$

$$Q_3^{n+1} = J_3\overline{Q_3^n} + \overline{K_3}Q_3^n = \overline{Q_3^n}Q_2^nQ_1^nQ_0^n + Q_3^n\overline{Q_0^n}$$

由状态方程可写出同步十进制加法计数器的状态表，见表 8-2-4。

表 8-2-4　同步十进制加法计数器的状态表

CP	Q_3	Q_2	Q_1	Q_0	Q_3^{n+1}	Q_2^{n+1}	Q_1^{n+1}	Q_0^{n+1}
1↓	0	0	0	0	0	0	0	1
2↓	0	0	0	1	0	0	1	0
3↓	0	0	1	0	0	0	1	1
4↓	0	0	1	1	0	1	0	0
5↓	0	1	0	0	0	1	0	1
6↓	0	1	0	1	0	1	1	0
7↓	0	1	1	0	0	1	1	1
8↓	0	1	1	1	1	0	0	0
9↓	1	0	0	0	1	0	0	1
10↓	1	0	0	1	0	0	0	0
无效码	1	0	1	0	1	0	1	1
	1	0	1	1	0	1	0	0
	1	1	0	0	1	1	0	1
	1	1	0	1	0	1	1	0
	1	1	1	0	1	1	1	1
	1	1	1	1	0	1	0	0

观察状态表可知，该计数器如果在计数开始时处在无效码状态，可自行进入有效循环体，具有自启动能力。

（2）集成十进制计数器

常用的集成十进制计数器有同步可逆十进制计数器 74LS192、单时钟集成十进制同步可逆计数器 74LS190（引脚排列图、逻辑功能示意图与 74LS191 相同）、集成十进制同步加法计数器 74LS160/74LS162（引脚排列图、逻辑功能示意图与 74LS161/74LS163 相同，74L160 采用的是异步清零同步置数方式，而 74LS162 采用的是同步清零置数方式）、集成二 – 五 – 十进制计数器 74LS90。

下面介绍 74LS90 功能及正确使用方法。

74LS90 的功能表、引脚排列图及图形符号图如表 8 – 2 – 5 及图 8 – 2 – 10 所示。

表 8 – 2 – 5　74LS90 的功能表

输　入						输　出			
R_{OA}	R_{OB}	S_{OA}	S_{OB}	CP_0	CP_1	Q_0^{n+1}	Q_1^{n+1}	Q_2^{n+1}	Q_3^{n+1}
1	1	0	×	×	×	0	0	0	0（清零）
1	1	×	0	×	×	0	0	0	0（清零）
×	×	1	1	×	×	1	0	0	1（置9）
×	0	×	0	↓	0	二进制计数			
×	0	0	×	0	↓	五进制计数			
0	×	0	×	↓	Q_0	8421 码十进制计数			
0	×	0	×	Q_1	↓	5421 码十进制计数			

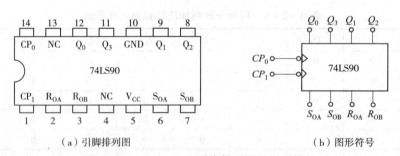

（a）引脚排列图　　　　　　　　　　（b）图形符号

图 8 – 2 – 10　74LS90 引脚排列图及图形符号

4. 任意 N 进制计数器

目前生产的集成计数器有集成异步计数器和集成同步计数器两大类，后者为主流产品。由于计数器的置零和置数有异步的，也有同步的，利用这些功能可很方便地构成任意进制计数器。利用集成二进制计数器或十进制计数器外部不同方式的连接可构成任意进制计数器，常用两种方法如下：

（1）反馈法

如需要的计数器进制数小于现有成品集成计数器，则可选择单片集成计数器，采用反馈法实现。

反馈法包括置零法与置数法：利用计数器的复位端（置数端）强迫计数器清零

（置数），使电路跳过某些状态，重新开始新一轮计数。

根据已知的集成计数器清零与置数方式（为方便叙述，预置数为 0）的不同，构成任意 N 进制计数器的方法分别如下：

①用同步清零端或置数端归零构成 N 进置计数器。步骤如下：

a. 写出状态 S_{N-1} 馈的二进制代码。

b. 求归零逻辑，即求同步清零端或置数端信号的逻辑表达式。

c. 画连接电路图。

详细过程请参考【例 8-2-2】。

②用异步清零端或置数端归零构成 N 进置计数器。用异步清零端或置数端归零构成 N 进置计数器步骤中，除第一步改为写出状态 S_N 的二进制代码之外（S_N 是短暂出现的），第二步和第三步一致。

详细过程请参考【例 8-2-3】。

在前面介绍的集成计数器中，清零、置数均采用同步方式的有 74LS163；均采用异步方式的有 74LS193、74LS197、74LS192；清零采用异步方式、置数采用同步方式的有 74LS161、74LS160；有的只具有异步清零功能，如 CC4520、74LS190、74LS191；74LS90 则具有异步清零和异步置 9 功能。

（2）级连法

如果所需要的计数器的进制数大于现有成品计数器，则可通过多片集成计数器扩展实现。

图 8-2-11 为采用两片 74LS290 构成七十八进制计数器的电路原理图。

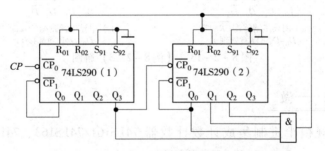

图 8-2-11 七十八进制计数器的电路原理图

应用举例——练

【例 8-2-2】 用反馈归零法将 74LS163 构成一个十二进制计数器。（清零、置数都采用同步方式）

解 ①写出状态 S_{N-1} 的二进制代码。

$$S_{N-1} = S_{12-1} = S_{11} = 1011$$

②求归零逻辑。将计数器的相应输出端与求得的二进制代码中为 1 的对应，以与的形式得出归零逻辑 $P_{11} = Q_3^n Q_1^n Q_0^n$。

③画连接电路图。若集成计数器的清零、置数端是高电平有效，则将归零逻辑通过与门接到清零、置数端；反之则用与非门。图 8-2-12 为 74LS163 用清零、置数归零法构成十二进制计数器。

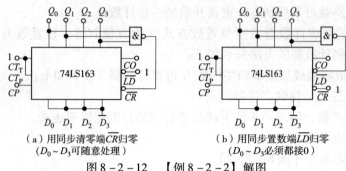

（a）用同步清零端$\overline{CR}$归零
（$D_0 \sim D_3$可随意处理）

（b）用同步置数端$\overline{LD}$归零
（$D_0 \sim D_3$必须都接0）

图 8 – 2 – 12　【例 8 – 2 – 2】解图

【例 8 – 2 – 3】　用74LS197构成一个十二进制计数器。（清零、置数都采用异步）

解　①写出状态S_N的二进制代码。

$$S_N = S_{12} = 1100$$

②求归零逻辑。

$$P_N = P_{12} = Q_3^n Q_2^n$$

③画连接电路图，如图 8 – 2 – 13 所示。

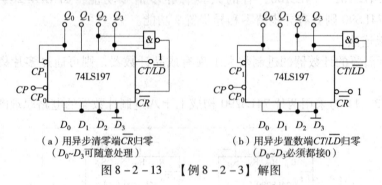

（a）用异步清零端$\overline{CR}$归零
（$D_0 \sim D_3$可随意处理）

（b）用异步置数端$CT/\overline{LD}$归零
（$D_0 \sim D_3$必须都接0）

图 8 – 2 – 13　【例 8 – 2 – 3】解图

探究实践——做

①验证中规模十进制集成计数计数器74LS161/74LS163、74LS160/74LS162、74LS90的功能。

②在例【例 8 – 2 – 2】中，如果置数端不是接0，而是接成某一数字，如0011，如何用反馈置数法构成十二进制数？

8.2.3　寄存器及其测试

知识迁移——导

简单而又实用的彩灯控制电路，核心器件就可以采用移位寄存器。稍微改动控制电路，就可以改变电路的不同工作状态，控制彩灯出现不同的闪烁效果。

问题聚焦——思

- 数码寄存器及移位寄存器的基本概念、工作原理；
- 集成寄存器逻辑功能及测试。

280

寄存器是用来暂时存放指令、参与运算的数据或结果等的重要的数字电子部件。

寄存器主要由具有存储功能的双稳态触发器组合而成。一个触发器可以存放1位二进制代码，要存放 n 位二进制代码，需用 n 个触发器来构成。

寄存器从功能上分，有数码寄存器、移位寄存器。

1. 数码寄存器

在数字系统中，用以暂存数码的数字电子部件称为数码寄存器。

（1）电路组成

图 8-2-14 所示是用四位 D 触发器组成的寄存器。

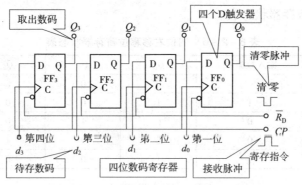

图 8-2-14 用四位 D 触发器组成的寄存器

（2）工作原理

由清零脉冲、接收脉冲、取数脉冲控制。

①清零：使各触发器复位。

②存放数码：设寄存数码为 1010，将其送至各触发器的 D 输入端，当接收脉冲上升沿到达时，触发器 FF_3、FF_1 翻转为 1 态，FF_2、FF_0 保持不变，使 $Q_3Q_2Q_1Q_0 = d_3d_2d_1d_0 = 1010$，待存数码就暂存到寄存器中。

③取出数码：各数码在输出端 Q_3、Q_2、Q_1、Q_0 同时取出。每当新数据被接收脉冲打入寄存器后，原存的旧数据便被自动刷新。

数码寄存器只能并行送入数据，需要时也只能并行输出。

2. 移位寄存器

用于存放数码和根据需要使数码向左或向右移位的电路称为移位寄存器，又称移存器。在 CP 脉冲信号的控制下，存储在移位寄存器中的数码同时顺序左移或右移。

移位寄存器不但可以存放代码，还可以依靠移位功能实现数据的串-并转换、数据运算及处理等功能。

移位寄存器分为单向移位寄存器和双向移位寄存器。

（1）单向移位寄存器

图 8-2-15 所示为 D 触发器组成的四位同步右移移位寄存器。数码由 FF_0 的 DI 端串行输入，电路工作原理如下：

在存数操作之前，先将各个触发器清零。当出现第 1 个移位脉冲 CP 时，待存

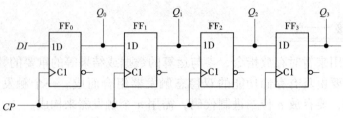

图 8 – 2 – 15　四位同步右移移位寄存器

数码的最高位和四个触发器的数码同时右移一位，即待存数码的最高位存入 Q_3，而寄存器原来所存数码的最高位从 Q_0 输出；出现第二个移位脉冲时，待存数码的次高位和寄存器中的四位数码又同时右移一位。依此类推，在四个移位脉冲作用下，寄存器中的四位数码同时右移四次，待存的四位数码便可存入寄存器。表 8 – 2 – 6 为四位右移移位位寄存器状态表。

表 8 – 2 – 6　四位右移移位寄存器状态表

移位脉冲 CP	输入数据 D_1	Q_0	Q_1	Q_2	Q_3
0	—	0	0	0	0
1	1	1	0	0	0
2	0	0	1	0	0
3	0	0	0	1	0
4	1	1	0	0	1

移位寄存器中的数码可由 Q_3、Q_2、Q_1、Q_0 并行输出，也可从 Q_3 串行输出，但需要继续输入四个移位脉冲信号才能从寄存器中取出存放的四位数码 1001。

根据同样的工作原理，可以组成左移移位寄存器，这里不再赘述。

（2）双向移位寄存器

若将右移移位寄存器和左移移位寄存器组合在一起，在控制电路的控制下，就可构成双向移位寄存器。

图 8 – 2 – 16 所示为四位双向移位寄存器 74LS194 的图形符号及引脚图。图中 $\overline{CR}$ 为置零端，$D_3 \sim D_0$ 为并行数码输入端，$Q_3 \sim Q_0$ 为并行数码输出端；D_{SR} 为右移串行数码输入端，D_{SL} 为左移串行数码输入端；M_1 和 M_0 为工作方式控制端。74LS194 的功能见表 8 – 2 – 7。

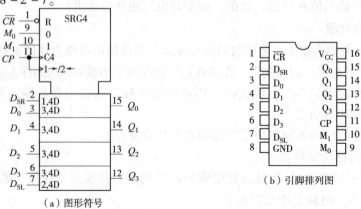

（a）图形符号　　　　（b）引脚排列图

图 8 – 2 – 16　四位双向移位寄存器 74LS194 的图形符号及引脚图

表 8 - 2 - 7　74LS194 的功能

输　入　变　量									输　出　变　量				说　　明
$\overline{CR}$	M_1	M_0	CP	D_{SL}	D_{SR}	D_0	D_1	D_2	Q_0	Q_1	Q_2	Q_3	
0	×	×	×	×	×	×	×	×	×	0	0	0	0	置0
1	×	×	0	×	×	×	×	×	×	保　持				—
1	1	1	↑	×	×	d_0	d_1	d_2	d_3	d_0	d_1	d_2	d_3	并行置数
1	0	1	↑	×	1	×	×	×	×	1	Q_0	Q_1	Q_2	右移输入1
1	0	1	↑	×	0	×	×	×	×	0	Q_0	Q_1	Q_2	右移输入0
1	1	0	↑	1	×	×	×	×	×	Q_1	Q_2	Q_3	1	左移输入1
1	1	0	↑	0	×	×	×	×	×	Q_1	Q_2	Q_3	0	左移输入0
1	0	0	×	×	×	×	×	×	×	保　持				—

　　显然，74LS194 芯片功能有异步清零、保持、并行置数、右移位串行送数和左移位串行送数五项功能。

　　①异步清零功能。$\overline{CR}=0$ 时，寄存器置0。$Q_3 \sim Q_0$ 均为 0 状态。

　　②保持功能。$\overline{CR}=1$ 且 $CP=0$ 或 $\overline{CR}=1$ 且 $M_1M_0=00$ 时，寄存器保持原态不变。

　　③并行置数功能。$CR=1$ 且 $M_1M_0=11$ 时，在 CP 上升沿作用下，$D_3 \sim D_0$ 端输入的数码 $d_3 \sim d_0$ 并行送入寄存器，是同步并行置数。

　　④右移串行送数功能。$\overline{CR}=1$ 且 $M_1M_0=01$ 时，在 CP 上升沿作用下，执行右移功能，D_{SR} 端输入的数码依次送入寄存器。

　　⑤左移串行送数功能。$\overline{CR}=1$ 且 $M_1M_0=10$ 时，在 CP 上升沿作用下，执行左移功能，D_{SL} 端输入的数码依次送入寄存器。

　　（3）移位寄存器的应用

　　移位寄存器中的数据可以在移位脉冲作用下依次逐位右移或左移，数据既可以并行输入、并行输出，也可以串行输入、串行输出，还可以并行输入、串行输出，串行输入、并行输出，十分灵活，用途也很广。

　　移位寄存器应用很广，利用移位寄存器可以构成移位寄存器型计数器、顺序脉冲发生器、串行累加器及数据转换器等。此外，移位寄存器在分频、序列信号发生、数据检测、模/数转换等领域中也获得应用。

　　①构成环形计数器。将移位寄存器的串行输出端和串行输入端连接在一起，就构成了环形计数器。如图 8 - 2 - 17 所示，D_0 和 Q_3 相连可构成工作时序为 1 的环形计数器，在输入 CP 时钟脉冲信号的作用下，寄存器中的数据将循环右移。

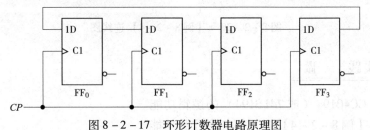

图 8 - 2 - 17　环形计数器电路原理图

上述电路，按照同步时序逻辑电路的分析方法，可以方便地列出该电路的状态图，如图 8 - 2 - 18 所示。

环形计数器的特点：N 位移位寄存器可以计 n 个数，实现模 n 计数器。状态为 1 的输出端的序号等于计数脉冲的个数，移位寄存器构成环形计数器时通常不需要译码电路。

实现环形计数器时，必须设置适当的初态，且初态不能完全为"1"或"0"，这样电路才能实现计数，图 8 - 2 - 18 所示状态图初态为 0001。

②构成扭环形计数器。如图 8 - 2 - 17 所示，将移位寄存器的串行反向输出端和串行输入端连接在一起，就构成了扭环形计数器。图 8 - 2 - 19 为扭环形计数器状态转换图（右移形）。

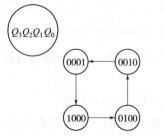

图 8 - 2 - 18 环形计数器状态图

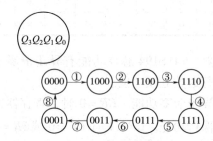

图 8 - 2 - 19 扭环形计数器状态转换图

实现扭环形计数时，不必设置初态。设初态为 0000，电路状态循环变化，循环过程包括八个状态，可实现八进制计数。此电路可用于彩灯控制。

扭环形计数器的进制数 N 与移位寄存器内的触发器个数 n 满足 $N = 2n$ 的关系。环形计数器是从 Q 端反馈到 D 端，而扭环形计数器则是从 $\overline{Q}$ 端反馈到 D 端。从 Q 端扭向 $\overline{Q}$ 端，故得扭环形的名称。扭环形计数器又称约翰逊计数器。

应用举例——练

【例 8 - 2 - 4】 用集成双向移位寄存器 74LS194 构成四位扭环形计数器

解 利用单向移位寄存器的串行输入端和串行输出端反相相连，便可构成四位扭环形计数器，实现八进制计数，如图 8 - 2 - 20 所示。

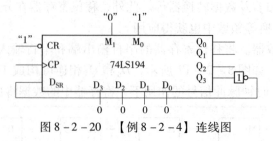

图 8 - 2 - 20 【例 8 - 2 - 4】连线图

探究实践——做

①测试 CC40194（或 74LS194）的逻辑功能。

②测试【例 8 - 2 - 4】实现扭环形计数功能。

小　结

模块8　时序逻辑电路及其测试

知识与技能	重　点	难　点
触发器及其测试	1. RS 触发器、D 触发器、JK 触发器、T 触发器和 T′触发器的图形符号、逻辑功能（特性表、特性方程）和触发方式（正电平、负电平、上升沿和下降沿触发）； 2. 触发器功能的几种描述方法； 3. 555 定时器构成多谐振荡器、单稳态触发器和施密特触发器的方法及特点	1. 触发器的电路结构及工作原理； 2. 各种触发器间的转换
时序逻辑电路的分析与设计	1. 时序逻辑电路的特点和一般分析方法； 2. 时序逻辑电路功能的描述方法	1. 同步时序逻辑电路的设计； 2. 异步时序逻辑电路的分析
计数器及其测试	1. 计数器的分类及二进制计数器的工作原理； 2. 常用中规模集成计数器功能的测试； 3. 利用集成计数器的置零功能和置数功能构成任意 N 进制计数器	不同进制计数器的电路设计
寄存器及其测试	1. 寄存器功能； 2. 移位寄存器构成计数器	利用移位寄存器和其他电路构成计数器

检 测 题

一、填空题

1. 触发器的逻辑功能通常可用 _____、_____、_____ 和 _____ 等多种方法进行描述。

2. 组合逻辑电路的基本单元是 _____；时序逻辑电路的基本单元是 _____。

3. _____ 触发器具有"空翻"现象，且属于 _____ 触发方式的触发器；为抑制"空翻"，人们研制出了 _____ 触发方式的 JK 触发器和 D 触发器。

4. JK 触发器具有 _____、_____、_____ 和 _____ 四种功能。欲使 JK 触发器实现 $Q^{n+1} = \overline{Q^n}$ 的功能，则输入端 J 应接 _____，K 应接 _____。

5. 同步 RS 触发器的状态变化是在时钟脉冲 _____ 期间发生的，主从 RS 触发器的状态转变是在时钟脉冲 _____ 发生的。

6. 触发器按照逻辑功能分类，在 CP 脉冲作用下，具有如题 6 表（a）、（b）所示功能的触发器分别是 _____ 触发器和 _____ 触发器。

题 6 表

(a)	
输入信号 X	Q^{n+1}
0	Q^n
1	$\overline{Q^n}$

(b)		
输入信号		Q^{n+1}
X	Y	
0	0	Q^n
0	1	0
1	0	1
1	1	$\overline{Q^n}$

7. 时序逻辑电路按各位触发器接受_____信号的不同，可分为_____步时序逻辑电路和_____步时序逻辑电路两大类。在_____步时序逻辑电路中，各位触发器无统一的_____信号，输出状态的变化通常不是_____发生的。

8. 分析时序逻辑电路时，首先要根据已知逻辑的电路图分别写出相应的_____方程、_____方程和_____方程，若所分析电路属于_____步时序逻辑电路，则还要写出各位触发器的_____方程。

9. 寄存器可分为_____寄存器和_____寄存器。集成 74LS194 属于_____移位寄存器。用四位移位寄存器构成环行计数器时，其有效状态共有_____个；若构成扭环计数器时，其有效状态共有_____个。

10. 74LS194 是典型的四位_____型集成双向移位寄存器芯片，具有_____、并行输入、_____和_____等功能。

11. 存储八位二进制信息要_____个触发器。

12. 在题12图 (a)、(b)、(c) 所示电路中，设原态 $Q_1Q_2 =00$，经三个 CP 脉冲作用后，Q_1Q_2 的状态应分别_____，_____，_____。

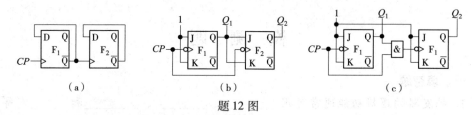

题 12 图

13. 触发器按照逻辑功能分类，在 CP 时钟作用下，具有如题13图 (a)、(b)、(c) 所示功能的触发器分别为_____触发器、_____触发器、_____触发器。

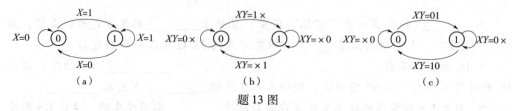

题 13 图

14. 在题14图 (a)、(b) 电路中，CP 脉冲的频率为 2 kHz；题14图 (c) 电路中，CP 脉冲的频率为 20 kHz，则输出端 Q 及 Q_2 的频率为分别为 _____、_____、_____。

286

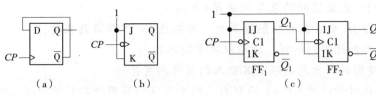

题 14 图

15. 如题 15 图所示的波形是一个 _____（同、异）_____ 进制 _____（加、减）法计数器的波形。若由触发器组成该计数器，触发器的个数应为 _____ 个，它有 _____ 个无效状态，分别为 _____ 和 _____。

16. 某计数器的状态转换图如题 16 图所示，试问该计数器是一个 _____ 进制 _____ 法计数器，它有 _____ 个有效状态，_____ 个无效状态，该电路 _____ 自启动。若用 JK 触发器组成，至少要 _____ 个。

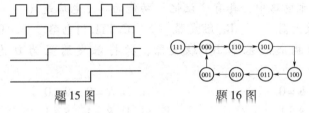

题 15 图   题 16 图

17. 如题 17 图所示电路是 _____ 步，模为 _____ 的 _____ 法计数器。

18. 在题 17 图所示电路中，若将第二级、第三级触发器的 CP 改接在 $\overline{Q_1}$、$\overline{Q_2}$ 上，则该电路是 _____ 步，长度为 _____ 的 _____ 法计数器。

19. 如题 19 图所示电路是 _____ 步，长度为 _____ 的 _____ 法计数器。

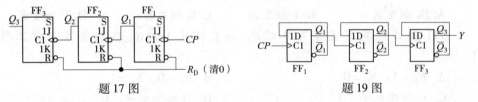

题 17 图   题 19 图

20. 如题 20 图（a）所示电路，该计数器为 _____ 进制加法计数器。如题 20 图（b）所示电路，该计数器为 _____ 进制加法计数器。74LS160 是同步置数异步清零的十进制加法计数器。

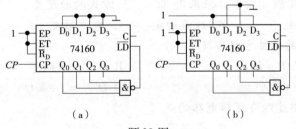

题 20 图

二、判断题

1. 基本 RS 触发器具有"空翻"现象。   （   ）

2. 钟控 RS 触发器的约束条件是 $R+S=0$。 （ ）

3. 主从型 JK 触发器的从触发器开启时刻在 CP 下降沿到来时。 （ ）

4. 触发器和逻辑门一样，输出取决于输入现态。 （ ）

5. D 触发器的输出总是跟随其输入的变化而变化。 （ ）

6. 如果在时钟脉冲 $CP=1$ 的期间，由于干扰的原因使触发器的输入信号经常有变化，此时不能选用 TTL 主从型结构的触发器，而应选用边沿型和维持阻塞型的触发器。 （ ）

7. 使用三个触发器构成的计数器最多有八个有效状态。 （ ）

8. N 进制计数器可以实现 N 分频。 （ ）

9. 利用集成计数器芯片的预置数功能可获得任意进制的计数器。 （ ）

10. 555 定时器可以组成产生脉冲和对信号整形的各种单元电路。 （ ）

三、选择题

1. 在以下单元电路中，具有"记忆"功能的单元电路是（ ）。

   A. 运算放大器 B. 触发器 C. TTL 门电路 D. 译码器

2. 由与非门构成的基本 RS 触发器，欲将触发器置为 0 态，应在输入端加（ ）。

   A. $R=1$，$S=0$ B. $R=0$，$S=0$

   C. $R=0$，$S=1$ D. $R=1$，$S=1$

3. 仅具有置"0"和置"1"功能的触发器是（ ）。

   A. 基本 RS 触发器 B. 钟控 RS 触发器

   C. D 触发器 D. JK 触发器

4. 仅具有保持和翻转功能的触发器是（ ）。

   A. JK 触发器 B. T 触发器 C. D 触发器 D. T′触发器

5. TTL 集成触发器直接置 0 端 $\overline{R}_\mathrm{D}$ 和直接置 1 端 $\overline{S}_\mathrm{D}$ 在触发器正常工作时应（ ）

   A. $\overline{R}_\mathrm{D}=1$，$\overline{S}_\mathrm{D}=0$ B. $\overline{R}_\mathrm{D}=0$，$\overline{S}_\mathrm{D}=1$

   C. 保持高电平"1" D. 保持低电平"0"

6. 按触发器触发方式的不同，双稳态触发器可分为（ ）

   A. 高电平触发和低电平触发 B. 上升沿触发和下降沿触发

   C. 电平触发或边沿触发 D. 输入触发或时钟触发

7. 为避免"空翻"现象，应采用（ ）方式的触发器。

   A. 主从触发 B. 边沿触发 C. 电平触发 D. 上述均包括

8. JK 触发器的特性方程为（ ）。

   A. $Q^{n+1}=J\,\overline{Q}^n+\overline{K}Q^n$ B. $Q^{n+1}=J+\overline{K}Q^n$

   C. $Q^{n+1}=\overline{J}+\overline{K}Q^n$ D. $Q^{n+1}=J+K\,\overline{Q}^n$

9. 不能用来描述组合逻辑电路的是（ ）。

   A. 真值表 B. 卡诺图 C. 逻辑图 D. 驱动方程

10. 用 JK 触发器设计一个十八进制的加法计数器，需 JK 触发器的数量为（ ）。

   A. 两片 B. 三片 C. 四片 D. 五片

11. 同步计数器和异步计数器比较，同步计数器的显著优点是（　　）。

    A. 工作速度高　　　　　　　　　　B. 触发器利用率高

    C. 电路简单　　　　　　　　　　　D. 不受时钟 CP 控制

12. 一位 8421 BCD 码计数器至少需要触发器的数目为（　　）。

    A. 两个　　　　　B. 三个　　　　　C. 四个　　　　　D. 五个

13. 用 n 个触发器构成计数器，可得到的最大计数长度（即计数模）为（　　）。

    A. n　　　　　　B. $2n$　　　　　C. n^2　　　　　D. 2^n

14. 设所有触发器的初始状态皆为 0，找出题 14 图各触发器在时钟信号作用下输出电压波形不为 0 的是（　　）。

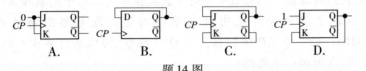

题 14 图

15. 判断题 15 图所示各触发器中（　　）触发器的状态为 $Q^{n+1} = A$。

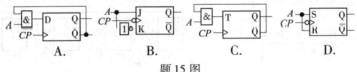

题 15 图

16. 在题 16 图所示电路中，不能完成 $Q^{n+1} = \overline{Q^n}$ 逻辑功能的电路有（　　）。

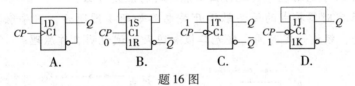

题 16 图

17. 四位移位寄存器构成的扭环形计数器是（　　）计数器。

    A. 模四　　　　　　　　　　　　　B. 模八

    C. 模十六　　　　　　　　　　　　D. 模十

18. 单稳态触发器不具备的特点是（　　）。

    A. 电路有一个稳态，一个暂稳态

    B. 在外加信号作用下，由稳态翻转到暂稳态

    C. 电路会自行由暂稳态返回到稳态

    D. 具有滞回电压传输特性

19. 如题 19 图所示电路，是由 555 定时器构成的（　　）。

    A. 单稳态触发器　　　　　　　　　B. 环形振荡器

    C. 施密特触发器　　　　　　　　　D. 占空比可调的多谐振荡器

20. 电路如题 20 图所示，这是由定时器构成的（　　）。

    A. 多谐振荡器　　　　　　　　　　B. 单稳态触发器

    C. 施密特触发器　　　　　　　　　D. 双稳态触发器

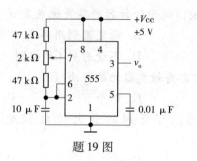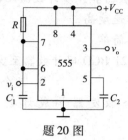

题 19 图　　　　　题 20 图

四、简述题

1. 十进制计数器 74LS160 构成的计数器电路如题 1 图所示，该电路是几进制计数器？试画出状态转换图（74LS160 是同步置数异步清零的十进制加法计数器。）

2. 电路如题 2 图所示，说明该电路的功能。设电路保存的原始信息为 $Q_4Q_3Q_2Q_1=0010$，经一个 CP 时钟后，则 $Q_4Q_3Q_2Q_1$ 的信息为多少？经多少个时钟脉冲作用后，信息循环一个周期？

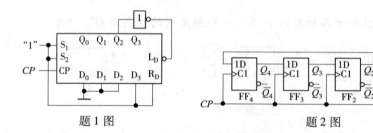

题 1 图　　　　　　　　题 2 图

3. 题 3 图所示电路能够实现什么功能？其特点是什么？

4. 由 555 定时器构成的简易触摸开关电路如题 4 图所示，当手触摸金属片时，发光二极管亮，经过一定时间，发光二极管熄灭，试说明工作原理。

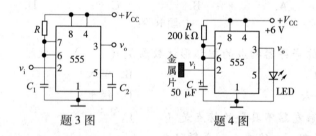

题 3 图　　　　　　　　题 4 图

五、计算题

1. 已知 TTL 主从型 JK 触发器的输入控制端 J 和 K 及 CP 脉冲波形如题 1 图所示，试根据它们的波形画出相应输出端 Q 的波形。

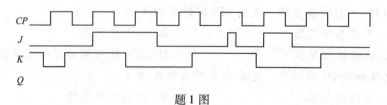

题 1 图

2. 电路及时钟脉冲、输入端 D 的波形如题 2 图所示，设起始状态为"000"。试画出各触发器的输出时序图，并说明电路的功能。

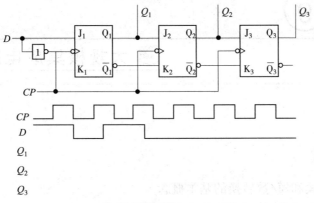

题 2 图

3. 对题 3 图所示时序逻辑电路进行分析，写出其真值表。

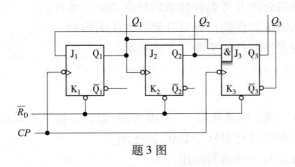

题 3 图

4. 写出题 4 图所示各逻辑电路的次态方程。

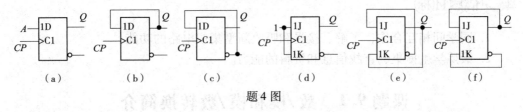

（a）　　　（b）　　　（c）　　　（d）　　　（e）　　　（f）

题 4 图

5. 题 5 图所示为维持阻塞 D 触发器构成的电路，试画出在 CP 脉冲下 Q_0 和 Q_1 的波形。

6. 试用 74LS161 集成芯片构成十四进制计数器，要求采用反馈预置法实现。

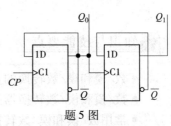

题 5 图

模块 9

🔄 大规模集成电路简介

📋 知识目标

1. 理解数/模和模/数转换的基本概念。
2. 熟悉数/模和模/数转换器的工作原理及特点。
3. 了解常用数/模和模/数转换器主要技术指标的意义。
4. 了解存储器的分类及各类存储器的特点和应用场合。
5. 了解存储器的主要性能指标对存储器性能的影响。
6. 熟悉可编程逻辑器件的类型、工作原理。

🖥 技能目标

1. 能测试 DAC（数/模转换器）、ADC（模/数转换器）的功能。
2. 会查阅资料理解各类 DAC、DAC 的使用。
3. 会主动了解新型存储器的使用。

📖 情感目标

1. 同学间相互合作，了解、接受和吸收新型集成电路的功能。
2. 锻炼学生搜集、查找信息和资料的能力。

课题 9.1　数/模和模/数转换简介

📒 知识与技能要点

- 数/模和模/数转换的基本概念及应用。
- 数/模和模/数转换器的工作原理及特点。
- 常用数/模和模/数转换器主要技术指标及意义。

9.1.1　数/模转换器（DAC）概述及典型 DAC 功能测试

📘 知识迁移——导

一般来说，自然界中存在的物理量大都是连续变化的，如温度、时间、角度、速度、流量、压力等。由于数字电子技术的迅速发展，尤其是计算机在控制、检测以及其他许多领域中的广泛应用，用数字电路处理模拟信号的情况非常普遍。图9-1-1所示为一般测控系统的框图。

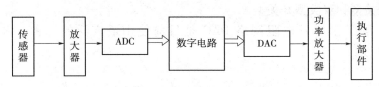

图9-1-1　一般测控系统框图

图9-1-1中模拟信号由传感器转换为电信号，经放大送入 ADC 转换为数字量，由数字电路进行处理，再由 DAC 还原为模拟量，去驱动执行部件。

📝 问题聚焦——思

- 数/模转换器的基本概念；
- 数/模转换器的基本组成；
- 集成数/模转换器 AD7524 的功能。

✂ 知识链接——学

1. DAC 的基本概念及基本组成

（1）DAC 的基本概念

能将数字量转换成模拟量的装置称为数/模转换器，简称 D/A 转换器，简写为 DAC。

构成数字代码的每一位都具有一定的"权重"。为了将数字量转换成模拟量，必须将每一位代码按其"权重"转换成相应的模拟量，然后再将代表各位的模拟量相加，即可得到与该数字量成正比的模拟量，这就是构成 D/A 转换器的基本思想。

DAC 的作用是将输入的数字量转换成与输入数字量成正比的输出模拟量。在转换过程中，将输入的二进制数字信号转换成模拟信号，以电压或电流的形式输出。

（2）DAC 的基本组成

DAC 通常由参考电压、译码电路和电子开关三个基本部分组成，为了将模拟电流转换成模拟电压，通常在输出端外加运算放大器。

图9-1-2所示为 DAC 电路的组成框图。图中数据锁存器用来暂时存放输入的数字信号。n 位锁存器的并行输出分别控制 n 位模拟开关的工作状态。通过模拟开关，将参考电压按权关系加到解码电阻网络。

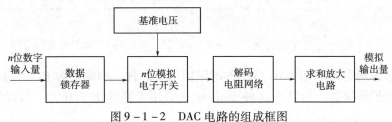

图9-1-2　DAC 电路的组成框图

2. 倒 T 形解码电阻网络 DAC 结构与工作原理

按解码电阻网络结构的不同，DAC 可分为 R–2R T 形解码电阻网络、R–2R 倒 T 形解码电阻网络和权电阻网络 DAC 等。按模拟电子开关电路的不同，DAC 又可分为 CMOS 开关型和双极型开关型。

R–2R 倒 T 形解码电阻网络 DAC 是目前使用最广泛的一种，电路结构如图 9–1–3 所示。

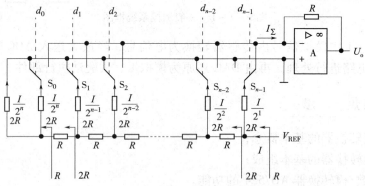

图 9–1–3   R–2R 倒 T 形解码电阻网络 DAC 电路结构

当输入数字信号的任何一位是"1"时，对应开关便将 2R 电阻接到运放反相输入端，而当其为"0"时，则将电阻 2R 接地。由图 9–1–3 可知，按照"虚短""虚断"的近似计算方法，求和放大器反相输入端的电位为"虚地"，所以无论开关扳到哪一边，都相当于接到了"地"电位上。在图 9–1–3 所示的开关状态下，从最左侧将电阻折算到最右侧，先将 2R//2R 并联，电阻值为 R；再和 R 串联，电阻值为 2R，一直折算到最右侧，电阻仍为 R，则可写出电流 I 的表达式为

$$I = \frac{V_{REF}}{R}$$

只要 V_{REF} 选定，电流 I 为常数。流过每个支路的电流从右向左，分别为 $\frac{I}{2^1}$、$\frac{I}{2^2}$、$\frac{I}{2^3}$、…。当输入的数字信号为"1"时，电流流向运放的反相输入端；当输入的数字信号为"0"时，电流流向地，可写出 I_{Σ} 的表达式为

$$I_{\Sigma} = \frac{I}{2}d_{n-1} + \frac{I}{4}d_{n-2} + \cdots + \frac{I}{2^{n-1}}d_1 + \frac{I}{2^n}d_0$$

在求和放大器的反馈电阻等于 R 的条件下，输出模拟电压为

$$U_o = -RI_{\Sigma} = -R\left(\frac{I}{2}d_{n-1} + \frac{I}{4}d_{n-2} + \cdots + \frac{I}{2^{n-1}}d_1 + \frac{I}{2^n}d_0\right)$$

$$= -\frac{V_{REF}}{2^n}(d_{n-1} \times 2^{n-1} + d_{n-2} \times 2^{n-2} + \cdots + d_1 \times 2^1 + d_0 \times 2^0)$$

倒 T 形解码电阻网络 DAC 所用的电阻阻值仅两种，串联臂为 R，并联臂为 2R，便于制造和扩展位数。而且在这种 DAC 中又采用了高速电子开关，所以转换速度很高。

3. 集成数/模转换器 AD7524

AD7524 是 CMOS 单片低功耗 8 位数/模转换器。采用倒 T 形解码电阻网络结构。型号中的"AD"表示美国的芯片生产公司——模拟器件公司的代号。如图 9 – 1 – 4 所示为 AD7524 典型实用电路。

图 9 – 1 – 4 中供电电压 V_{DD} 为 5 ~ 15 V。$D_0 \sim D_7$

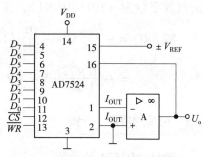

图 9 – 1 – 4　AD7524 典型实用电路

为输入数据，可输入 TTL/CMOS 电平。$\overline{CS}$ 为片选信号，$\overline{WR}$ 为写入命令，V_{REF} 为参考电源，可正、可负。I_{OUT} 是模拟电流输出，一正一负。A 为运算放大器，将电流输出转换为电压输出，输出电压的数值可通过接在 16 引脚与输出端的外接反馈电阻 R_{FB} 进行调节。16 引脚内部已经集成了一个电阻元件，所以外接的 R_{FB} 可为零，即将 16 引脚与输出端短路。AD7524 的功能见表 9 – 1 – 1。

表 9 – 1 – 1　AD7524 的功能

$\overline{CS}$	$\overline{WR}$	功　　能	$\overline{CS}$	$\overline{WR}$	功　　能
0	0	写入寄存器，并行输出	1	0	保持
0	1	保持	1	1	保持

当片选信号 $\overline{CS}$ 与写入命令 $\overline{WR}$ 为低电平时，AD7524 处于写入状态，可将 $D_0 \sim D_7$ 的数据写入寄存器并转换成模拟电压输出。当 $R_{FB} = 0$ 时，输出电压与输入数字量的关系如下

$$U_o = \mp \frac{V_{REF}}{2^8}\left(D_{n-1} \times 2^{n-1} + D_{n-2} \times 2^{n-2} + \cdots + D_1 \times 2^1 + D_0 \times 2^0\right)$$

4. DAC 的主要参数

①分辨率：用来说明 DAC 最小输出电压（此时输入的数字代码只有最低有效位为 1，其余各位都是 0）与最大输出电压（此时输入的数字代码所有各位全是 1）之比。因此，DAC 输入数字量的位数 n 越多，电路的分辨率越高。

②绝对精度（或绝对误差）和非线性性：绝对精度是指输入端加对应满刻度数字量时，DAC 输出的实际值与理论值之差。一般绝对误差应低于 $u_{LSB}/2$。在满刻度范围内，偏离理想转换特性的最大值称为非线性误差。非线性误差与满刻度值之比称为非线性度，常用百分数表示。

③建立时间：指输入变化后，输出值稳定到距最终输出量 $\pm u_{LSB}$ 所需的时间。建立时间反映了 DAC 转换的速度。

除此之外，在选用 DAC 器件时，还需要考虑其电源电压、输出方式、输出值范围及输入逻辑电平等参数。

 应用举例——练

【例 9 – 1 – 1】　在倒 T 形解码电阻网络 DAC 中，若 $U_{REF} = 10$ V，输入 10 位二

模块 9 大规模集成电路简介

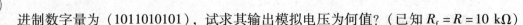

进制数字量为（1011010101），试求其输出模拟电压为何值？（已知 $R_f = R = 10\ \text{k}\Omega$）

解　$U_o = -\dfrac{U_{REF}}{2^n}D = -\dfrac{10}{2^{10}}\left(1 \times 2^9 + 1 \times 2^7 + 1 \times 2^6 + 1 \times 2^4 + 1 \times 2^2 + 1 \times 2^0\right)\ \text{V}$

$$= -\dfrac{10 \times 725}{1\ 024}\ \text{V} \approx -7.08\ \text{V}$$

探究实践——做

测试 AD7524 的功能。

9.1.2　模/数转换器（ADC）概述及典型 ADC 功能测试

知识迁移——导

由图 9 – 1 – 1 一般测控系统框图可知，数/模转换与模/数转换是自动控制系统的重要环节。

问题聚焦——思

- 模/数转换器的基本概念；
- 模/数转换器的转换过程和结构；
- 集成模/数转换器 ADC0809 的功能。

知识链接——学

1. 模/数转换的基本概念

在模拟量转换为数字量的过程中，由于输入的模拟量在时间上是连续的，而输出的数字量在时间上是离散的，所以进行转换时只能在一系列选定的瞬间对输入的模拟量采样后再转换为输出的数字量。模/数转换器的作用就是将输入的模拟电压数字化，即将输入的模拟电压转换为输出的数字信号。

2. 模/数转换的过程和结构

模/数转换过程一般通过采样、保持、量化和编码四个步骤完成。在实际电路中，这些过程有的是合并进行的，例如，采样和保持，量化和编码往往都是在转换过程中同时实现的。

（1）采样 – 保持电路

采样是在时间上连续变化的信号中选出可供转换成数字量的有限个点。根据采样定理，只要采样频率大于 2 倍的模拟信号频谱中的最高频率 $\left[\,\text{通常取}\,f_s = (3\sim5)\,f_{imax}\,\right]$，就不会丢失模拟信号所携带的信息，这样就把一个在时间上连续变化的模拟量变成了在时间上离散的数字量。由于每次把采样电压转换成数字量都需要一定的时间，因此在每次采样后必须将所采得的电压保持一段时间，完成以上功能的便是采样 – 保持电路。图 9 – 1 – 5 所示为采样 – 保持电路 LF198 的电路结构图。

图 9 – 1 – 5 中 A_1、A_2 是两个运算放大器，S 是电子开关，L 是开关的驱动电路，

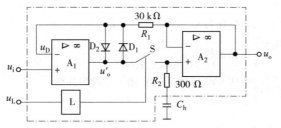

图 9－1－5　采样－保持电路 LF198 的电路结构图

当逻辑输入 u_L 为 1，即 u_L 为高电平时，S 闭合；u_L 为 0，即 u_L 为低电平时，S 断开。

当 S 闭合时，A_1、A_2 均工作在单位增益的电压跟随器状态，所以 $u_o = u'_o = u_i$。如果将电容器 C_h 接到 R_2 的引出端和地之间，则电容器经充电，电压也等于 u_i。当 u_L 返回低电平以后，虽然 S 断开了，但由于 C_h 没有放电回路，其上的电压不变，所以输出电压 u_o 的数值得以保持下来。

在 S 再次闭合以前的这段时间里，如果 u_i 发生变化，u'_o 可能变化非常大，甚至会超过开关电路所能承受的电压，因此需要增加 D_1 和 D_2 构成保护电路。当 u'_o 比 u_o 所保持的电压高（或低）一个二极管的压降时，D_1（或 D_2）导通，从而将 u'_o 限制在 $u_i + u_D$ 以内。而在开关 S 闭合的情况下，u'_o 和 u_o 相等，故 D_1 和 D_2 均不导通，保护电路不起作用。

（2）量化与编码

数字信号不仅在时间上是离散的，而且在幅值上也是不连续的。任何一个数字量只能是某个最小数量单位的整数倍。为将模拟信号转换为数字量，在转换过程中还必须把采样－保持电路的输出电压，按某种近似方式归化到与之相应的离散电平上。这一过程称为数值量化，简称量化。

量化过程中的最小数值单位称为量化单位，用 Δ 表示。它是数字信号最低位为 1，其他位为 0 时所对应的模拟量，即 1 LSB。

量化过程中，采样电压不一定能被 Δ 整除，因此量化后必然存在误差。这种量化前后的不等（误差）称为量化误差，用 ε 表示。量化的近似方式有：只舍不入和四舍五入两种。只舍不入量化方式量化后的电平总是小于或等于量化前的电平，即量化误差 ε 始终大于 0，最大量化误差为 Δ，即 $\varepsilon_{max} = 1$ LSB。采用四舍五入量化方式时，量化误差有正有负，最大量化误差为 $\Delta/2$，即 $|\varepsilon_{max}| = $ LSB/2。显然，后者量化误差小，故为大多数 A/D 转换器所采用。

量化后的电平值为量化单位 Δ 的整数倍，这个整数用二进制数表示即为编码。量化和编码也是同时进行的。

图 9－1－6 所示为量化和编码过程。

（3）模/数转换器的分类

按转换过程，模/数转换器可大致分为直接型模/数转换器和间接型模/数转换器。直接型模/数转换器能把输入的模拟电压直接转换为输出的数字代码，而不需要经过中间变量。常用的电路有并行比较型和反馈比较型两种。

间接型模/数转换器是把待转换的输入模拟电压先转换为一个中间变量，例如时间 T 或频率 f，然后再对中间变量量化编码，得出转换结果。模/数转换器的大致分类如下：

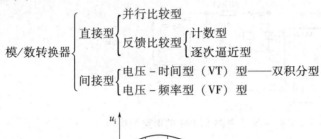

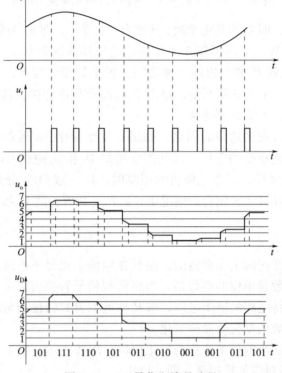

图 9 - 1 - 6 量化和编码过程

双积分型模/数转换器若与逐次逼近型模/数转换器相比较，因有积分器的存在，积分器的输出只对输入信号的平均值有所响应，所以，它突出的优点是工作性能比较稳定且抗干扰能力强。双积分型转换器的转换速度较慢，但是它的电路不复杂，在数字万用表等对速度要求不高的场合，常使用双积分型转换器。

3. 逐次逼近型模/数转换器 ADC0809

ADC0809 由八路模拟开关、地址锁存与译码器、比较器、D/A 转换器、寄存器、控制电路和三态输出锁存器等组成，其逻辑框图如图 9 - 1 - 7 所示。

ADC0809 采用双列直插式封装，共有 28 条引脚，现分四组简述如下：

①模拟信号输入 $IN_0 \sim IN_7$（8 条）：为八路模拟电压输入线，加在八路模拟开关上。工作时，允许分时输入，轮流进行 A/D 转换。

②地址输入和控制线（4 条）：其中，ADDA、ADDB 和 ADDC 为地址输入线（Address），用于选择 $IN_0 \sim IN_7$ 上哪一路模拟电压送给比较器进行模/数转换。ALE 为地址锁存允许输入线，高电平有效。当 ALE 线为高电平时，ADDA、ADDB 和 ADDC 三条地址线上地址信号得以锁存，经译码器控制八路模拟开关工作。

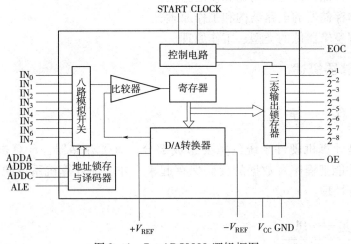

START CLOCK

图 9 - 1 - 7　ADC0809 逻辑框图

③数字量输出及控制线（11 条）：START 为启动脉冲输入线，该线的正脉冲由 CPU 送来，宽度应大于 100 ns，上升沿将寄存器清零，下降沿启动模/数转换器工作。EOC 为转换结束输出线，该线高电平表示模/数转换已结束，数字量已锁入"三态输出锁存器"。$2^{-1} \sim 2^{-8}$ 为数字量输出线，2^{-1} 为最高位。OE 为输出允许端，高电平时可输出转换后的数字量。

④电源线及其他（5 条）：CLOCK 为时钟输入线，用于为 ADC0809 提供逐次比较所需的 640 kHz 时钟脉冲。V_{CC} 为 +5 V 电源输入线，GND 为地线。$+V_{REF}$ 和 $-V_{REF}$ 为参考电压输入线，用于给 D/A 转换器供给标准电压。$+V_{REF}$ 常和 V_{CC} 相连，$-V_{REF}$ 常接地。

应用举例——练

【例 9 - 1 - 2】　什么是采样定理？采样 - 保持电路的作用是什么？

答　采样信号的频率必须至少为原信号中最高频率成分 f_{imax} 的 2 倍。这是采样电路的基本法则，称为采样定理。采样 - 保持电路的作用就为了保证采样后的模拟信号 $u_i'(t)$ 能够基本上真实地保留原始模拟信号 $u_i(t)$ 的信息。

探究实践——做

测试 ADC0809 的功能。

课题 9.2　存储器简介

知识与技能要点

- 存储器的分类及各类存储器的特点和应用场合；
- 存储器的主要性能指标对存储器性能的影响；

- 半导体存储器的逻辑功能和使用方法；
- 半导体存储器的电路结构和工作原理；
- 可编程逻辑器件的类型、工作原理。

9.2.1 存储器概述

知识迁移——导

存储器是计算机硬件系统的重要组成部分，有了存储器，计算机才具有"记忆"功能，才能把程序及数据的代码保存起来，才能使计算机系统脱离人的干预，自动完成信息处理。

问题聚焦——思

- 存储器的分类及各类存储器的特点和应用场合；
- 存储器的主要性能指标对存储器性能的影响。

知识链接——学

1. 存储器的分类

存储器按构成的器件和存储介质主要可分为磁芯存储器、半导体存储器、光电存储器、磁膜、磁泡和其他磁表面存储器以及光盘存储器等；按存取方式又可分为随机存储器、只读存储器两种形式。

随机存储器（RAM）又称读写存储器，是能够通过指令随机地、个别地对其中各个单元进行读/写操作的一类存储器。

只读存储器（ROM）是在计算机系统的在线运行过程中，只能对其进行读操作，而不能进行写操作的存储器。ROM 通常用来存放固定不变的程序、汉字字型库、字符及图形符号等。

（1）内存储器

计算机系统中，CPU 可以直接对其进行读/写操作的单元，称为系统的主存或者内存。内存一般由半导体存储器构成，通常装在计算机主板上，存取速度快，但容量有限。按存储信息的功能可分为只读存储器（ROM）、可擦可编程只读存储器（EPROM）和随机存储器（RAM）。

内存通常是指随机存储器（RAM），它帮助中央处理器（CPU）工作，从键盘或鼠标之类的来源读取指令，帮助 CPU 把资料写到一样可读可写的辅助内存中，以便日后仍可取用。RAM 的大小直接影响计算机的速度，RAM 越大，表明计算机所能容纳的资料越多，CPU 读取的速度越快。

（2）外存储器

外存储器是位于系统主机外部的辅助存储器。由于 CPU 对其进行存/取操作时，必须通过内存才能进行，因此称为外存。外存是为了弥补内存容量的不足而配置的。外存储器一般用来存放需要永久保存的或是暂时不用的程序和数据信息。外存储器设备种类很多，微型计算机常用的外存储器有磁盘存储器、光盘存储器和闪速存储器等。

磁盘存储器分为软盘和硬盘，现在软盘已经用得很少，而硬盘是计算机中使用最广泛的外存储器之一。硬盘对信息的读/写速度远远高于软盘，且容量远远大于软盘，具有存储容量大、存取速度快等突出特点。一块硬盘可以被划分成几个逻辑盘，并分别用盘符 C、D、E 等表示。

光盘存储器中心有一个定位孔，记录信息时，使用激光在金属薄膜层上打出一系列的凹坑和凸起，将它们按螺旋形排列在光盘的表面上，称为光道。目前广泛应用的主要是只读型光盘（CD – ROM）。其主要优点是结构及原理简单、存储信息容量大、方便大量生产，且价格低廉。

闪速存储器简称闪存，能够达到擦写百万次的使用寿命。从闪存的外部来看，闪存轻便小巧，便于携带；从内部来说，由于无机械装置，其结构坚固、抗震性极强。使用闪存不需要驱动器，只需用一个 USB 接口，就可以十分方便地做到文件共享与交流，即插即用，热插拔也没问题。作为新一代的存储设备，闪存具有很好的发展前景。

（3）缓冲存储器

简称缓存，位于内存与 CPU 之间，其存取速度非常快，但存储容量更小，一般用来暂时解决存取速度与存储容量之间的矛盾，提高整个系统的运行速度。

2. 存储器的主要技术指标

（1）存储容量

存储器中可容纳的二进制信息量称为它的存储容量。二进制数的最基本单位是"位"，是存储器存储信息的最小单位。八位二进制数称为一字节，存储容量的大小通常都是用字节来表示的。由于存储器容量一般都很大，因此字节的常用单位还有 KB、MB 和 GB。其中 1 KB = 1024 B，1 MB = 1024 KB，1 GB = 1024 MB。存储器容量越大，存储的信息量也越大，计算机运行的速度也就越快。内存的最大容量是由系统地址总线决定的，内存的大小反映了实际装机容量。计算机技术发展很快，目前内存的实际装机容量通常达到 1 GB 或 2 GB。

（2）存取速度

计算机内存的存取速度取决于内存的具体结构及工作机制。存取速度通常用存储器的存取时间或存取周期来描述。所谓存取时间，就是指启动一次存储器从操作到完成操作所需要的时间；存取周期是指两次存储器访问所需的最小时间间隔。存取速度是存储器的一项重要参数。一般情况下，存取速度越快，计算机运行的速度才能越快。

（3）功耗

半导体存储器属于大规模集成电路，其集成度高、体积小，因此散热不容易。在保证速度的前提下，应尽量减小功耗。由于 MOS 型存储器的功耗小于相同容量的双极型存储器，所以 MOS 型存储器的应用比较广泛。

（4）可靠性

存储器对电磁场、温度变化等因素造成干扰的抵抗能力称为可靠性，又称电磁兼容性。半导体存储器采用大规模集成电路工艺制造，内部连线少、体积小、易于采取保护措施。与相同容量的其他类型存储器相比，半导体存储器抗干扰能力较强，兼容性较好。

（5）集成度

存储器芯片的集成度越高，构成相同容量的存储器芯片数就越少。MOS 型存储器的集成度高于双极型存储器，动态存储器的集成度高于静态存储器。因此，微型计算机的主存储器大多采用动态存储器。

除上述技术指标外，还有性能价格比、输入/输出电平及成本价格等指标。

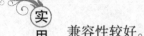 **应用举例——练**

【例 9 - 2 - 1】 存储器内存的最大容量是由什么决定的？

答 存储器内存的最大容量是由系统地址总线决定的，内存的大小反映了实际装机容量。例如：一台计算机，其地址总线为 36 位，则决定了内存允许的最大容量为 $2^{36}=64$ GB。

 **探究实践——做**

查找所用计算机存储器容量的数据，并比较其大小与计算机运行速度的关系。

9.2.2　随机存储器概述

知识迁移——导

计算机的内存储器由 ROM 和 RAM 两部分组成。其中只能读不能写的存储器，称为只读存储器（ROM）；既能读又能写的存储器，称为可读写存储器，又称随机存储器（RAM）。

问题聚焦——思

- 随机存储器的结构组成；
- 集成随机存储器的使用。

知识链接——学

通常 ROM 中的程序和数据是事先存入的，在工作过程中不能改变，这种事先存入的信息不会因掉电而丢失，因此 ROM 常用来存放计算机监控程序、基本输入/输出程序等系统程序和数据。RAM 中的信息掉电就会丢失，所以主要用来存放应用程序和数据。

对存储器的读/写或取出都是随机的，通常要按顺序随机存取。按顺序随机存取有两种方式：先进先出和后进先出。

1. 随机存储器的结构

（1）存储矩阵

存储矩阵是由许多存储单元组成的阵列。每个存储单元可存放一位二进制数。

存储器中所存数据通常以字为单位，一个字含有若干个存储单元，即含有若干位，其位数又称字长。存储器的容量通常以字数和字长的乘积表示，如 1 024×4 存储器表示有 1 024 个字，每个字 4 位，共有 4 096 个存储单元（容量）。

（2）地址译码器

地址译码器是将外部给出的地址信号进行译码，找到对应的存储单元。通常根据存储单元所排列的矩阵形式，将地址译码器分成行译码器和列译码器。

（3）输入/输出控制

输入/输出控制又称读/写控制，是数据读取和写入的指令控制。当读/写控制信号 $R/\overline{W}=1$ 时，执行读出操作，将被选中的存储单元里的数据送到输入/输出（I/O）端上。当 $R/\overline{W}=0$ 时，执行写入操作，将 I/O 端上的数据写入被选中的存储单元中。$\overline{CS}$ 为片选信号端，当 RAM 中的片选信号 $\overline{CS}=1$ 时，RAM 被禁止读/写，处于保持状态；当 $\overline{CS}=0$ 时，RAM 可在读/写控制输入 $R/\overline{W}$ 的作用下作读出或写入操作。RAM 的基本组成结构如图 9-2-1 所示。

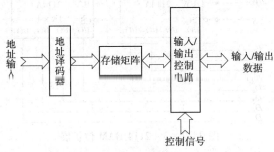

图 9-2-1　RAM 的基本组成结构

2. 集成随机存储器简介

（1）集成静态存储器 2114

集成静态存储器 2114 是一个通用的 MOS 集成静态存储器，它的存储单元由六管静态存储单元组成，有 4 096 个（1 024×4）存储单元，图 9-2-2 所示为其图形符号及引脚排列图。

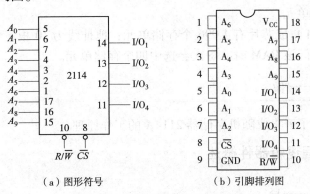

（a）图形符号　　　　　　（b）引脚排列图

图 9-2-2　集成静态存储器 2114

2114 RAM 有 10 根地址线，可访问 1 024（2^{10}）个字。它有常见的片选（$\overline{CS}$）和读/写允许（$R/\overline{W}$）控制输入端。当 RAM 处于写模式时，$\overline{CS}$ 为低电平。$R/\overline{W}$ 为低电平，I/O_1、I/O_2、I/O_3 和 I/O_4 为输入数据信号；当 RAM 处于读模式时，$\overline{CS}$ 为低电

平，$R/\overline{W}$ 为高电平，I/O_1、I/O_2、I/O_3 和 I/O_4 为输出数据信号。2114 RAM 电源电压为 +5 V，采用 NMOS 技术，三态输出，时间是 50~450 ns。

（2）存储容量的扩展

RAM 的容量由地址码的位数 n 和字的位数 m 共同决定。扩展存储容量可通过增加字长（位数）或字数的方法来实现。

①位扩展。当存储器的实际字长已超过 RAM 芯片的字长时，需要对 RAM 进行位扩展。可利用并联方式实现：用两片 2114 RAM 来扩展为八位字长存储器，就是在大多数微机中所说的 1 KB 存储器，又称 1 024 字节（每字节长八位）。将 RAM 的地址线、读出线和片选信号线对应并联在一起，而各个芯片的输入/输出（I/O）线作为字的各个位线，如图 9 - 2 - 3 所示。

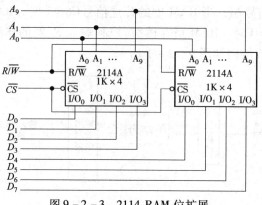

图 9 - 2 - 3   2114 RAM 位扩展

②字数的扩展。字数的扩展可以通过外加译码器控制芯片的片选输入端来实现，如用 3 线 - 8 线译码器可将八个 1K × 4 的 RAM 芯片扩展成 8K × 4 的存储器。

应用举例——练

【例 9 - 2 - 2】   有（1 024 B × 4）RAM 集成芯片一个，该 RAM 有多少个存储单元？有多少条地址线？含有多少个字？其字长是多少位？访问该 RAM 时，每次会选中几个存储单元？

答   该 RAM 集成芯片有 4 096 个存储单元；地址线为 10 根；含有 1 024 个字，字长是 4 位；访问该 RAM 时，每次会选中四个存储单元。

探究实践——做

查阅资料，了解集成随机存储器 2114A 的工作原理。

9.2.3   可编程逻辑器件概述

知识迁移——导

可编程逻辑器件属于只读存储器（ROM），其框图与 RAM 相似。ROM 将 RAM 的读/写电路改为输出电路；ROM 的存储单元由一些二极管、MOS 管及熔丝构成，结构比较简单。

问题聚焦——思

- ROM 的结构组成及工作原理；
- 可编程 ROM 的类别及特点；
- 可编程逻辑器件的分类。

知识链接——学

1. ROM 的结构组成

ROM 通常由地址译码器、存储单元矩阵、输出电路等组成。

ROM 在工作时只能进行读出操作，结构原理图如图 9-2-4 所示。

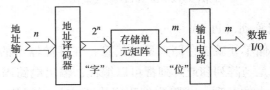

图 9-2-4　只读存储器结构原理图

ROM 的特点是存储单元简单、集成度高，且掉电时数据不会丢失。

2. ROM 的分类

按照数据写入的方式不同，ROM 可分为固定 ROM、现场可编程 ROM、可擦除可编程 ROM（EPROM）、电可擦除可编程 ROM（E^2PROM）和 FLASH 存储器。

固定 ROM 存放的数据是由生产厂家在生产时写入的，用户在使用时无法再改变。

可编程 ROM 存放的数据是由用户以一定的方式将数据写入芯片的。

（1）一次可编程只读存储器（PROM）

用户可根据需要改写存储器单元，但只能改写一次，简写为 PROM。显然，这限制了 PROM 的应用，现在已经几乎不再使用。

（2）可擦除可编程只读存储器（EPROM）

可多次擦除的可编程只读存储器（EPROM）。如紫外线擦除型的可编程只读存储器，其上方有一个石英玻璃窗口，当需要改写时，将它放在紫外线灯光下照射 15～20 min 便可使擦除单元恢复到初始状态，又可以写入新的内容。

（3）电可擦除可编程只读存储器（E^2PROM）

电可擦除的 E^2PROM 既可以在掉电时不丢失数据，又可以随时改写写入的数据，使用十分方便。其重复擦除和改写的次数可达 1 万次以上，解决了 EPROM 操作手续多、耗时长，而且编程电压高、安全性差的问题。

（4）闪速存储器

又称 FLASH 存储器，是新型非易失性存储器。它与 EPROM 的一个区别是 EPROM 可按字节擦除和写入，而闪速存储器只能分块进行电擦除。它结合了 ROM 和 RAM 的长处，不仅具备电可擦出可编程只读存储器（E^2PROM）的性能，还不会掉电丢失数据，同时可以快速读取数据（非易失性随机访问存储器 NVRAM 的优

模块 9　大规模集成电路简介

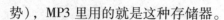

势），MP3 里用的就是这种存储器。

3. 可编程逻辑器件

可编程逻辑器件（Programmable Logic Device，PLD）是用户自行定义编程的一类逻辑器件的总称，它能够简化设计过程、降低系统体积、节约成本、提高可靠性、缩短研发周期，是由厂家提供的、具有一定连线和封装好的、具有一定功能的标准电路。

如图 9 - 2 - 5 所示，PLD 电路分为四部分：输入缓冲电路、与阵列、或阵列、输出缓冲电路，按其阵列和输出结构的不同可分为 PLA、PAL 和 GAL 等基本类型。

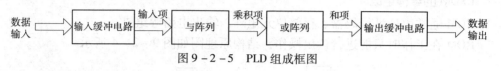

图 9 - 2 - 5　PLD 组成框图

（1）可编程逻辑阵列（PLA）

PLA 用较少的存储单元就能存储大量的信息，在存储器中的主要应用是构成组合逻辑电路。其特点是与阵列和或阵列都可以编程，输出电路固定。即 PLA 中的与阵列编程产生变量最小的与项，或阵列编程完成相应与项间的或运算并产生输出，由此大大提高了芯片面积的有效利用率。

（2）可编程阵列逻辑（PAL）

PAL 与阵列可编程、或阵列固定、输出电路结构有几种。其速度高且价格低，方便进行现场编程，但由于采用熔丝工艺，只能一次编程，目前较少使用。

（3）通用阵列逻辑（GAL）

GAL 是由 PAL 发展而来的，其特点是与阵列可编程、或阵列固定。GAL 采用浮栅编程技术，可重复编程、工作速度高、价格低、具有功能强大的编程工具和软件支撑，并且用可编程的输出逻辑宏单元取代了固定输出电路，因而功能更强。

总之，PLD 经历了 PLA、PAL、GAL 等发展过程，其发展趋势是集成度和速度不断提高、功能不断增强、结构更趋于合理、使用更灵活方便。

应用举例——练

【例 9 - 2 - 3】　PLD 有哪几种类型？其各自特点如何？

答　可编程逻辑器件（PLD）根据阵列和输出结构的不同可分为 PLA、PAL 和 GAL 等。

其中可编程逻辑阵列（PLA）有一个与阵列构成的地址译码器，是一个非完全译码器，PLA 中的与阵列和或阵列都可编程。可编程阵列逻辑（PAL）的存储单元体或阵列不可编程，地址译码器与阵列是用户可编程的。PAL 运行速度较高，开发系统完善。通用阵列逻辑（GAL）是从 PAL 发展过来的，可以借助编程器进行现场编程。GAL 的特点是与阵列可编程、或阵列固定。

探究实践——做

查阅资料，了解集成 GAL16V8 芯片功能。

小　结

模块9　大规模集成电路简介

知识与技能	重　点	难　点
数/模及模/数转换简介	1. 数/模和模/数转换的基本概念； 2. 数/模和模/数转换器的工作原理及特点； 3. 常用数/模和模/数转换器主要技术指标的意义	1. 数/模转换器的特性及其转换公式； 2. 倒 T 形解码电阻网络 D/A 转换器结构与工作原理； 3. A/D 转换器原理
存储器简介	1. 存储器的分类； 2. 各类存储器的结构、特点及应用场合； 3. 半导体存储器的逻辑功能和使用方法； 4. 可编程逻辑器件的发展	集成 RAM 芯片使用时的扩展方法

检　测　题

一、填空题

1. DAC 电路的作用是将_____量转换成_____量；ADC 电路的作用是将_____量转换成_____量。

2. DAC 通常由_____、_____和_____三个基本部分组成。为了将模拟电流转换成模拟电压，通常在输出端外加_____。

3. DAC 电路的主要技术指标有_____、_____、_____及_____。

4. 在模/数转换过程中，只能在一系列选定的瞬间对输入模拟量采样后再转换为输出的数字量，可通过_____、_____、_____和_____四个步骤完成。

5. _____型 ADC 内部有数/模转换器，因此_____快。

6. _____型 ADC 转换速度较慢；_____型 ADC 转换速度高。

7. 存储器的主要技术指标有_____、_____、_____、_____和集成度等。

8. 随机存储器（RAM）又称读写存储器，是能够通过指令随机地、个别地对其中各个单元进行_____的一类存储器。

9. 只读存储器（ROM）是在计算机系统的在线运行过程中，只能对其进行_____操作，而不能进行_____操作的一类存储器。

10. 内存一般由_____构成，通常装在计算机_____上，存取速度快，但容量有限；辅存存储器位于系统主机的外部，广泛采用的是磁介质，CPU 对其进行存/取操作时，必须通过_____才能进行，因此称为_____。

11. 存储器容量的扩展方法通常有_____扩展、_____扩展和_____扩展三种方式。

12. 计算机内存按其存储信息的功能可分为＿＿＿＿＿＿和＿＿＿＿＿＿两大类。

13. 可编程逻辑器件（PLD）一般由＿＿＿＿＿＿、＿＿＿＿＿＿、＿＿＿＿＿＿、＿＿＿＿＿＿等四部分电路组成。按其阵列和输出结构的不同可分为＿＿＿＿＿＿、＿＿＿＿＿＿和＿＿＿＿＿＿等基本类型。

14. ROM 按照存储信息写入方式的不同可分为＿＿＿＿＿＿ROM、＿＿＿＿＿＿PROM、＿＿＿＿＿＿的 EPROM、＿＿＿＿＿＿的 E^2PROM 和＿＿＿＿＿＿存储器。

二、判断题

1. DAC 的输入数字量的位数越多，分辨能力越低。（　　）

2. DAC 的绝对精度是指输入端加对应满刻度数字量时，DAC 输出的实际值与理论值之差。（　　）

3. A/D 转换实际电路中，采样和保持过程有的通常是合并进行的。（　　）

4. 双积分型 ADC 中包括数/模转换器，因此转换速度较快。（　　）

5. AD7524 是 CMOS 单片低功耗八位 A/D 转换器（　　）

6. 存储器的容量指的是存储器所能容纳的最大字节数。（　　）

7. RAM 的片选信号 $\overline{CS}$=0 时，被禁止读写。（　　）

8. 1 024×1 位的 RAM 中，每个地址中只有一个存储单元。（　　）

9. RAM 常用来存放计算机监控程序、基本输入/输出程序等系统程序和数据。（　　）

10. PLA 的与阵列和或阵列都可以根据用户的需要进行编程。（　　）

三、选择题

1. ADC 的转换精度取决于（　　）。

    A. 分辨率　　　　　　B. 转换速度　　　　　　C. 分辨率和转换速度

2. 对于 n 位 DAC 的分辨率来说，可表示为（　　）。

    A. $\dfrac{1}{2^n}$　　　　　　B. $\dfrac{1}{2^{n-1}}$　　　　　　C. $\dfrac{1}{2^n-1}$

3. 采样 – 保持电路中，采样信号的频率 f_s 和原信号中最高频率成分 f_{imax} 之间的关系必须满足（　　）。

    A. $f_s \geqslant 2f_{imax}$　　　　　B. $f_s < f_{imax}$　　　　　C. $f_s = f_{imax}$

4. DAC0832 是属于（　　）网络的 DAC。

    A. $R-2R$ 倒 T 形电阻　　　　　　　　　　B. T 形电阻

    C. 权电阻

5. ADC0809 输出的是（　　）。

    A. 八位二进制数码　　B. 十位二进制数码　　C. 四位二进制数码

6. 关于存储器的叙述，正确的是（　　）。

    A. 随机存储器和只读存储器的总称

    B. 是计算机上的一种输入/输出设备

    C. 计算机掉电时随机存储器中的数据不会丢失

7. 一片容量为 1 024 字节×4 位的存储器，表示有（　　）个存储单元。

    A. 1 024　　　　　　B. 4　　　　　　C. 4 096　　　　　　D. 8

8. 一片容量为 1 024 字节×4 位的存储器，表示有（　　）个地址。

    A. 1 024　　　　　　　B. 4　　　　　　　　C. 4 096　　　　　　D. 8

9. 只能读出不能写入，但信息可永久保存的存储器是（　　）。

    A. ROM　　　　　　　B. RAM　　　　　　　C. PRAM

10. 在读/写的同时还需要不断进行数据刷新的是（　　）存储单元。

    A. 动态　　　　　　　B. 静态

参考文献

［1］刘文革. 电式与电测技术［M］. 北京：中国水利水电出版社，2008.

［2］沈翃，赵素英. 电工电子应用基础［M］. 北京：化学工业出版社，2007.

［3］秦曾煌. 电工学［M］. 6 版. 北京：高等教育出版社，2004.

［4］季顺宁. 电工电路设计与制作［M］. 北京：电子工业出版社，2007.

［5］曾令琴. 电子技术基础［M］. 北京：人民邮电出版社，2006.

［6］康华光. 电子技术基础［M］. 北京：高等教育出版社，2000.

［7］李春茂. 电子技术基础：电工学 II ［M］. 北京：机械工业出版社，2008.